InDesign 2024 中文全彩铂金版 案例教程

吕祯 姚松奇 肖著强 主编 张雪林 编著

中国青年出版社

图书在版编目(CIP)数据

InDesign 2024中文全彩铂金版案例教程 / 吕祯，姚松奇，肖著强主编；张雪林编著. — 北京：中国青年出版社，2025.3. — ISBN 978-7-5153-7594-6

I. TS803. 23

中国国家版本馆CIP数据核字第2024HF8859号

InDesign 2024中文全彩铂金版案例教程

主　　编：吕祯 姚松奇 肖著强
编　　著：张雪林

出版发行：中国青年出版社
地　　址：北京市东城区东四十二条21号
电　　话：010-59231565
传　　真：010-59231381
网　　址：www.cyp.com.cn
编辑制作：北京中青雄狮数码传媒科技有限公司

责任编辑：夏鲁莎
策划编辑：张鹏
执行编辑：张沣 陈百合
封面设计：乌兰

印　　刷：天津融正印刷有限公司
开　　本：787mm×1092mm　1/16
印　　张：12.5
字　　数：392千字
版　　次：2025年3月北京第1版
印　　次：2025年3月第1次印刷
书　　号：978-7-5153-7594-6
定　　价：69.90元

本书如有印装质量等问题，请与本社联系
电话：010-59231565
读者来信：reader@cypmedia.com
投稿邮箱：author@cypmedia.com

前言

首先，感谢您选择并阅读本书。

软件简介

Adobe InDesign 2024是一款由Adobe公司开发的桌面出版软件，主要用于排版设计、页面布局和图形设计。它广泛应用于书籍、杂志、报纸、宣传册、海报、广告等多种出版物的制作。InDesign提供了强大的排版和图形处理工具，使设计师能够高效地完成高质量的设计工作。

内容提要

本书以软件功能讲解结合实际案例操作的方式编写，分为基础知识篇和综合案例篇两部分。

基础知识部分在介绍InDesign各个功能的同时，会根据InDesign设计制作中的应用，以具体案例的形式，拓展读者对软件的操作能力。每章内容学习完成后，还会以“上机实训”的形式对本章所学内容进行综合展示应用，使读者可以快速熟悉软件功能和设计思路。最后，再辅以“课后练习”来加强巩固，帮助读者更好地了解InDesign，并将其应用在工作学习中。

在综合案例部分，笔者根据InDesign软件在室内设计中的应用热点，有针对性地挑选了一些可供读者学习的实用性案例。通过对这些案例的学习，读者能够对InDesign的学习和应用达到融会贯通。

为了帮助读者更加直观地学习本书，随书附赠的光盘中包含了大量的辅助学习资料：

- 书中全部案例的素材文件和效果文件，方便读者更高效地学习。
- 案例操作的多媒体有声视频教学录像，详细地展示了各个案例效果的实现过程，扫除初学者对新软件的陌生感。
- 全书内容的精美PPT电子课件，高效辅助教师进行授课，提高教学效果。
- 海量设计素材，拓展学习深度和广度，极大地提高学习效率。

读者群体

本书面向刚接触InDesign并迫切希望了解和掌握其基本功能并应用于设计专业的初学者，也可以作为提高用户设计和创新能力的指导教材，适用读者群体如下：

- 各高等院校从零开始学习InDesign的莘莘学子；
- 各职业院校相关专业及培训班学员；
- 从事平面设计或设计制作工作的设计师；
- 对InDesign设计功能感兴趣的读者。

本书在写作过程中力求严谨，但因时间和精力有限，不足之处在所难免，敬请广大读者批评指正。

编 者

目录

第一部分 基础知识篇

第1章 InDesign的基础知识

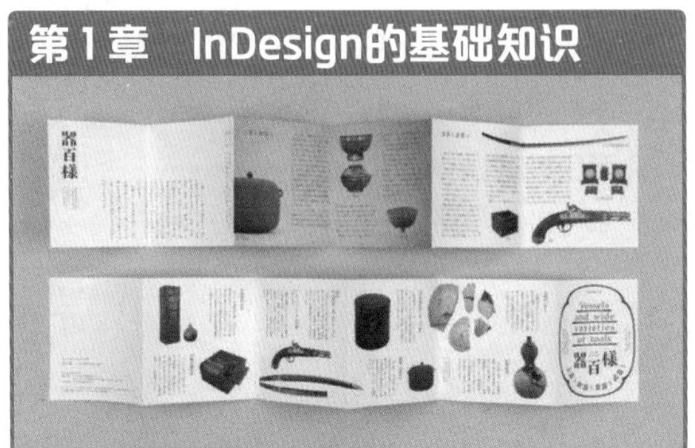

InDesign

第2章 文本与段落设置

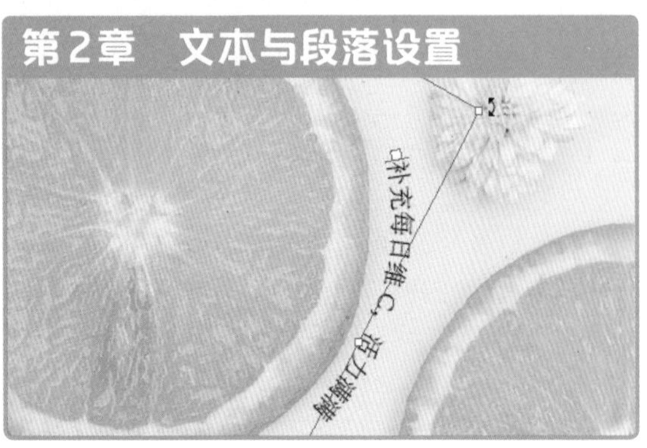

第3章 图形的绘制

第4章 高级绘图

第5章 图文结合

第6章 认识页面

第7章 书籍编排与打印导出

第二部分 综合案例篇

第8章 书籍装帧设计

第9章 海报设计

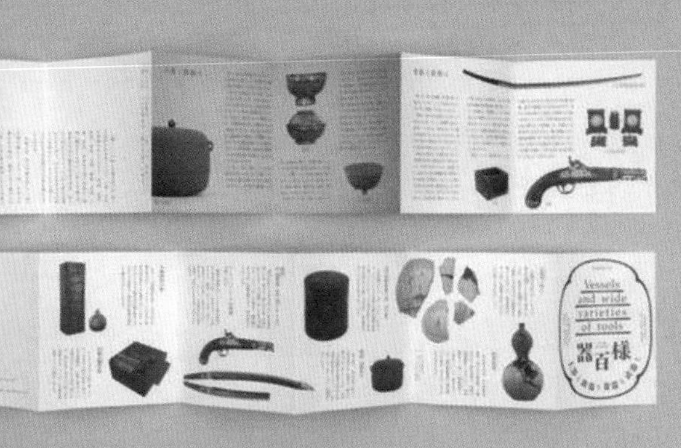

封面排版

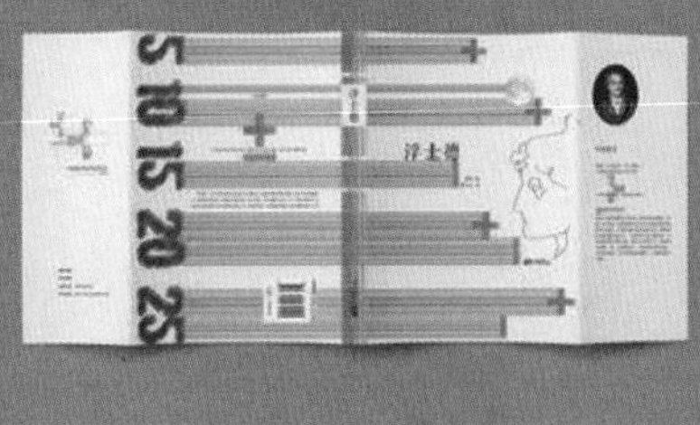

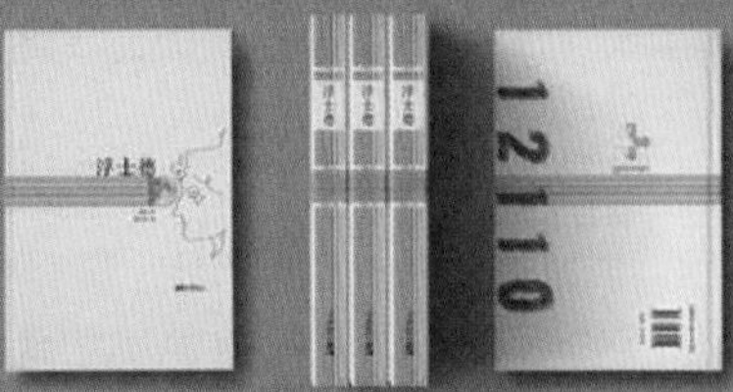

VIOLENZA
DOC

杂志排版

第一部分

基础知识篇

Adobe InDesign，简称“ID”，是由Adobe Systems开发和发行的一款功能强大的专业排版软件。

本篇将向读者介绍InDesign 2024的基础知识，以及文档设置、绘制图形、图像处理等基本操作。通过对本篇内容的学习，读者可以对InDesign有全面的认识，为以后的独立创作打下良好的基础。

第1章 InDesign的基础知识

本章概述

InDesign的功能十分强大，被众多平面设计者使用。通过对本章内容的学习，读者将对InDesign有全面的了解，可以自由地对图像进行编辑和创作。

核心知识点

❶ 了解InDesign的应用领域
❷ 熟悉InDesign 2024新增的功能
❸ 熟悉InDesign的工作界面
❹ 了解InDesign的工作区

1.1 InDesign的应用领域

InDesign是一款广泛应用于设计、印刷和出版行业的专业排版软件。目前，InDesign以强大的排版功能和丰富的设计工具，成为平面设计师、图文设计师和印前设计师的得力助手。InDesign在卡片设计、书册设计、书籍封面设计和包装设计等方面有着重要作用，下面将对InDesign的应用领域进行简要介绍。

（1）杂志

对于杂志来说，排版是至关重要的，丰富的版式可以更好地吸引消费者。杂志分为综合性期刊与专业性期刊两大类。不同种类的杂志，排版风格迥异。但是总体来说，杂志相对于其他纸质媒介要更加丰富、灵活，如下两图所示。

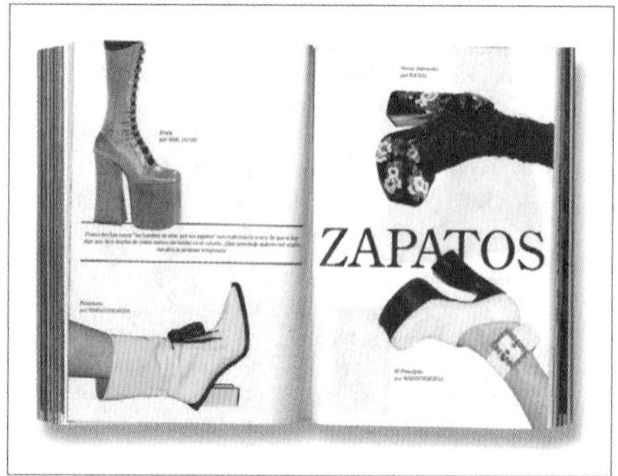

（2）画册

画册是一种图文并茂的表现形式，它和单一的文字或图册有所不同。画册更加清晰明了，因此画册的排版至关重要。合理安排图像与文字的位置，可以使读者一目了然，这也是一本画册成功的关键，如下两图所示。

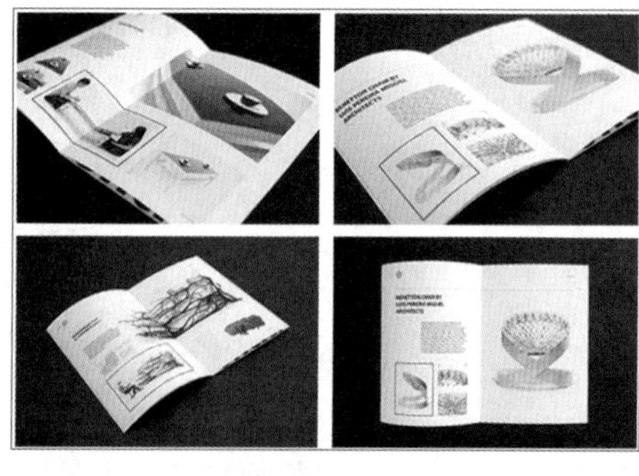

（3）书籍

书籍设计需要独具匠心，封面创意要构思新颖。在设计时，应该注意版面布局的合理规划、字体的选择与整体的搭配得当，更要注重细节的处理与优化。在进行书籍排版时，应该遵循整体统一原则、方便阅读原则和鲜明个性原则，如下两图所示。

（4）宣传册

宣传册包含的内容非常广泛，它的设计内容包括封面、封底、环衬、扉页、内文版式等。宣传册的设计对整体感有一定的要求，因此用户需要对宣传册的排版有一定的掌控力，如下两图所示。

（5）报纸

报纸的发行量大，涉及的人群广泛，其排版直接影响宣传效果，如下两图所示。

1.2 InDesign的工作界面

InDesign 2024的工作界面由菜单栏、工具栏、面板和状态栏等模块组成，如下页图中所示。为了能够熟练地使用InDesign 2024，我们先来了解一下其工作界面。

1.2.1 菜单栏

InDesign 2024的菜单栏包括文件、编辑、版面、文字、对象、表、视图、增效工具、窗口和帮助10个菜单，如下图所示。InDesign中几乎所有的命令都按照类别排列在这些菜单栏中，而每一个菜单下面均有对应的子菜单。

用户可通过单击菜单来打开其下拉菜单，如单击“版面”菜单，下拉菜单的左侧是命令的名称，在经常使用的命令右侧是该命令的快捷键。如要执行该命令，可直接按快捷键，以提高操作速度。例如，“转到页面”命令的快捷键为Ctrl + J。有些命令的右侧有一个向右弯的灰色箭头图标 ›，表示该命令还有相应的下拉子菜单。单击箭头图标，即可弹出其下拉子菜单。有些命令的后面有省略号图标 …，表示单击该命令会弹出相应的对话框，用户可以在对话框中进行更详尽的设置。有些命令呈灰色，表示该命令在当前状态下不可用，需要选中相应的对象或进行某些设置后，该命令才会变为黑色，即可用状态。

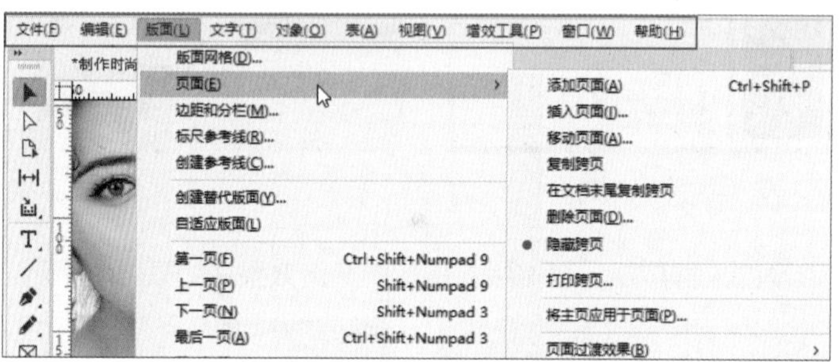

1.2.2 工具栏

工具栏默认在工作界面的左侧，包括InDesign 2024中所有的工具。工具箱中的工具主要用来编辑文字、形状、线条、渐变等页面元素，部分工具的右下角带有三角形图形，表示该工具还有展开工具组。将鼠标移动到该工具上，单击并按住鼠标左键或者单击鼠标右键，即可打开展开工具组。

下面对各展开工具组进行介绍。

- 文字工具组中的工具主要用于全方位地支持中文字符的输入、编辑、格式化和排版，帮助用户实现高效、精准的中文排版设计。其中包括文字工具、直排文字工具、路径文字工具和垂直路径文字工具4种工具，如下页左图所示。
- 钢笔工具组中的工具主要用于创建和编辑矢量图形，这些图形具有可伸缩性，可以在不损失清晰度的情况下进行缩放。其中包括钢笔工具、添加锚点工具、删除锚点工具和转换方向点工具4种工具，如下中图所示。

- 铅笔工具组中的工具主要用于创建和编辑各种复杂的路径形状，为设计作品增添更多的创意和灵活性。其中包括铅笔工具、平滑工具和抹除工具3种工具，如下右图所示。

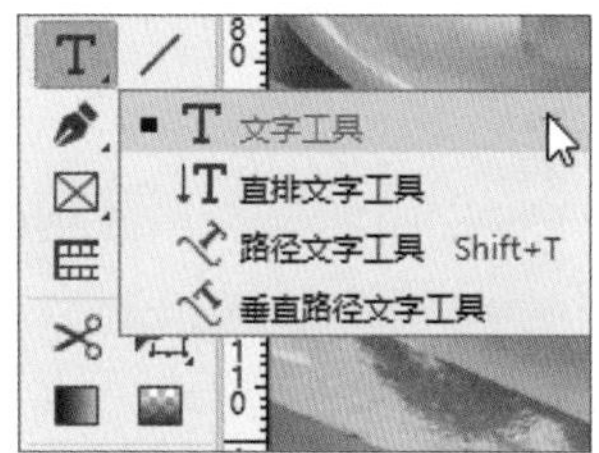

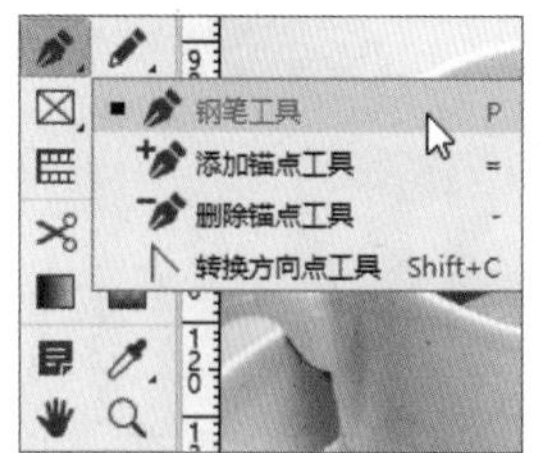

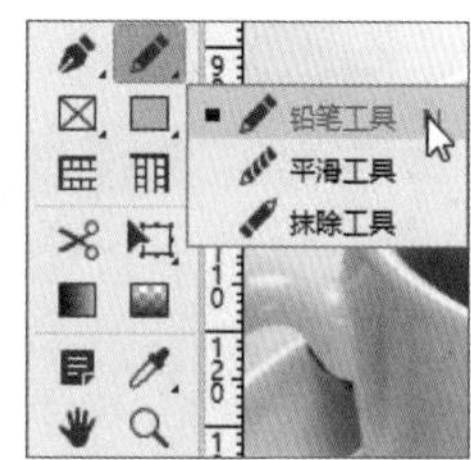

- 矩形框架工具组中的工具主要用于在版面中指定图像或文本的位置。使设计师或排版师精确地控制元素在版面上的布局和呈现方式。其中包括矩形框架工具、椭圆框架工具和多边形框架工具3种工具，如下左图所示。
- 矩形工具组中的工具主要用于创建和编辑矩形形状，定义版面区域，构建设计元素，并与其他图形编辑工具和功能相结合，以实现精确、专业的版面设计和图形处理。其中包括矩形工具、椭圆工具和多边形工具3种工具，如下中图所示。
- 自由变换工具组中的工具主要用于旋转、缩放或切变对象。这些工具提供了对编辑对象进行灵活调整的功能。用户可以在InDesign中，轻松地对元素进行变换操作。其中包括自由变换工具、旋转工具、缩放工具和切变工具4种工具，如下右图所示。

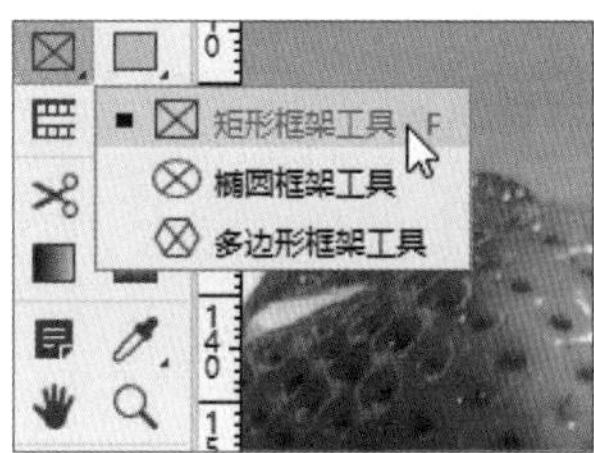

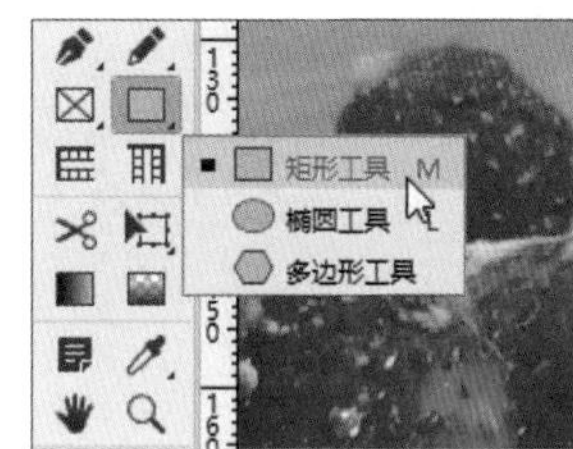

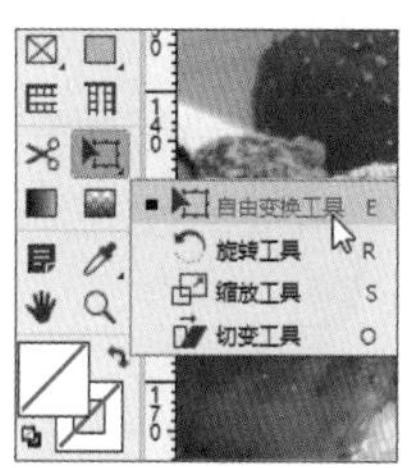

- 吸管工具组中的工具主要用于复制和应用对象的颜色、属性或文字格式。在InDesign中，吸管工具允许从一个编辑对象中获取特定的颜色、属性或文字格式，并将其应用到另一个对象上。其中包括颜色主题工具、吸管工具和度量工具3种工具，如下左图所示。
- 预览工具组中的工具主要用于不同的视图模式（如正常、预览、出血等）之间的切换，以便更好地观察整体的设计效果或细节。此外，该工具组还提供缩放和导航功能，可以帮助设计师快速定位到版面的任何位置，并以适当的比例查看设计元素。其中包括预览、出血、辅助信息区和演示文稿4种工具，如下右图所示。

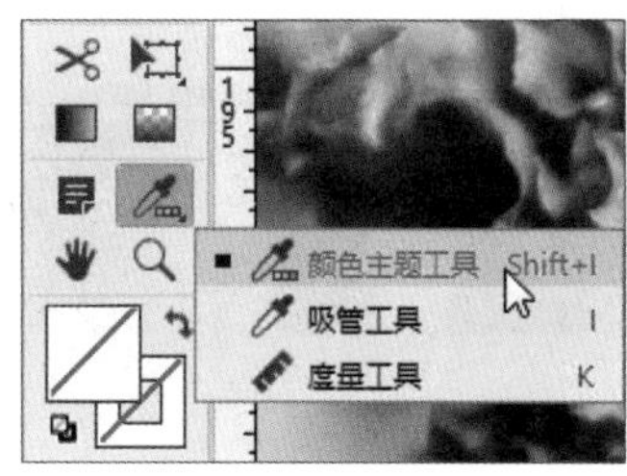

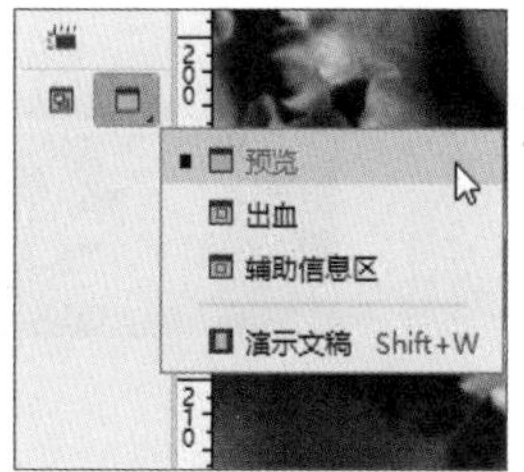

1.2.3 面板

InDesign的“窗口”菜单中提供了多种面板，主要有“交互”“链接”“描边”“图层”“文本绕排”“文章”“文字和表”“效果”“信息”“页面”“注释”等，具体如下图所示。

此外，在InDesign中，所有面板都是以浮动形式呈现的，用户可以自由拉伸其大小并进行任意组合。

（1）显示某个面板或其所在的组

在“窗口”菜单中选择面板的名称选项，可调出该面板或其所在的组；如果想要隐藏面板，则在“窗口”菜单中再次单击面板的名称即可。如果该面板已经在页面中显示，那么“窗口”菜单中的面板命令前，会显示符号✓。

（2）排列面板

在面板组中，单击面板的名称标签，该面板就会被选中并显示为可操作的状态，以“颜色”面板为例如下左图所示。把面板组中的一个面板拖到组的外面，即可建立一个独立的面板，如下中图所示。

（3）面板菜单

单击面板右上方的按钮≡，会弹出当前面板的菜单，可以从中选择相关命令，如下右图所示。

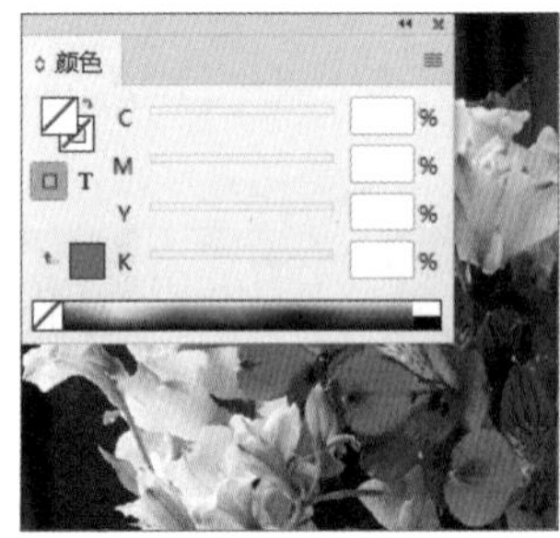

（4）面板的折叠与展开

单击面板中的“折叠为”按钮◂◂，可将面板折叠为图标；单击“展开”按钮▸▸，可以使面板恢复至默认大小。如果需要改变面板的高度和宽度，可以将鼠标光标放置在面板右下角，当光标变为图标⤡时，按住鼠标左键并进行拖动，即可缩放面板。

（5）将面板收放到泊槽

在泊槽中的面板标签上，按住鼠标左键，可以将其拖动到页面中，如下左图所示。松开鼠标后，面板标签可以成为独立面板，效果如下中图所示。而面板在展开时，也可以进行此项操作，如下右图所示。反之，可以将独立面板进行组合。

1.2.4 状态栏

状态栏在工作界面的最下面，如下图所示。左侧下拉列表中显示当前的页码；右侧是滚动条。当绘制的图像过大而不能完全显示时，可以通过拖动滚动条来浏览整个图像。绿色提示点会在编辑时提醒，当前页面中的素材是否有因操作不当而造成的损坏或丢失。

1.3 InDesign的文件基本操作

在InDesign 2024中新建文档时，要提前设定好文档的一些基本信息。下面将详细介绍InDesign文件的基本操作。

1.3.1 新建文档

打开InDesign 2024后，单击开始页面左上角的蓝色“新文件”按钮或按下快捷键Ctrl＋N，即可打开“新建文档”对话框，如下图所示。在该对话框中，用户可根据需要单击“文档预设”蓝色文字链接，选择相应的选项，进行新文档的创建；或在右侧“预设详细信息”选项区域中，设置文档的名称、宽度、高度、单位、方向、页面、起点和出血线等信息，进行新文档的创建。

下面对“新建文档”对话框中“预设详细信息”选项区域的各项参数的功能进行介绍。

- **名称文本框：** 用于输入新建文档的名称，默认状态下为“未命名-1”。
- **宽度和高度：** 用于设置文档的宽度值和高度值。页面的宽度和高度代表页面外出血和其他标记被裁掉以后的成品尺寸。
- **单位：** 用于设置文本尺寸所采用的单位，默认状态下为“毫米”。
- **方向：** 单击“纵向”按钮或“横向”按钮，页面方向会发生纵向或横向的变化。
- **装订：** 有两种装订方式可供选择，即向左翻或向右翻。单击“从右到左”按钮，将按照沿着书本左侧进行装订的方式；单击“从左到右”按钮，将按照沿着书本右侧进行装订的方式。一般来说，文本横排的版面会选择左侧装订，文本竖排的版面会选择右侧装订。
- **页面：** 用于根据需要设置文本的总页数。
- **对页：** 勾选此复选框，可以在多页文档中设定左右页以对页形式显示的版面格式，就是通常所说的对开页；不勾选此复选框，新建文档的页面格式会以单面单页的形式显示。
- **起点：** 用于设置文档的起始页码。
- **主文本框：** 用于为多页文档创建常规的主页面。勾选此复选框后，InDesign会自动在所有页面加上一个文本框。
- **出血和辅助信息区：** 该选项区域用于设置出血及辅助信息区的尺寸，如右图所示。

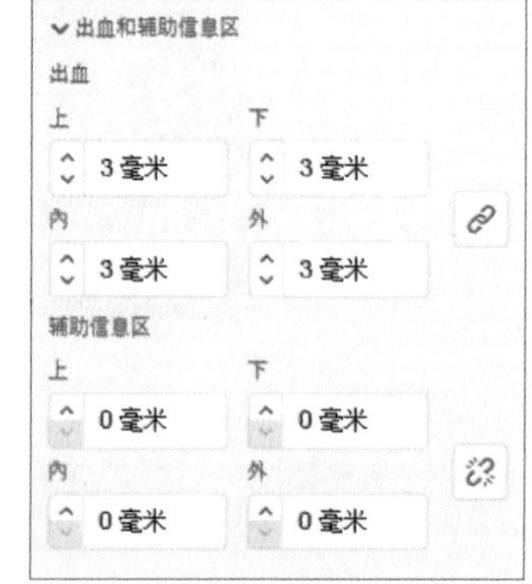

提示：出血

出血是为了避免在裁切带有超出成品边缘的图片或背景的作品时，因裁切的误差而露出白边所采取的预防措施，通常是在成品页面外扩展3毫米。

单击“新建文档”对话框右下角的“边距和分栏”按钮，会出现“新建边距和分栏”对话框。在该对话框中，可以在“边距”选项区域中设置页面边框的尺寸，即“上”“下”“内”“外”四个值，如下左图所示。在“栏”选项区域中，可以设置栏数、栏间距和排版方向。设置完后，单击“确定”按钮，即可新建一个页面。在新建的页面中，页边距“上”“下”“内”“外”的设定，如下右图所示。

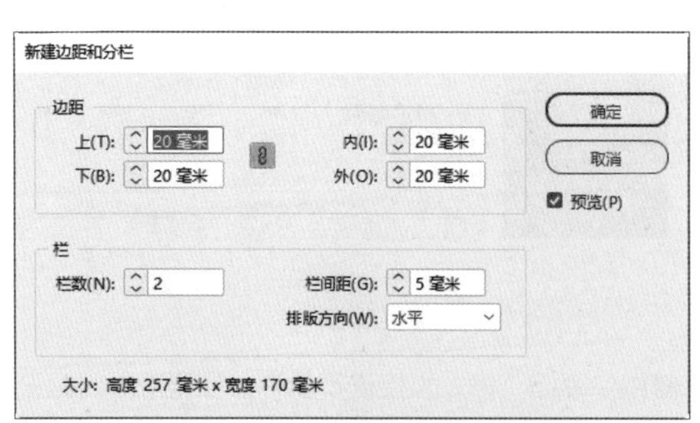

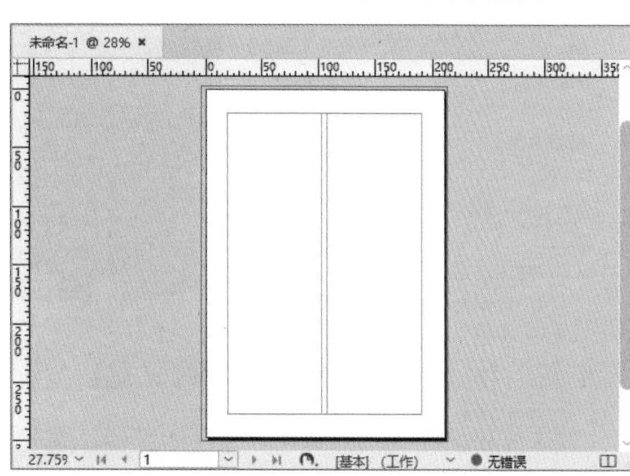

提示：新建页面

在“页面”面板中，单击下方的“新建页面”按钮，即可新建页面。

1.3.2 使用旧版“新建文档”对话框

新版InDesign的新建文档功能，为设计人员和初学者带来更便捷、流畅、人性化的操作体验，但是也不乏一些用户习惯使用旧版的“新建文档”。下面将介绍在新版InDesign中使用旧版“新建文档”对话框的方法。

步骤 01 打开InDesign 2024，在菜单栏中执行“编辑>首选项>常规”命令，弹出“首选项”对话框，如下左图所示。

步骤 02 在“首选项”对话框的“常规”选项区域中，勾选“使用旧版‘新建文档’对话框”复选框，如下右图所示。

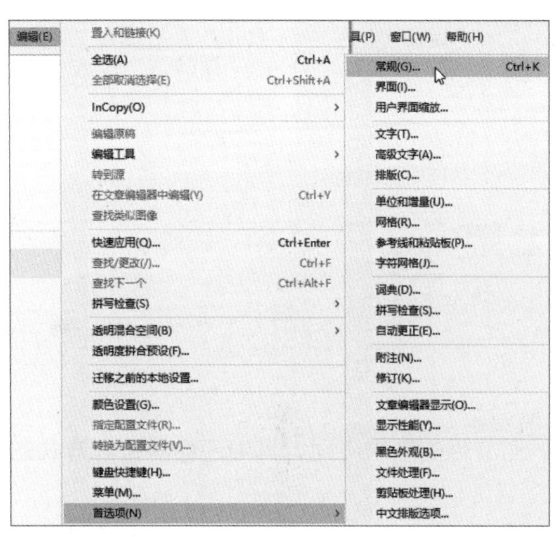

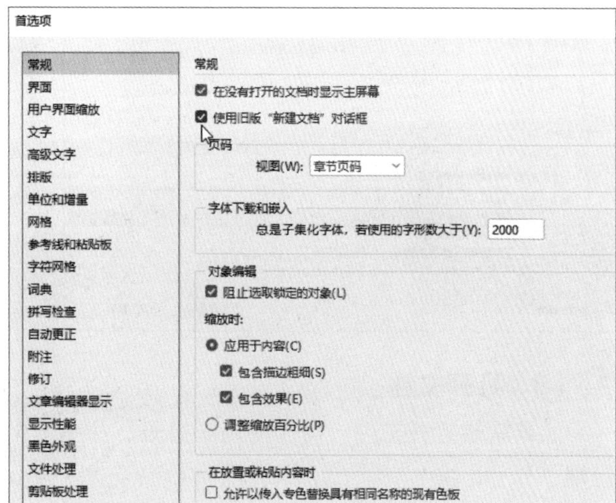

步骤 03 单击“确定”按钮后，执行“文件>新建>文档”命令，或按下快捷键Ctrl+N，如下页左图所示。

步骤 04 操作完成后，弹出了旧版的“新建文档”对话框，如下页右图所示。

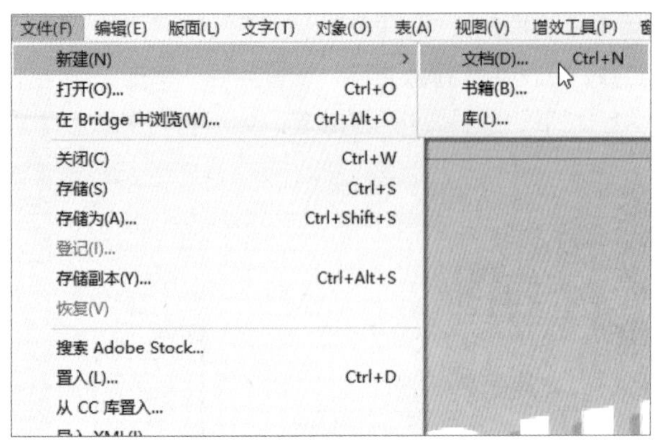

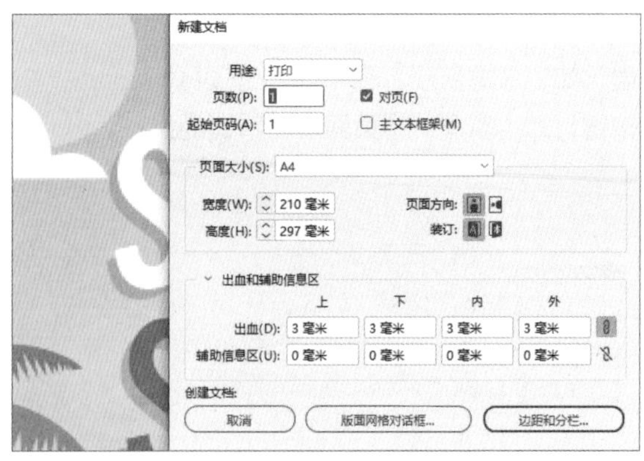

1.3.3 保存、打开与关闭文档

如果是新创建或无须保留原文件的文档，用户可以使用“存储”命令直接进行保存。如果想要将打开的文件进行修改或编辑后，不替代原文件而另行保存，则需要使用“存储为”命令。

（1）保存新创建文件

执行“文件>存储”命令，或按下快捷键Ctrl＋S，在弹出的“存储为”对话框中，选择文件要保存的位置，在“文件名”下拉列表中输入将要保存文件的名称，在“保存类型”下拉列表中选择文件的保存类型，单击“保存”按钮，如下左图所示。

（2）保存已有文件

执行“文件>存储为”命令，在弹出的“存储为”对话框中，选择文件的保存位置并输入新的文件名，再选择保存类型，单击“保存”按钮，如下右图所示。当前保存的文件不会替代原文件，而是以一个新的文件名另行保存。

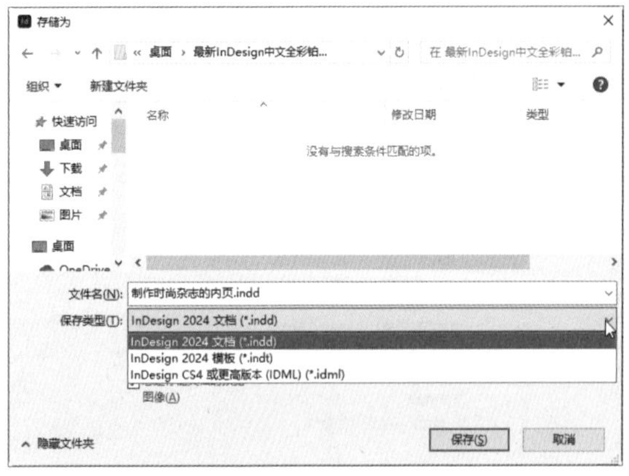

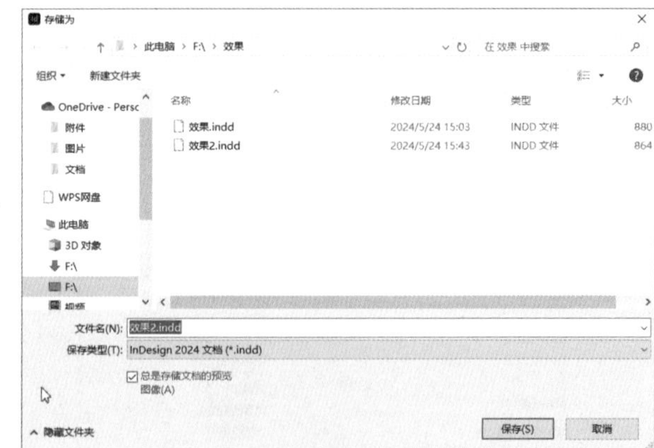

（3）打开文件

如果需要打开文件，可以使用“打开”命令。但根据对文件的需求不同，其中还会有打开方式的区别。

执行“文件>打开”命令，或按下快捷键Ctrl＋O，在弹出的“打开文件”对话框中，找到文件所在的位置并选中文件，在文件类型下拉列表中选择要打开的文件类型。在“打开方式”选项组中，选中“正常”单选按钮，将正常打开文件；选中“原稿”单选按钮，将打开文件的原稿；选中“副本”单选按钮，将打开文件的副本。设置完成后，单击“打开”按钮，窗口中就会显示打开的文件，如下页左图所示。若没有设置需求，用户则可以双击文件名或直接将文件拖动到软件中，即可打开文件。

（4）关闭文件

执行“文件>关闭”命令，或按下快捷键Ctrl＋W，文件会被关闭。如果文档没有保存，将会弹出一个提示对话框，如下右图所示。单击“是”按钮，会在文档关闭之前对其进行保存；单击“否”按钮，在文档关闭时，将不对其进行保存；单击“取消”按钮，会返回工作页面。

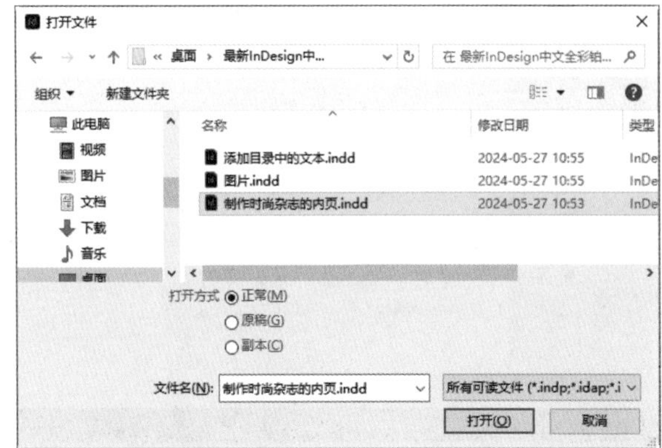

1.4 InDesign的页面

在InDesign 2024中完成新建文档的操作后，接下来，我们一起来了解页面操作的相关内容。下面将介绍InDesign页面的基本知识与相关操作。

1.4.1 页面基本构成

InDesign页面的基本构成是一个灵活且强大的设计平台，允许用户通过各种工具和面板来进行复杂的版面设计。

- **页面尺寸：** 用户可以根据需要选择预设的页面尺寸，或者自定义页面的长度和宽度，这决定了整个版面的大小和范围。
- **边距：** 边距指的是内容区域与页面边缘之间的空白区域。合理的边距设置能够提升整体设计的平衡感和视觉效果，同时也有助于内容的阅读和理解。
- **栏：** 栏是页面内容区域中的垂直分隔，可以根据需要进行设置。通过调整栏数和栏间距，可以创建出多样的版面布局，满足不同的排版需求。
- **辅助工具：** 如参考线、网格等，这些工具可以帮助设计师更精确地定位和调整版面元素，提高排版效率。
- **版面元素：** 它包括文本、图片、图形等各种元素。这些元素在页面上的布局和排列方式，直接决定了版面的整体效果和风格。

1.4.2 页面尺寸调整

如果后期需要对当前页面的尺寸进行改动，可以在菜单栏中执行“文件>文档设置”命令，或按下Ctrl＋Alt＋P组合键，在弹出的“文档设置”对话框中进行相应的参数调整。

如果需要对当前页面的参考线进行改动，可以在“文档设置”对话框中展开“出血和辅助信息区”选项区域，然后进行相应的参数设置，如下左图所示。

如果需要对整个文档进行修改，则可以在“文档设置”对话框中，单击右下角的“调整版面”按钮，在打开的“调整版面”对话框中进行相应的参数设置，如下右图所示。

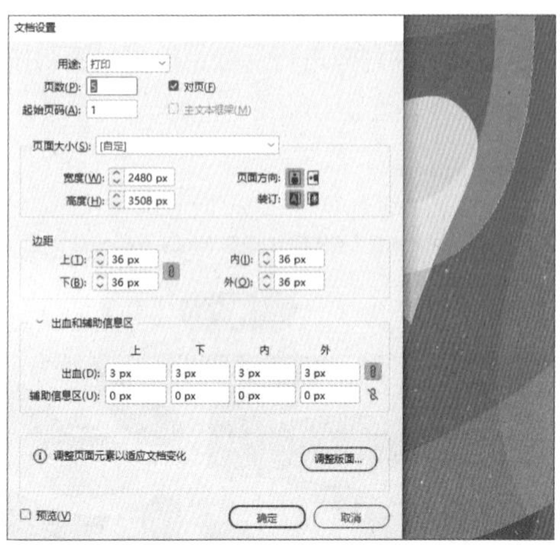

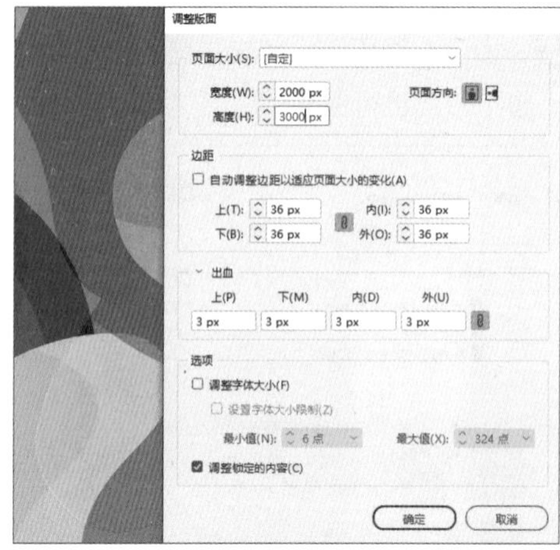

提示：版面调整注意事项

在调整版面时，边距可能会受到影响。可以在调整版面时，勾选“调整版面”对话框中的“自动调整边距以适应页面大小的变化”复选框，如下左图所示。

在“文档设置”对话框中，单击“用途”下三角按钮，在下拉列表中选择所需要的选项，如下右图所示。普通印刷品，可以直接选择默认的“打印”选项；网络上的读物，可以选择“Web”选项；而在此基础上，如果是移动设备（如手机上的读物），可以选择“移动设备”选项。

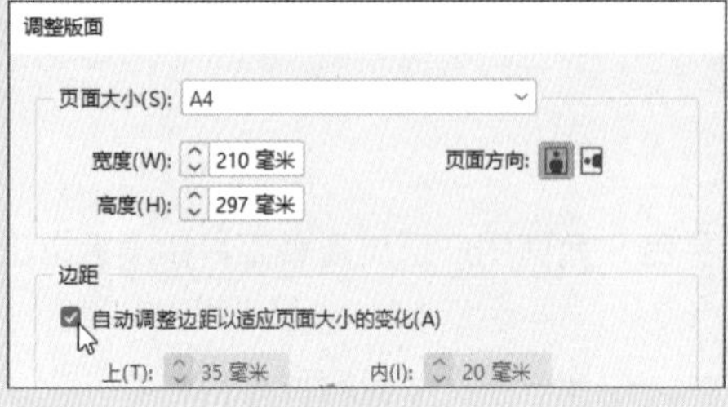

1.4.3 边距与分栏的调整设置

选择需要修改的跨页或页面，在菜单栏中执行“版面>边距和分栏”命令，会弹出“边距和分栏”对话框，如右图所示。

下面将对“边距和分栏”对话框中的主要选项的功能进行介绍。

- **边距**：该选项区域内的参数决定了内容区域与页面边缘之间空白区域的大小，用于指定边距参考线到页面的各个边缘之间的距离。
- **栏**：该选项区域的参数用于设置版面中用于分隔内容的垂直区域。通过设置不同的栏数和栏间距，可以创建出多样的版面布局。
- **栏数**：用于设置在边距参考线内创建的栏的数目。
- **栏间距**：用于设置栏与栏之间的宽度值。
- **排版方向**：指文字或内容在页面上的排列方向，通常可以是水平方向（从左到右或从右到左）或垂直方向（从上到下或从下到上）。
- **调整版面**：勾选该复选框，其下方参数将被激活，可以对版面布局进行整体或局部的修改和优化。通过调整边距、栏数、分栏、对象位置等，可以使版面更加美观、合理和易于阅读。
- **调整字体大小**：勾选该复选框，可以调整文字在版面中所显示的大小。
- **设置字体大小限制**：勾选该复选框，可以确保版面上的文字大小在合适的范围内，避免因文字过大或过小而影响阅读效果。
- **调整锁定的内容**：此功能用于调整版面中锁定的内容。取消勾选该复选框，锁定的内容被固定，无法进行编辑或移动，这有助于保护重要的设计元素，防止在排版过程中被误操作。

1.4.4 参考线

在文档窗口中，新建一个页面，在设置参考线的情况下，页面的结构性区域会由不同的颜色标出。在菜单栏中执行“编辑>首选项>参考线和粘贴板”命令，会出现“首选项”对话框，如下图所示。在该对话框中用户不仅可以设置页边距和分栏参考线的颜色、粘贴板上出血和辅助信息区域参考线的颜色，还可以就对象需要距离参考线多近才能靠齐参考线、参考线显示在对象之前还是之后以及粘贴板的大小进行设置。

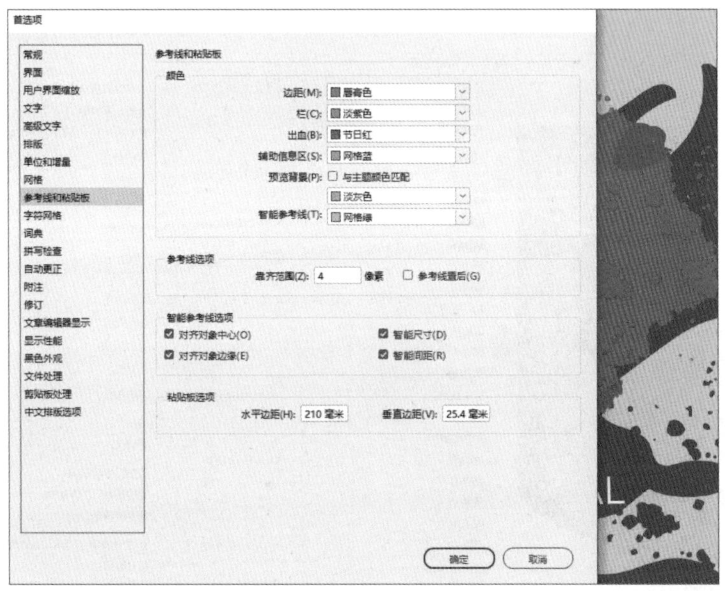

1.4.5 选择单页和跨页

选择单页和跨页，首先需要打开“页面”面板，可以在菜单栏中执行“窗口>页面”命令或使用快捷键F12来完成。

（1）选择单页

在“页面”面板中，用户可以看到当前所有页面的缩略图，如右图所示。单击任何一个缩略图，即可选中相应的单页。此时，可以对该页面进行编辑、调整或应用样式等操作。

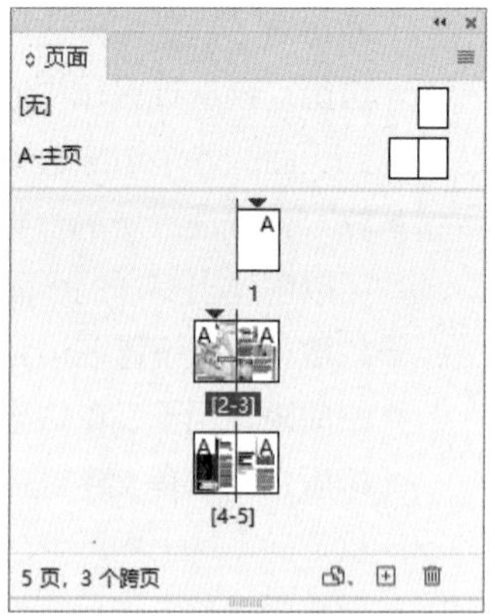

（2）选择跨页

跨页通常指的是两个相邻的页面，它们共享一个共同的边缘。在“页面”面板中，跨页的选择稍微有些不同，需要同时选择两个相邻的页面缩略图。用户可以通过按住Shift键并单击两个缩略图来实现，或者使用鼠标框选出两个缩略图。

（3）调整跨页设置

选择跨页后，用户可以在“页面”面板或相关的属性面板中调整跨页的设置，如更改跨页的边距、分栏方式、页面方向等。

1.5 InDesign视图的设置

在InDesign中，视图设置对于优化工作流程和提升设计效率至关重要。在日常工作中，用户需要随时灵活地改变视图，以便在设计时发现更好的组合方法。

1.5.1 排列文档窗口

排版文件的窗口显示主要有垂直、水平、堆叠三种。执行“窗口>排列”命令，可以看到所有的窗口排列形式，如下图所示。

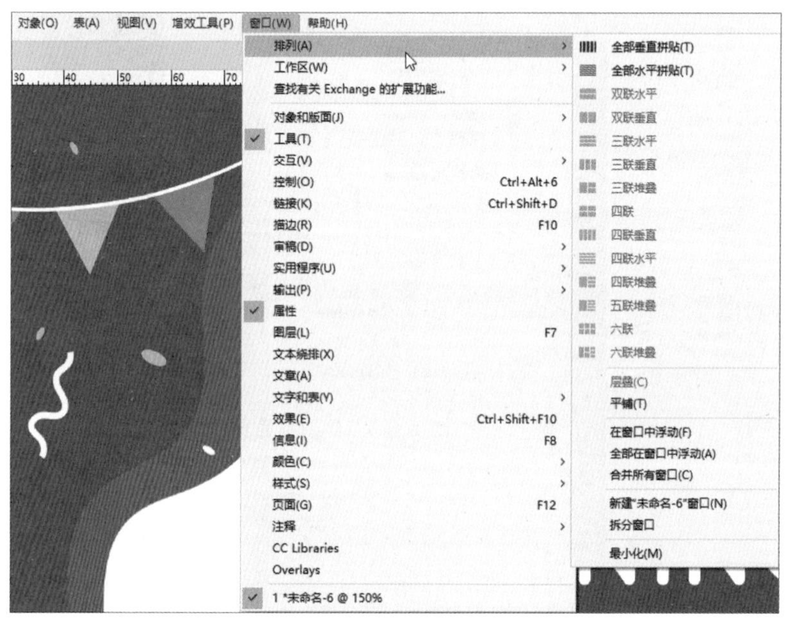

用户可以将打开的几个排版文件以垂直、水平或堆叠的方式排列在一起。如果想选择需要操作的文件，单击文件名即可。将打开的几个排版文件水平排列在一起的效果，如下页图中所示。

1.5.2 移动文档窗口和页面

在InDesign中移动窗口或页面，通常指的是调整文档窗口或页面的顺序或位置。以下是移动文档窗口及页面的常用方法。

（1）移动文档窗口

打开InDesign并定位到想要移动的页面按住鼠标左键直接将其拖动到新的位置。拖动页面时，页面会跟随光标移动，并在释放鼠标时停留在新的位置，如下图所示。

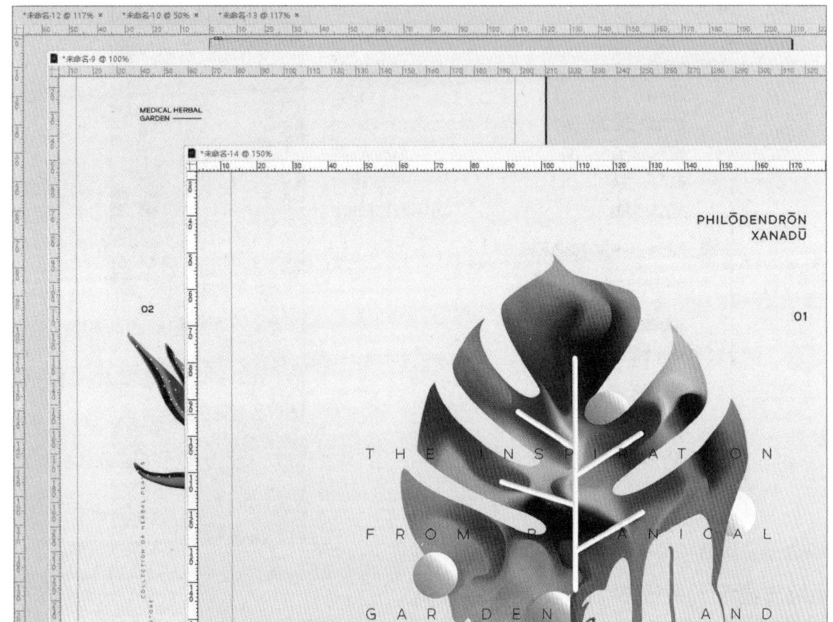

（2）移动页面

首先，选中想要移动的页面。用户可以通过单击页面的缩略图，再单击鼠标右键，在弹出的快捷菜单中选择“移动页面”命令，如下页左图所示。在弹出的“移动页面”对话框中，对需要移动的页面进行设置并选择目标位置，然后单击“确定”按钮，如下页右图所示。此时，页面就移动到新位置了。

1.5.3 缩放文档窗口

下面对常用的缩放文档窗口的方法进行介绍。

方法1：通过菜单栏缩放

在菜单栏中，执行“视图>放大”命令或“视图>缩小”命令，即可将当前页面视图放大或缩小。如下图所示。

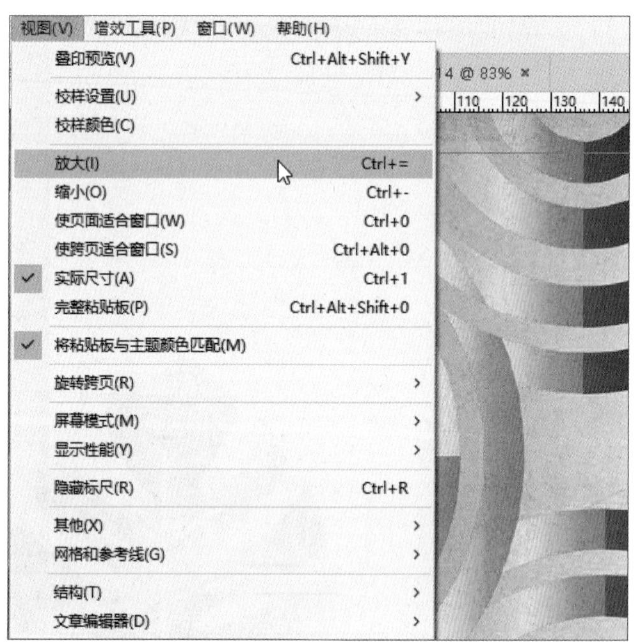

方法2：使用缩放显示工具缩放

用户可以选择工具栏中的缩放显示工具，然后按住Alt键，通过滚动鼠标滚轮进行视图的放大或缩小。

方法3：使用快捷键缩放

用户可以使用快捷键进行文档窗口的缩放操作。按下快捷键Ctrl + +，可以进行文档窗口的放大；按下快捷键Ctrl + -，可以进行文档窗口的缩小。

知识延伸：常用快捷键

熟练使用快捷键，可以提高工作效率。下面是一些常用的快捷键及其所对应的命令，便于我们更快速地进行工作。具体操作工具的快捷键，会在后面章节中逐一介绍。

功能	快捷键
新建文档	Ctrl + N
打开文档	Ctrl + O
保存文档	Ctrl + S
另存为	Ctrl + Shift + S
关闭文档	Ctrl + W
重做	Ctrl + Y 或 Ctrl + Shift + Z
撤销	Ctrl + Z
复制	Ctrl + C 或 Cmd + C
粘贴	Ctrl + V 或 Cmd + V
剪切	Ctrl + X 或 Cmd + X
全选	Ctrl + A 或 Cmd + A
查找 / 更改	Ctrl + F
查找下一个	Ctrl + G
查找上一个	Ctrl + Shift + G
创建矩形框架	F
切变工具	O
选择工具	V
直接选择工具	A
对齐对象	Shift + F7
分布对象	Shift + F8
新建页面	Alt + Shift + P
转到下一页面	Page Down
转到上一页面	Page Up
显示 / 隐藏图层	F7
放大	Ctrl + +或 Cmd + +
缩小	Ctrl + - 或 Cmd + -
适应窗口大小	Ctrl + 0/Cmd + 0
显示 / 隐藏参考线	Ctrl +；/Cmd +；
锁定 / 解锁参考线	Alt + Ctrl +；/Option + Cmd +；

上机实训：制作排版模板

扫码看视频

学习完本章内容后，相信用户对InDesign的基本操作有了一定的了解。下面以绘制一张排版模板为例，来巩固本章所学内容，具体操作如下。

步骤 01 打开 InDesign，单击开始界面左侧的“新文件”按钮或执行“文件>新建>文档”命令，如下左图所示。

步骤 02 在“新建文档”对话框中，设置“页数”为1，“宽度”“高度”分别为297毫米、210毫米，单击该对话框右下角的“边距和分栏”按钮，如下右图所示。

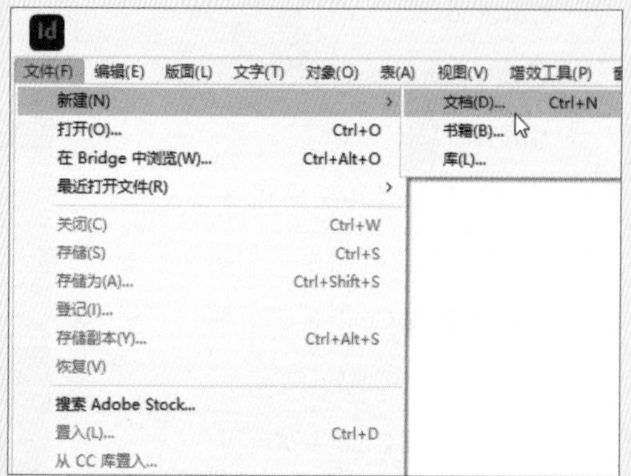

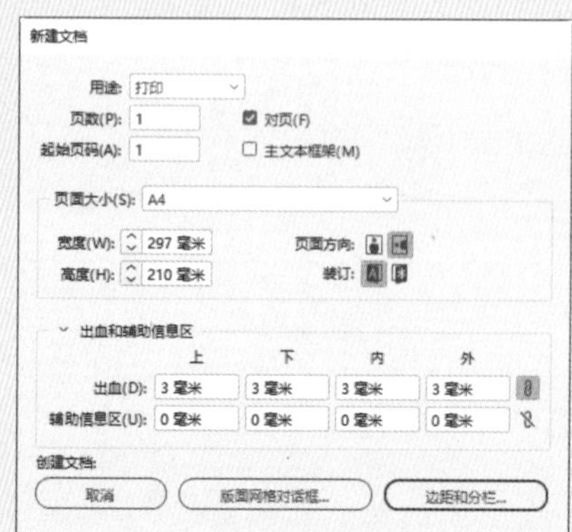

步骤 03 在“新建边距和分栏”对话框中，设置“边距”均为20毫米，单击“确定”按钮，如下左图所示。

步骤 04 选择工具箱中的矩形工具，按住鼠标左键进行拖动，在画布上进行区域的划分，效果如下右图所示。

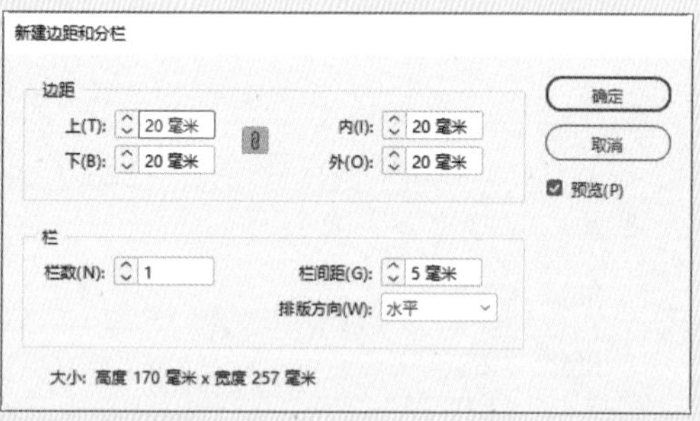

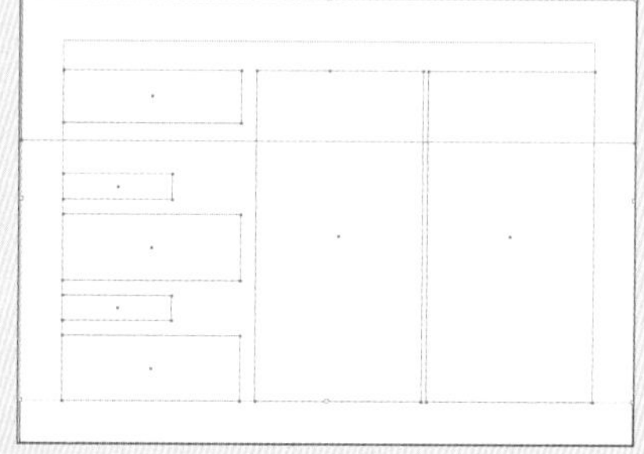

步骤 05 在工具栏中单击选择工具，选中画布中需要填色的矩形区域，然后双击工具栏中的填色工具，如下左图所示。在“拾色器”对话框中选择需要的颜色，单击“确定”按钮，如下中图所示。完成后的填色工具，如下右图所示。

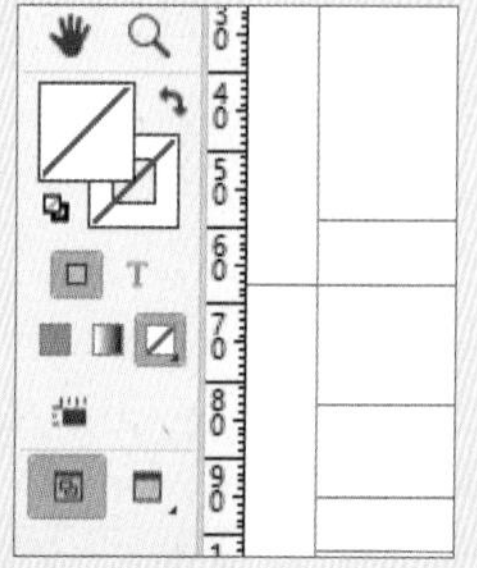

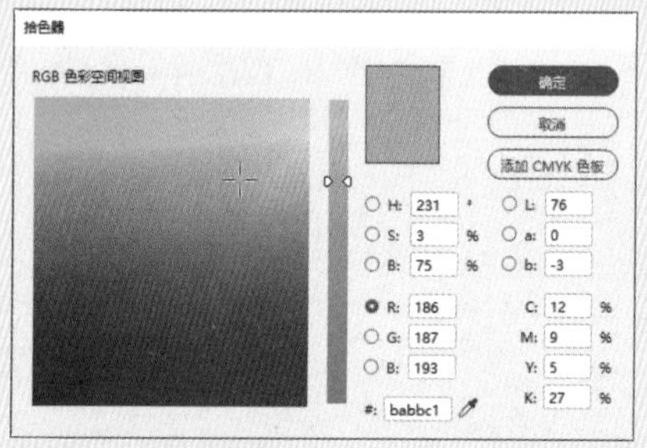

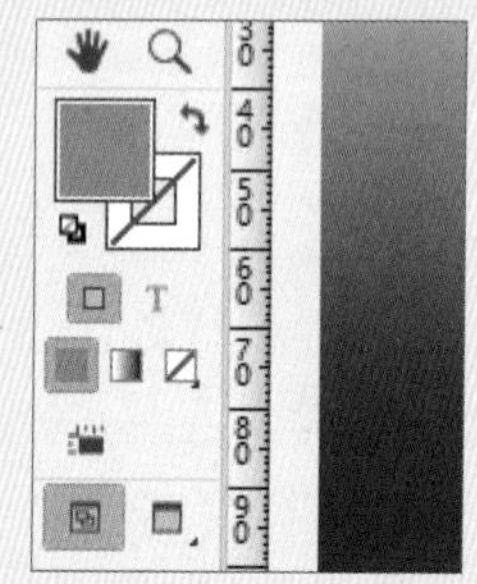

步骤 06 在后续的填充中，可以先在填充完成的区域单击鼠标右键，再在弹出的菜单栏中选择“锁定”选项，这样在进行后续操作时不易出错，如下左图所示。

步骤 07 完成上一步骤后，填色区域的选择框会出现“锁”形标识，如下右图所示。要想解除锁定，可以直接单击“锁”形标识。

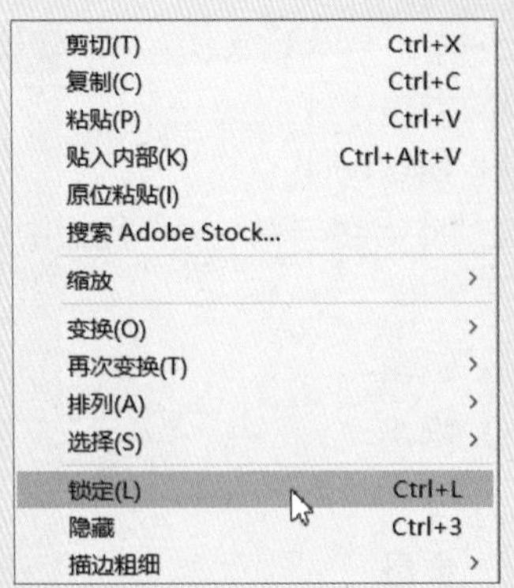

步骤 08 填色后的效果，如下左图所示。

步骤 09 为了区分不同作用的区域，可使用不同的颜色进行填充。在工具栏中单击预览按钮，模板的整体效果，如下右图所示。

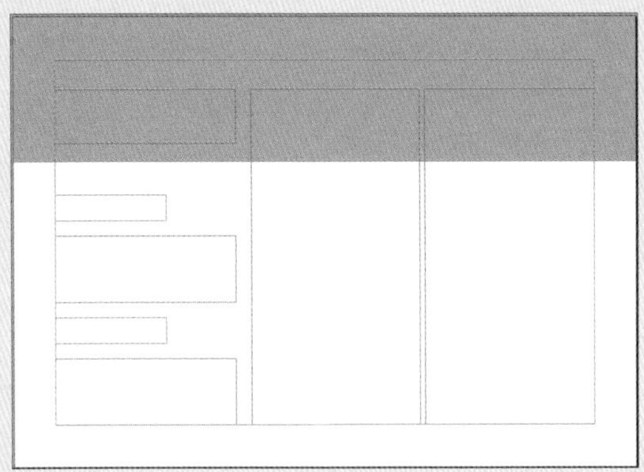
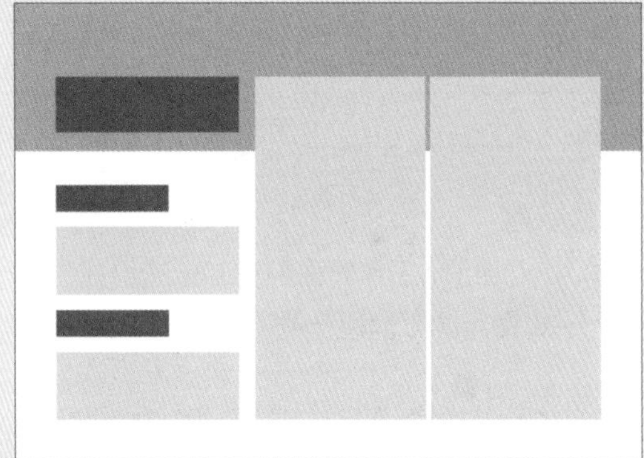

步骤 10 操作完成后，执行“文件>存储为”命令，如下左图所示。

步骤 11 在打开的“存储为”对话框中，选择文件的保存位置，并设置“文件名”和“保存类型”后，单击“保存”按钮，如下右图所示。

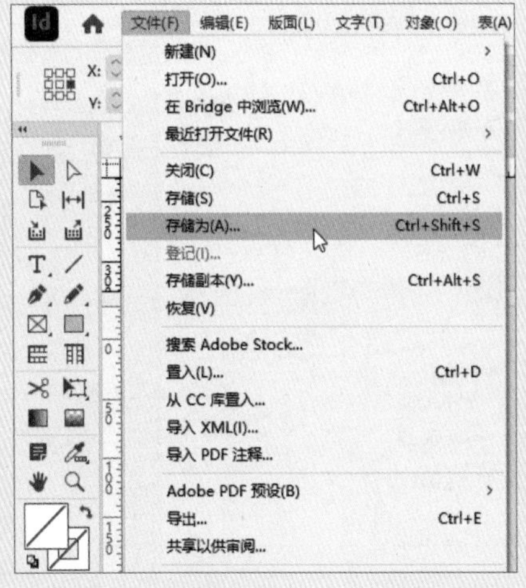

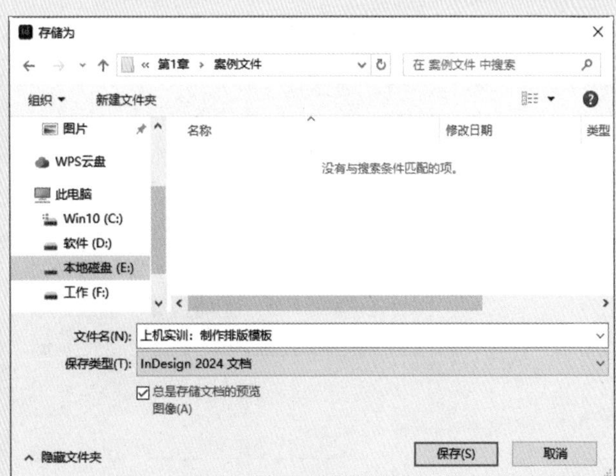

课后练习

一、选择题（部分多选）

（1）InDesign一般用于下列哪些应用领域（　　）。

A. 卡片设计　　B. 书籍设计

C. 书册设计　　D. 包装设计

（2）在（　　）中打开“首选项”对话框，再在“参考线与粘贴板”面板中对参考线的颜色进行设置。

A. 界面　　B. 编辑

C. 排版　　D. 网格

（3）排版文件的窗口显示主要有（　　）。

A. 堆叠　　B. 垂直

C. 水平　　D. 联

二、填空题

（1）在InDesign中，放大和缩小画布的快捷键为__________和__________。

（2）在InDesign的工具栏中，有__________、__________、__________、__________、__________、__________和__________等工具组。

（3）执行“__________”菜单栏中的命令，可以打开需要的面板菜单。

三、上机题

学习InDesign工作界面中各部分的组成和功能后，用户可以根据需要创建适合自己的工作区。下图为笔者常用的平面设计的工作区，供大家参考。

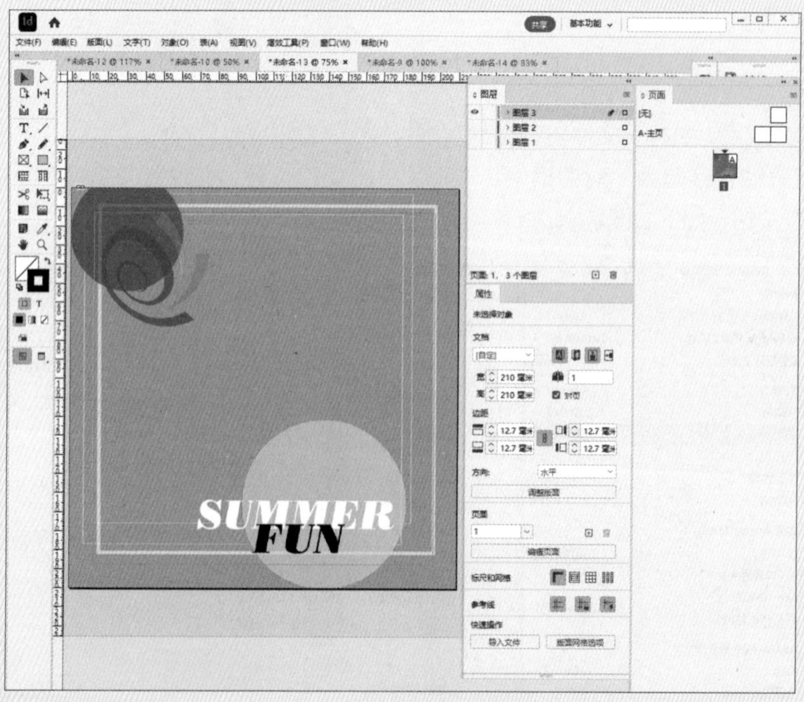

第2章 文本与段落设置

本章概述

这一章主要对文本的基础操作进行讲解，包括构建适合文本的框架、文本框的基本操作、字符和段落的基本操作及排版的编辑规则等。掌握文本的排版操作，是独立创作的第一步。

核心知识点

❶ 了解文本框的基本操作
❷ 熟悉字符与段落的基本操作
❸ 熟悉制表符和表格的操作
❹ 熟悉排版的编辑规则

2.1 创建文本

在InDesign中，用户可以将文本排入既有框架，还可以创建新的框架及添加页面。所有的文本都位于文本框内。通过编辑文本和文本框，可以快速地进行排版操作。

2.1.1 创建纯文本框架

首先选择文字工具[T]，待光标变成[I]后，将光标移到需要输入文字的工作区中。按住鼠标左键并进行拖动，创建一个大小和形状都符合预期的文本框，如下左图所示。释放鼠标左键后，一个空白的文本框架即创建完成，并出现文本插入点，如下右图所示。

2.1.2 创建框架网格

在工具面板中，选择适合创建框架的工具，如“矩形框架工具”[⊠]或“椭圆框架工具”[⊗]。将光标移到工作区中，按住鼠标左键并进行拖动，以创建所需要的文本框架，如下页左图所示。

为了创建网格，可以复制并排列这些框架。选择已创建的框架，然后单击鼠标右键或按下快捷键Ctrl + C进行复制，以及单击鼠标右键或按下快捷键Ctrl + V命令进行粘贴，以创建副本，如下页中图所示。

可以使用选择工具[▶]拖动和排列这些框架，以形成想要的网格布局。另外，还可以使用键盘上的方向键快速创建等间距的框架网格。在选择矩形框架工具或其他框架工具后，按住鼠标左键并在页面上进行拖动。同时，在键盘上按向左或向上的方向键可以增加列数或行数。完成后，释放鼠标左键，即可得到等间距的框架网格，如下页右图所示。根据需要，用户还可以进一步调整框架网格的大小、间距和位置。使用选择工具选择框架，然后拖动框架的边角或边缘，可以调整其大小；拖动整个框架，可以改变其位置。

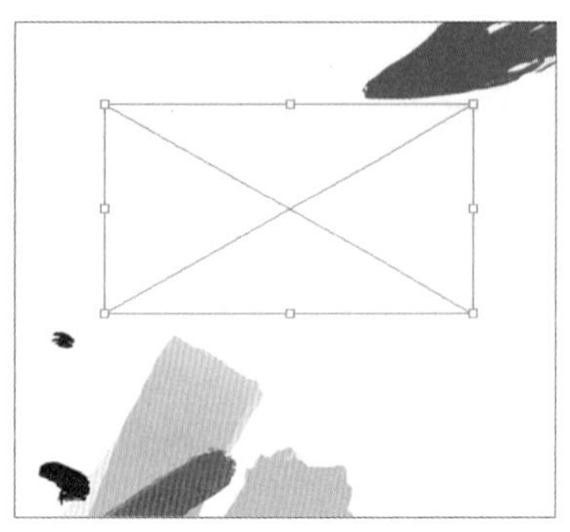

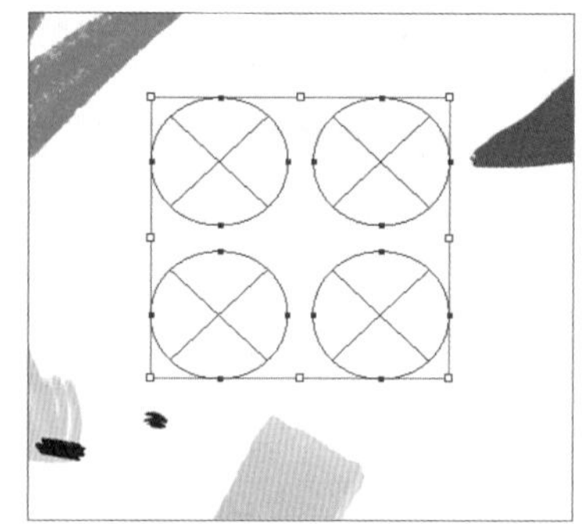

2.1.3 创建路径文本

在创建文本时，使用路径文字工具和垂直路径文字工具，可以将文本沿着一个开放或闭合路径的边缘进行水平或垂直方向排列，路径可以是规则或不规则的。路径文字和其他文本框一样有插入点，如下左图所示。如果需要调整，可以使用选择工具，选择路径框一角进行角度旋转，如下右图所示。

2.1.4 编辑文本框架适合内容

使用选择工具，选取需要的文本框，如下左图所示。在菜单栏中执行“对象>适合>使框架适合内容”命令，如下中图所示。

完成后，可以看到文本框已经适合文本了，效果如下右图所示。如果文本框中有过剩文本，也可以使用该命令自动扩展文本框的底部，以适应文本内容。

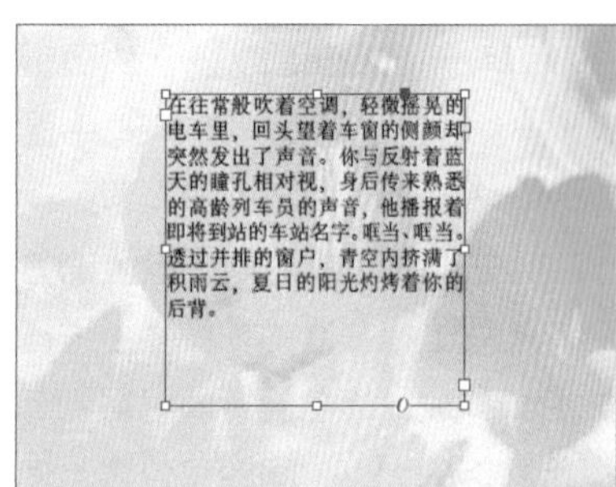

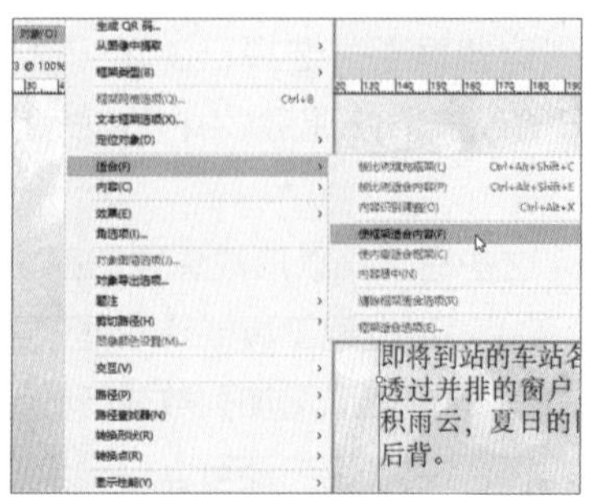

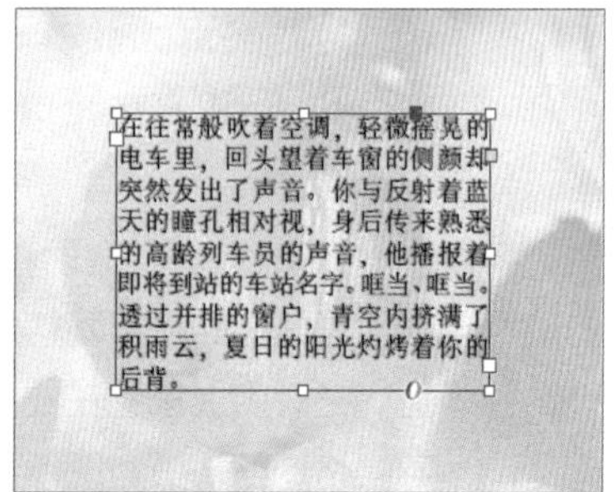

2.2 串接文本

在InDesign中，串接文本操作主要涉及将多个文本框链接起来，以便文本可以跨越多个文本框流动。相互链接的文本框可以在同一个页面或跨页，也可以在不同的页面。

（1）创建串接文本

使用选择工具，选中需要串接的文本框，单击文本框右下角处的红色加号，如下左图所示。将鼠标移动到串接目标文本框的上方，此时鼠标会跟随变成锁链状，单击鼠标，可以看到文本已经在不同的文本框中串接，如下右图所示。

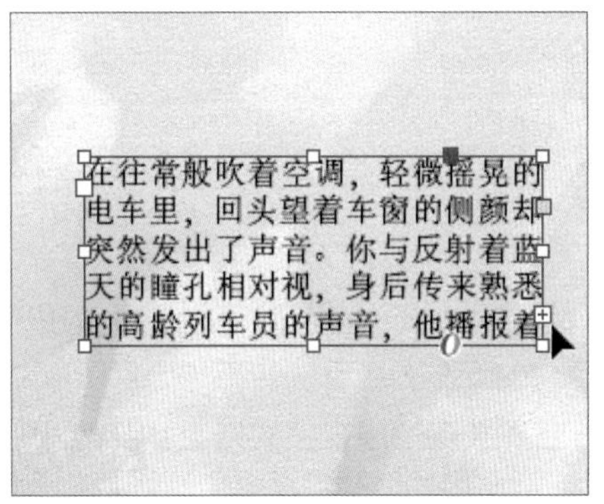

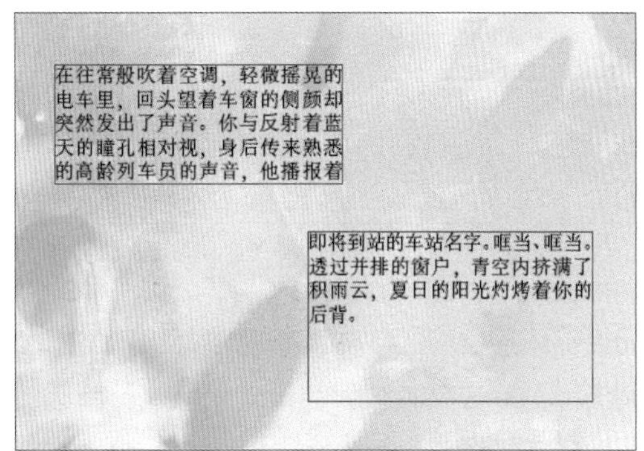

（2）取消文本串接

使用选择工具，选中第一个文本框，单击文本框右下角处的小箭头，如下左图所示。再次将鼠标移动到另一个文本框的上方，此时鼠标会跟随变成锁链状，单击鼠标，可以看到文本已经被取消串接，如下右图所示。

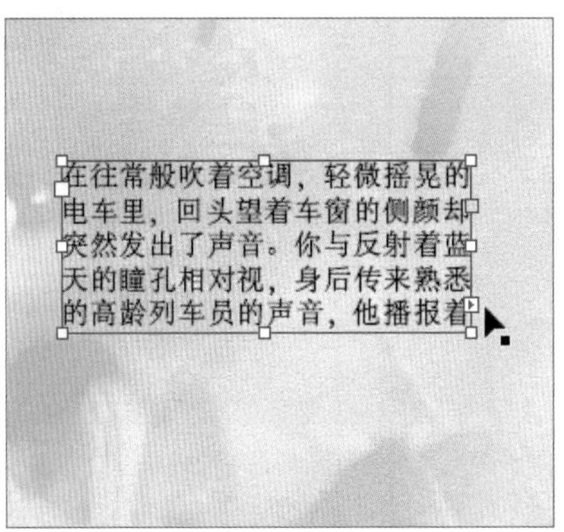

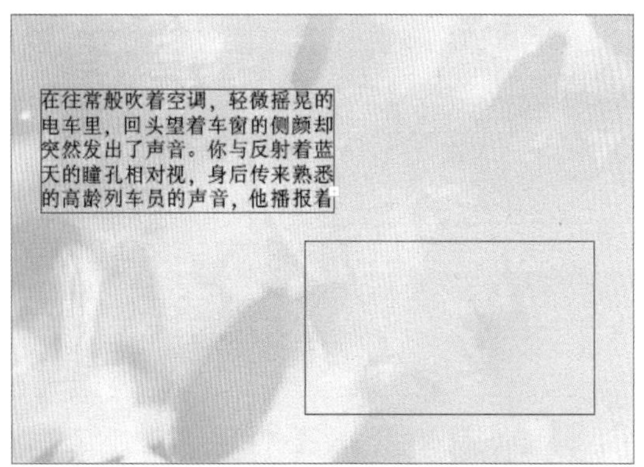

2.3 置入文本

在InDesign中，置入文本是一种常见的操作，用于将外部文本文件，如TXT、DOC、RTF等格式的文件，导入到设计文档中。

2.3.1 置入Word文档

在菜单栏中执行“文件>置入”命令，如下页左图所示。在弹出的“置入”对话框中，选择需要导入的文件后，勾选下方的“显示导入选项”复选框，单击“打开”按钮，如下右图所示。

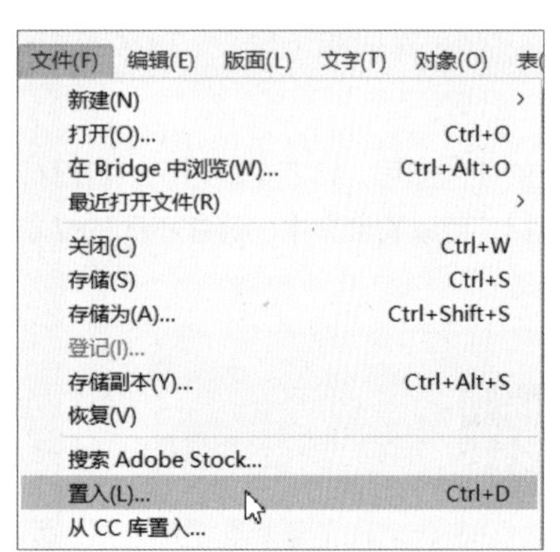

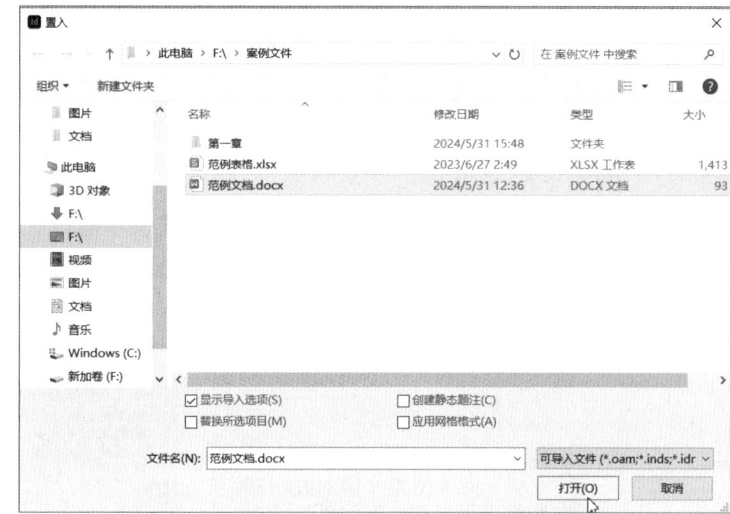

此时，会弹出“Microsoft Word导入选项”对话框。在该对话框的“格式”选项区域，用户可以根据需要设置是否保留原文档的字体、颜色、行距等格式和设置，如下左图所示。若不需要保留原文档的格式和设置，则选择“移去文本和表的样式和格式”单选按钮；若需要保留原文档的格式和设置，则选择“保留文本和表的样式和格式”单选按钮。

选择“移去文本和表的样式和格式”单选按钮后，一般更方便再次对文字进行排版设计，但无法显示原文档中的图片，如下中图所示。如果想要置入原文档中的图片，则需要选择“保留文本和表的样式和格式”单选按钮。置入图片的页面效果，如下右图所示。

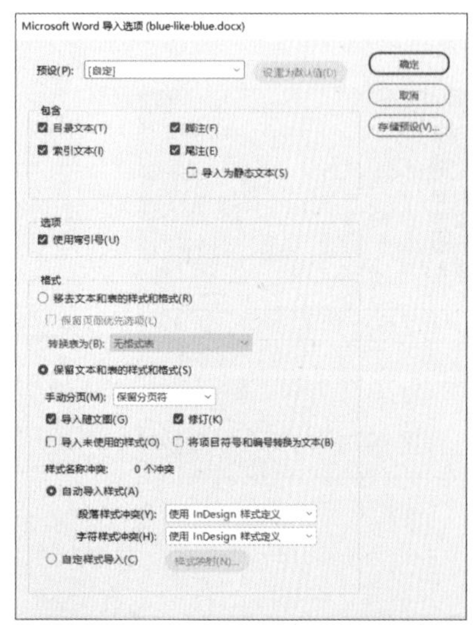

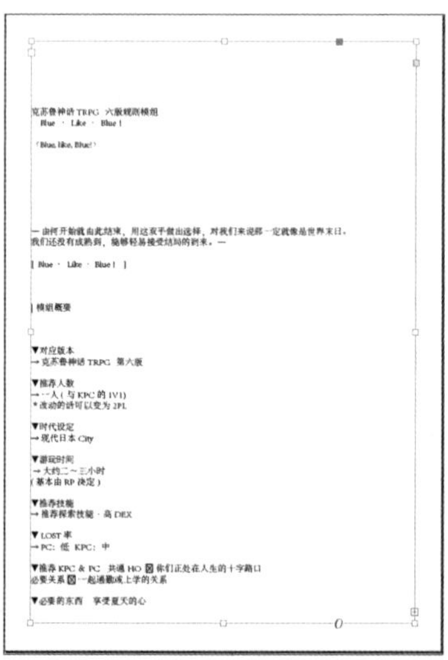

提示：选择哪种置入方式

一般置入Word文档时，都会选择“移去文本和表的样式和格式”功能，这样更方便后期在InDesign中进行段落样式的重新设计。

在置入文件时，待鼠标光标变成载入图符，单击画布即可。如果是多页文档，可以在按住Shift键的同时单击画布，即可载入全部文档，如下页图中所示。

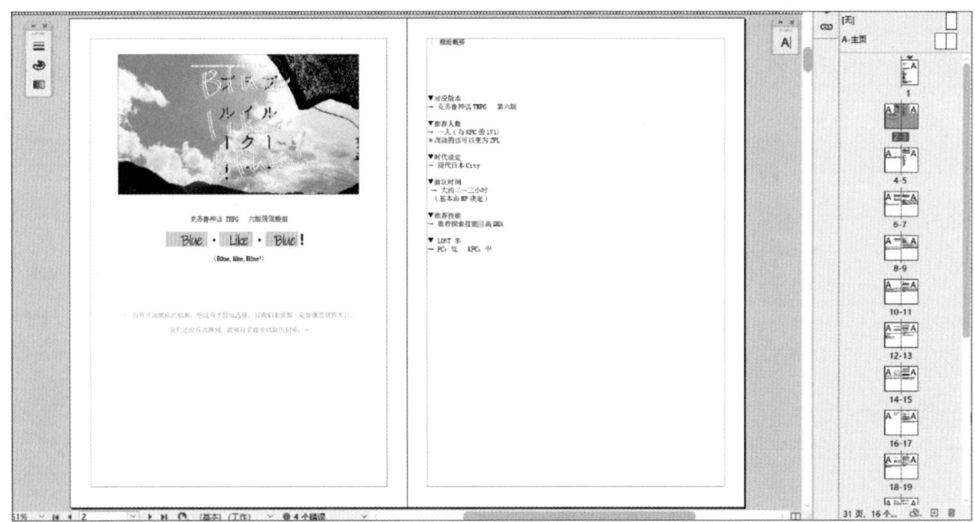

2.3.2 置入Excel文档

在菜单栏中执行“文件>置入”命令，如下左图所示。在弹出的“置入”对话框中，选择想要置入的文件，勾选下方的“显示导入选项”复选框，单击“打开”按钮，如下右图所示。

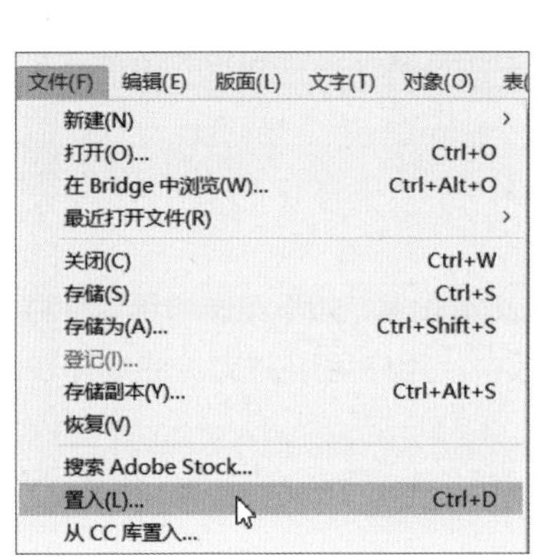

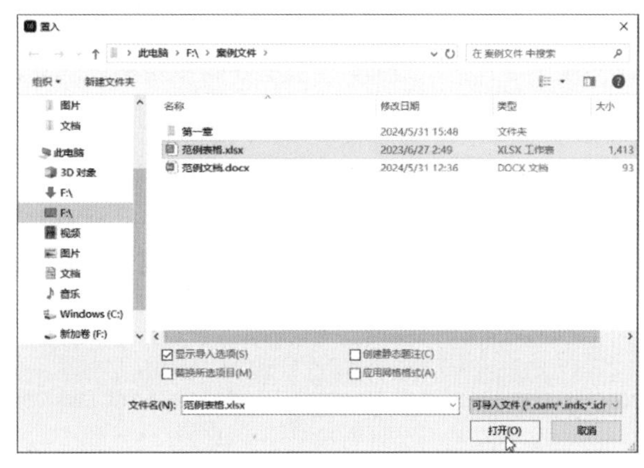

此时，会弹出“Microsoft Excel导入选项”对话框。在该对话框的“格式”选项区域，用户可以根据需要设置是否保留原表格的字体、颜色、行距等格式和设置，如下左图所示。若不需要保留原表格的格式和设置，则单击“表”的下拉按钮，在下拉列表中选择“无格式的表”选项，如下右图所示。

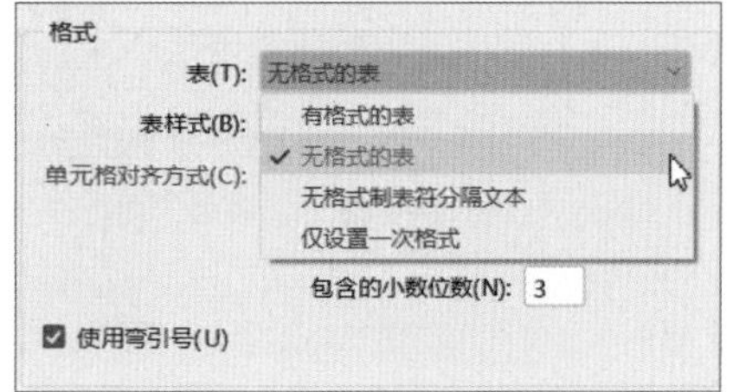

单击“确定”按钮，待光标变成载入图符，单击画布即可，如下图所示。如果是多页文档，可以在按住Shift键的同时单击画布，即可载入全部文档。

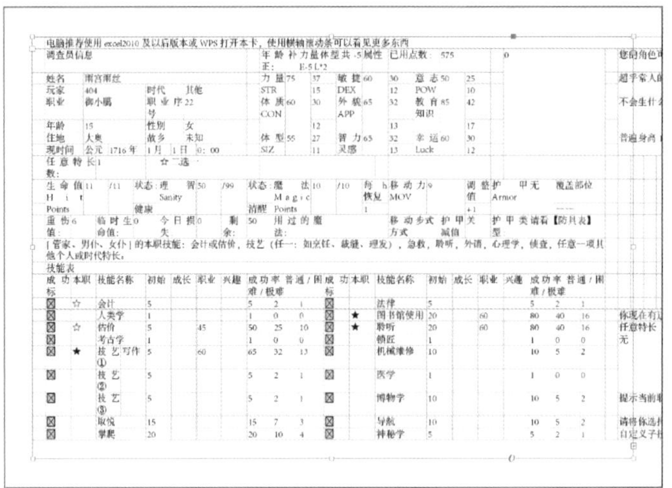

2.4 中文排版规则

中文排版规则涉及多个方面，主要有字符字号字体规范、段落格式规范、标点符号用法、对齐与缩进等方面。以下是几个重要规则在InDesign中的应用。

2.4.1 格式化字符

选择工具箱中的文字工具，然后选择想要格式化的字符或文本段落，如下左图所示。在菜单栏中执行“文字>字符”命令，如下中图所示。在打开的“字符”面板中，用户可以对文本的字体、大小、颜色、行距、字距等属性进行设置，如下右图所示。

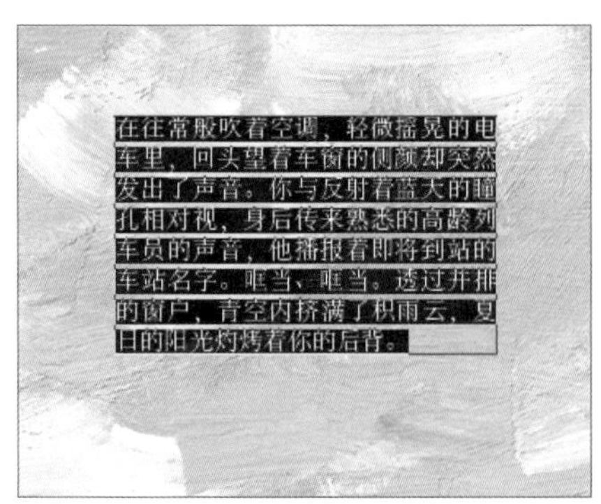

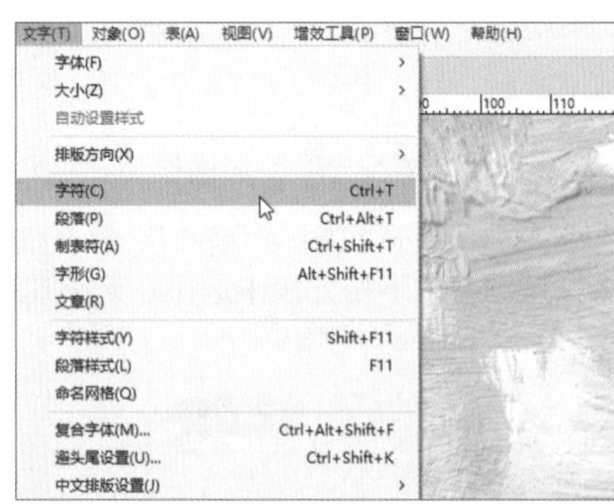

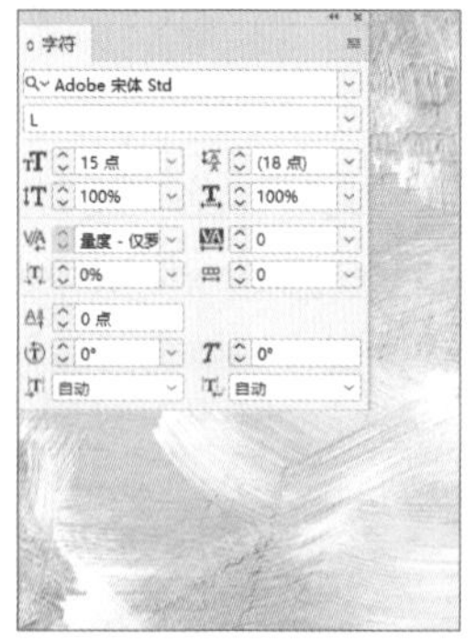

提示：字符排版规则

（1）一个文档中的字体不宜过多，否则会给读者一种杂乱的观感。同一个文档中，最多不超过5种字体，除非有特殊设定。

（2）尽量少使用特殊字体，如不常见的花型字体。

（3）在国内，除特殊群体用书，普通书籍的字体字号大多为10.5号，杂志的字体字号大多为6~8号。字号不宜出现小数点后有两位的尺寸。

（4）行距不宜使用自动模式，因为在印刷后，会给读者以过密的观感。

2.4.2 设置缩进

在菜单栏中执行“文字>段落”命令，如下左图所示。在打开的“段落”面板中，可以进行缩进设置，如下右图所示。

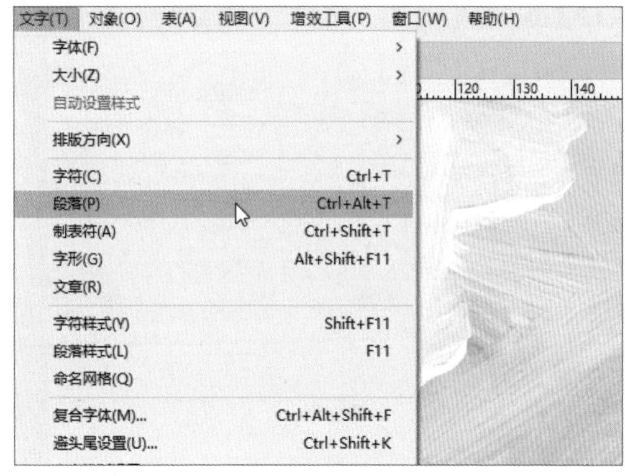

在“段落”面板中，第一排按钮用于设置段落的对齐方式，其下方的四个参数用于设置段落缩进。

- “左缩进”用于将段落整体设置为左缩进，如下左图所示。随着缩进数值的增加，段落整体会随之缩进。此时不用选中整段文字，仅把光标插入文字中即可。
- “右缩进”用于将段落整体设置为右缩进，如下右图所示。随着缩进数值的增加，段落整体会随之缩进。此时不用选中整段文字，仅把光标插入文字中即可。

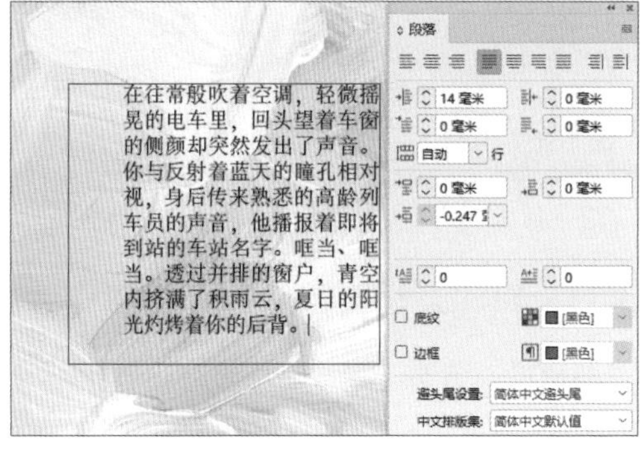
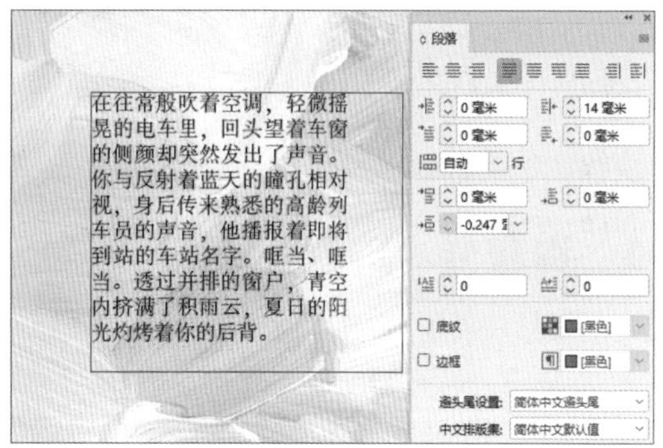

- “首行左缩进”用于将段落文本的首行左缩进，如下左图所示。随着缩进数值的增加，段落首行会随之缩进。此时不用选中整段文字，仅把光标插入文字中即可。
- “末行右缩进”用于将段落文本的末行右缩进，如下右图所示。随着缩进数值的增加，段落末行会随之缩进。此时不用选中整段文字，仅把光标插入文字中即可。

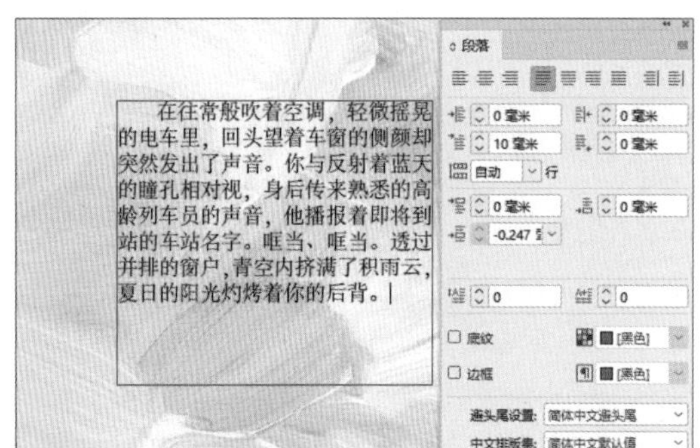
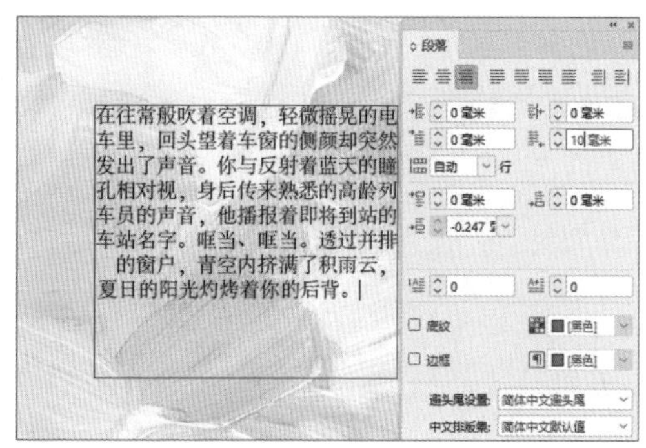

2.4.3 避头尾

在菜单栏中执行“文字>避头尾设置”命令，如下左图所示。在弹出的“避头尾规则集”对话框中，单击“避头尾设置”的下拉按钮，可以看到在其下拉列表中包含几种不同的常用避头尾排版规则，此处选择“简体中文避头尾”选项，单击“确定”按钮，如下右图所示。

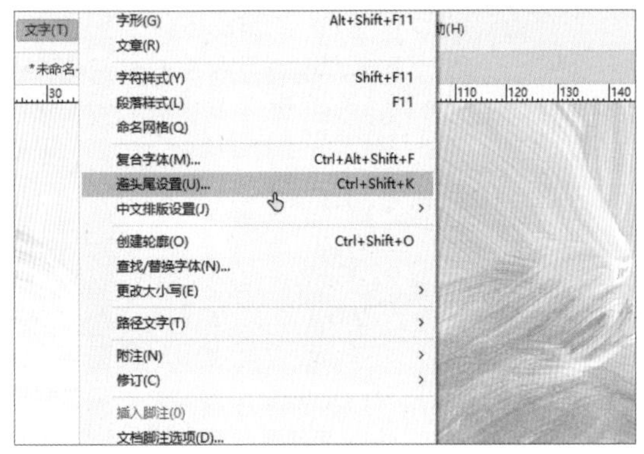

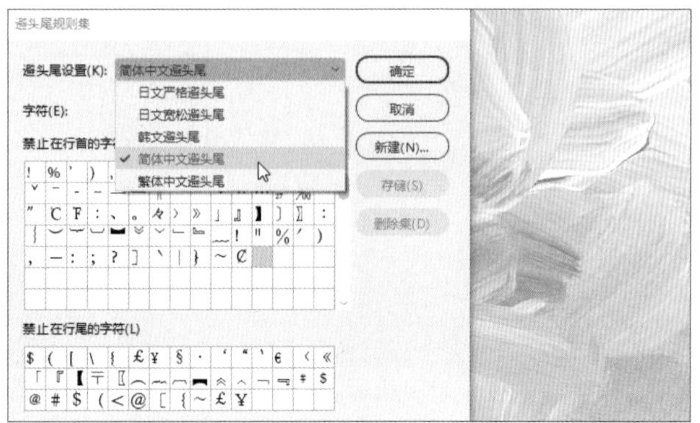

如果有特殊需要，用户也可以在“字符”文本框中添加需要避头尾的字符，并单击“添加”按钮，以新建基于原有规则的新规则，如右图所示。

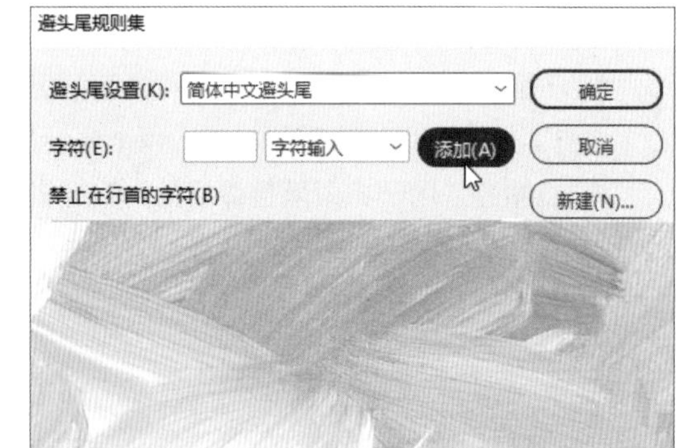

2.4.4 着重号

选中需要标注着重号的文字，在菜单栏中执行“文字>字符”命令。在打开的“字符”面板中，单击右上角的☰按钮，如下左图所示。在打开的列表中选择“着重号”选项，然后在其子列表中选择所需要的着重号样式，如下右图所示。

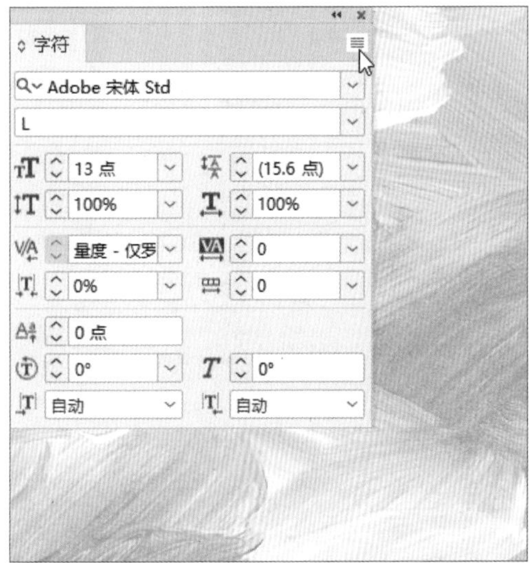

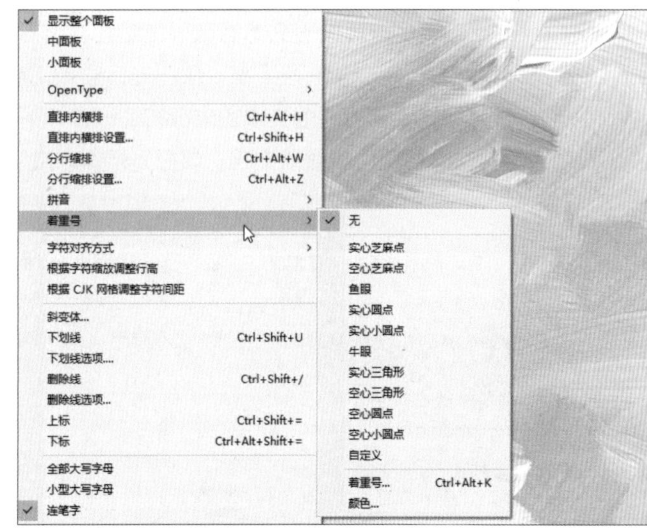

此外，还可以进行更细的着重号设置。用户可以在着重号子列表中选择“着重号”选项，如下左图所示。在打开的“着重号”对话框中，可以进行相关参数的设置，如下右图所示。

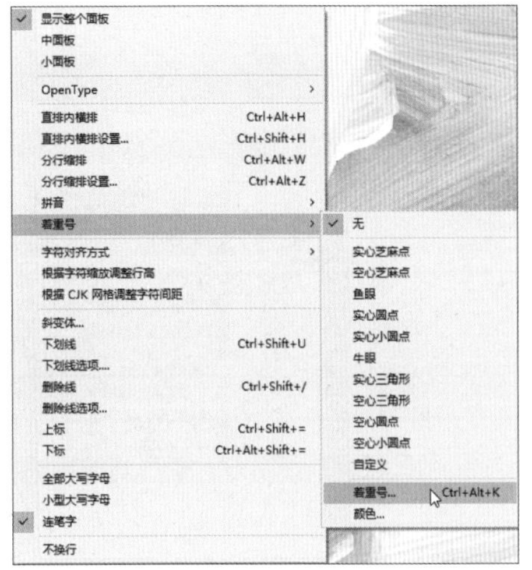

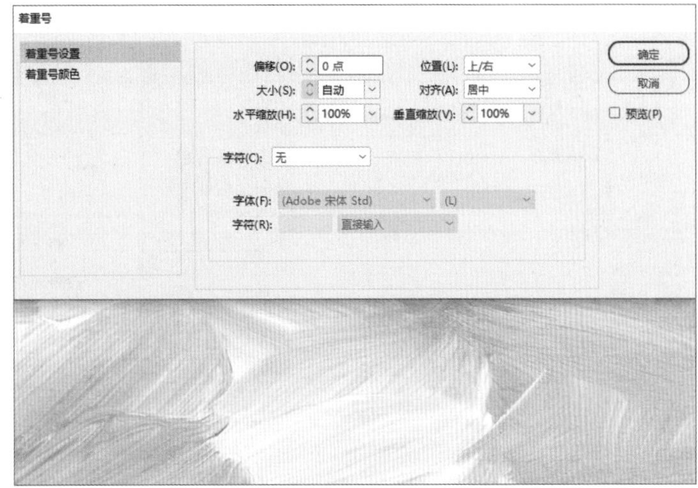

设置完成后，单击“确定”按钮。添加着重号的文本效果，如右图所示。

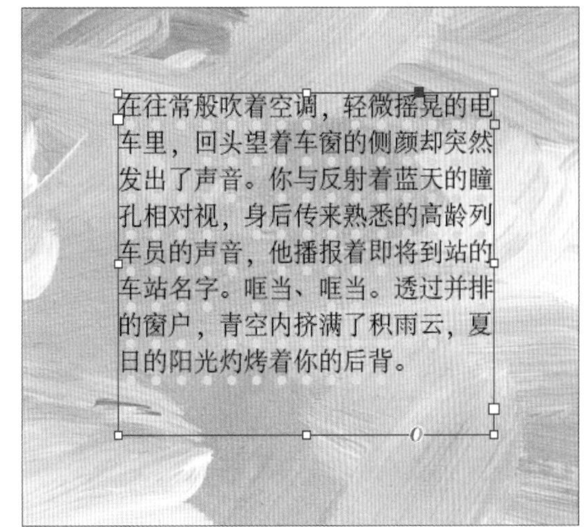

2.4.5 段落线

在InDesign中，段落线是一种段落属性，它可以随段落在页面中一起移动，并可以适当调节长短。下面是给文字添加段落线的步骤。

在菜单栏中执行“文字>段落”命令，如下左图所示。在打开的“段落”面板中，单击右上角的☰按钮，在打开的列表中选择“段落线”选项或按下Ctrl＋Alt＋J组合键，如下右图所示。

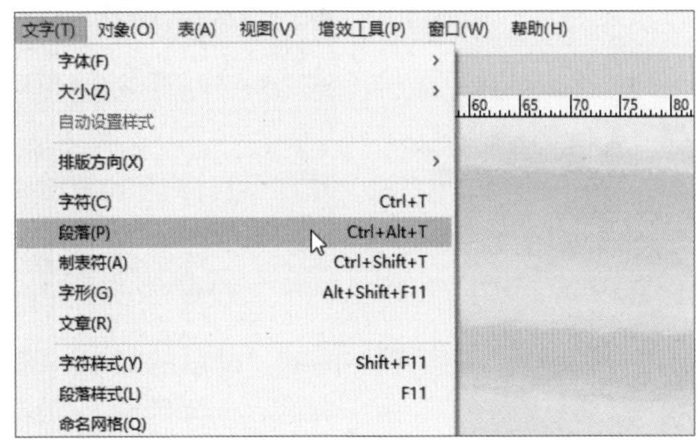

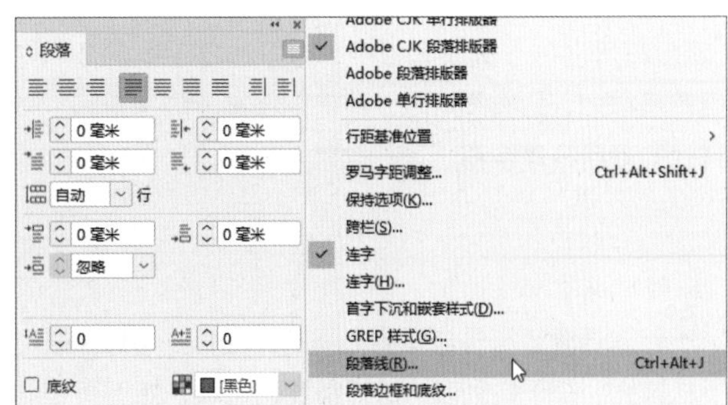

此时，会弹出“段落线”对话框。在对话框中，单击“启用段落线”左侧的下拉按钮，在下拉列表中选择“段前线”选项，可以看到在文本段落首行的下方出现了段落线，如下左图所示。选择“段后线”选项，则会在文本段落末行的下方出现段落线，如下右图所示。

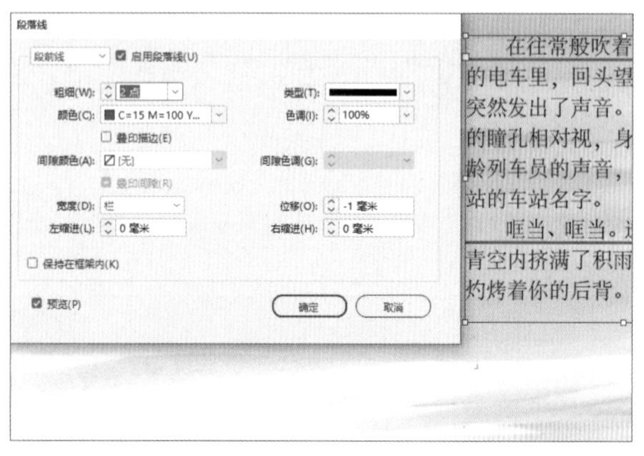

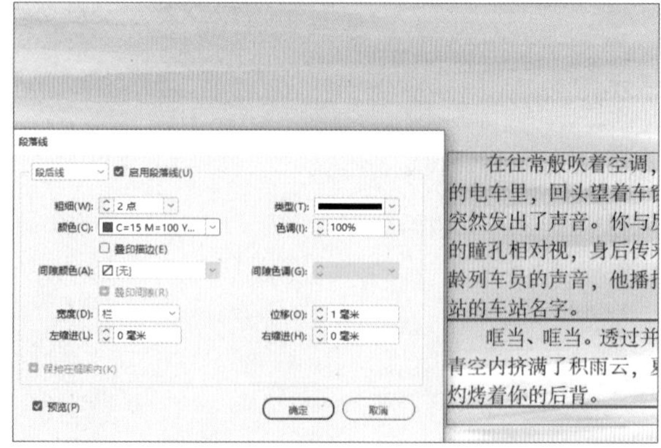

2.4.6 项目符号和编号

在InDesign中，项目符号和编号是两种常见的格式化工具，它们可以帮助用户更好地组织和呈现文本内容，提高文本的可读性和条理性。

（1）项目符号

在菜单栏中执行“文字>段落”命令，如下左图所示。在打开的“段落”面板中，单击右上角的☰按钮，在打开的列表中选择“项目符号和编号”选项，如下右图所示。

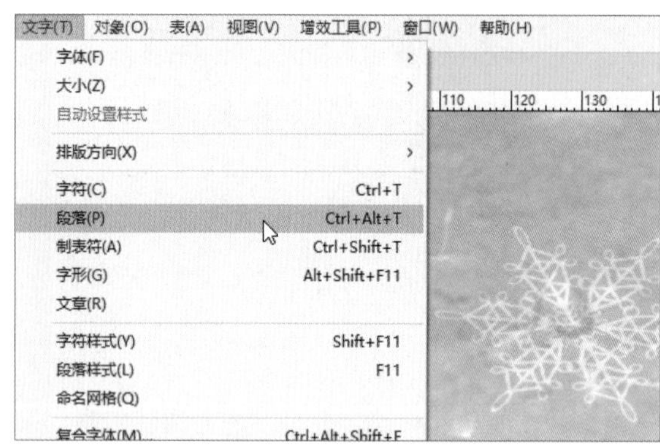

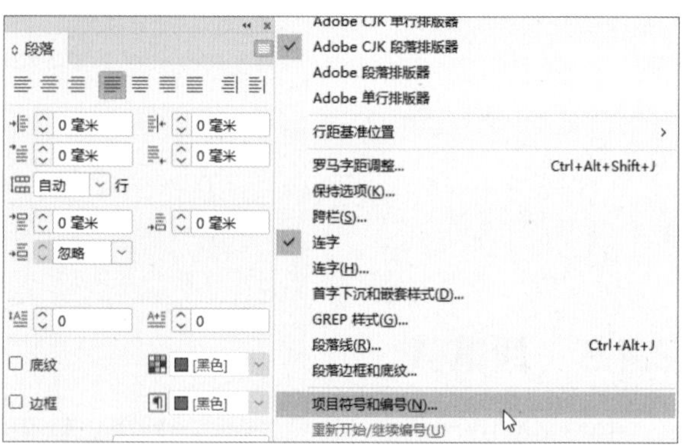

在弹出的“项目符号和编号”对话框中，单击“列表类型”的下拉按钮，在下拉列表中选择“项目符号”选项。选中需要添加项目符号的段落，在“项目符号字符”选项区域中，可以选择不同的项目符号样式，如右图所示，段落已经被添加了不同样式的项目符号字符。

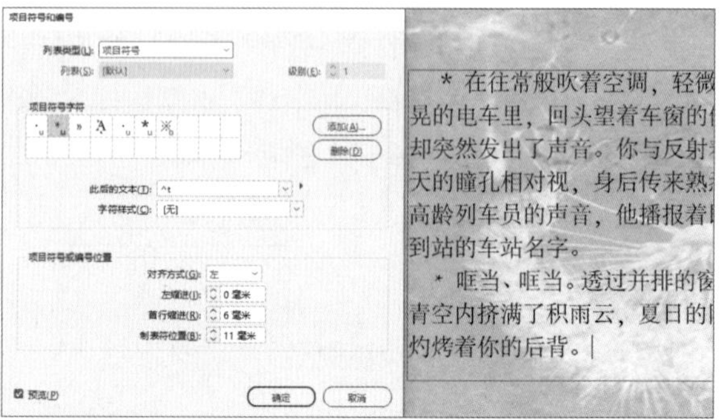

若需要调节符号与文字之间的距离，则可以单击“项目符号和编号”对话框中间的“此后的文本”的下拉按钮，在下拉列表中选择需要的选项，如下页左图所示。

用户也可以在“此后的文本”的文本框中自行输入其他符号或文字，此处输入“AAA”，可以看到在项目符号字符的后面出现了字样“AAA”，如下右图所示。

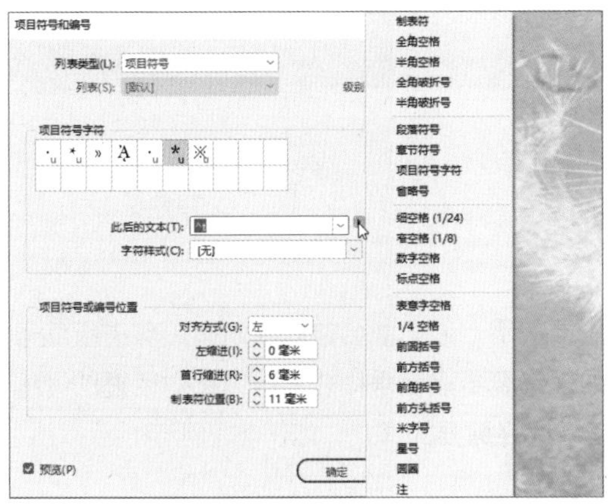

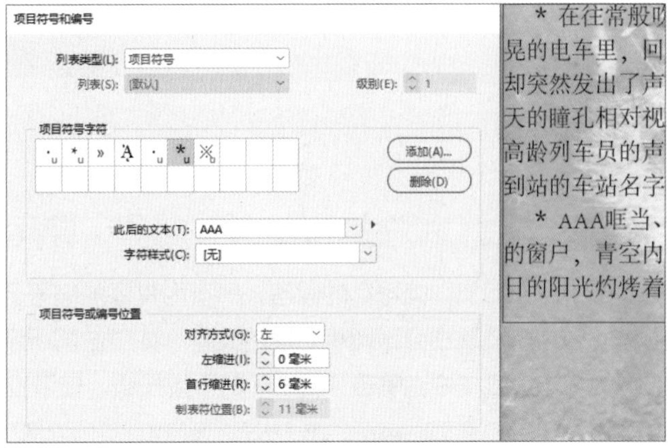

若需要修改字符的颜色或大小等属性，用户可以单击“字符样式”的下拉按钮，在下拉列表中选择“新建字符样式”选项，如下左图所示。在打开的“新建字符样式”对话框中，以改变第二个项目符号字符的颜色为例，在左侧列表框中选择“字符颜色”选项，然后在右侧面板中进行字符颜色的相关设置，如下右图所示。

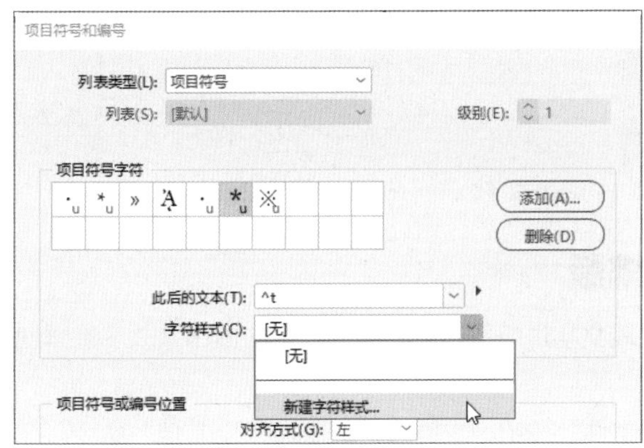

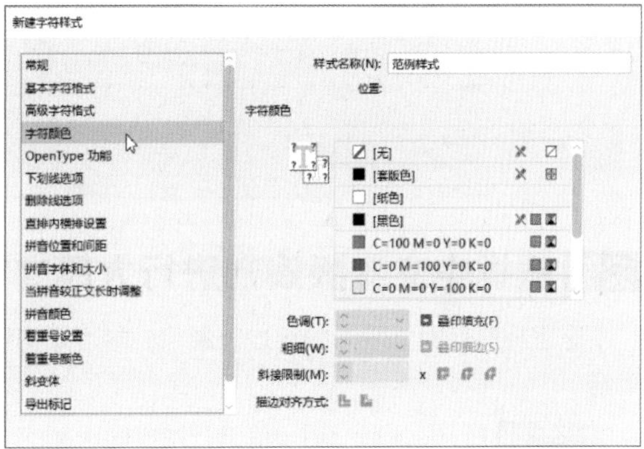

设置完成后，单击“确定”按钮。此时可以看到第二个项目符号字符已经被改变了颜色，如右图所示。

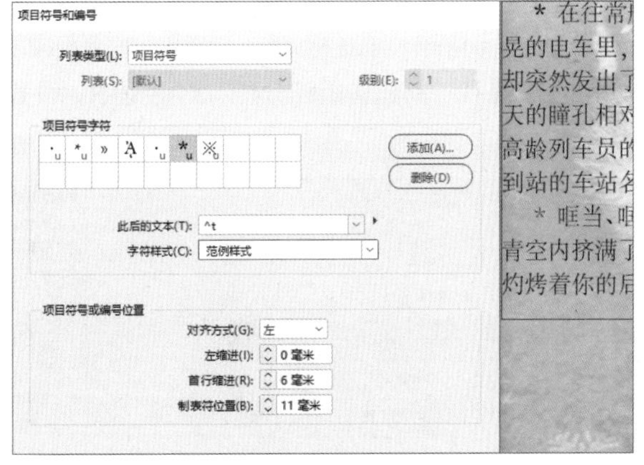

（2）编号

在菜单栏中执行“文字>段落”命令，打开“段落”面板，单击面板右上角的☰按钮，在打开的列表中选择“项目符号和编号”选项。在弹出的“项目符号和编号”对话框中，单击“列表类型”的下拉按钮，在下拉列表中选择“编号”选项，如右图所示。

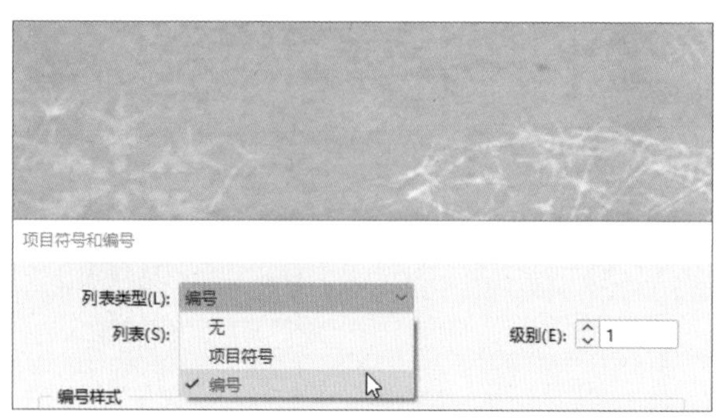

选中需要添加“编号”的段落，即可为其添加编号。一般情况下，该功能会自动给所有段落进行编号处理，且字体及属性会跟随相对应的文本，如下左图所示。如果需要更换编号样式，可以在对话框的“编号样式”选项区域中，单击“格式”的下拉按钮，在下拉列表中选择需要的样式，如下右图所示。

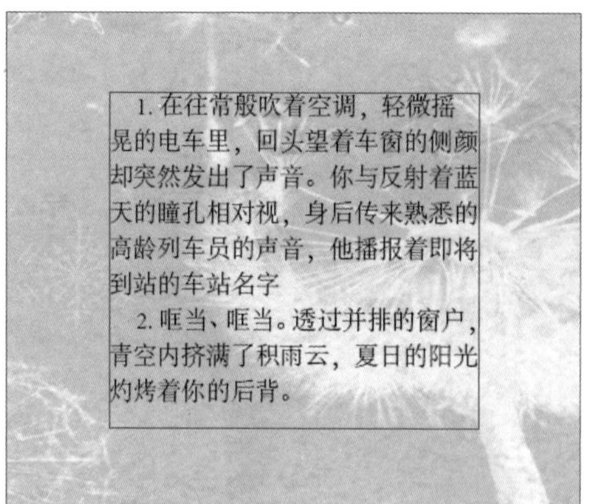

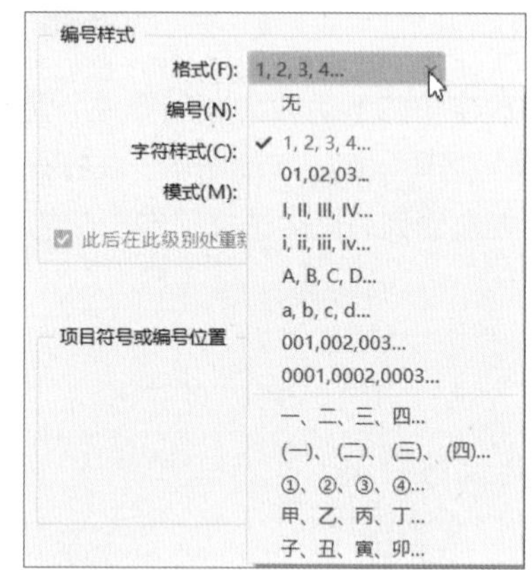

实例 根据中文排版规则进行大段文字排版

这里将对前面学习的内容进行温习，学习如何对大段文字进行符合中文排版规则的操作，以下是详细讲解。

步骤 01 打开 InDesign，单击开始界面左侧的“新文件”按钮，或执行“文件>新建>文档”命令。在打开的“新建文档”对话框中，设置“页数”为1，“宽度”“高度”分别为210毫米、297毫米，然后单击该对话框右下角的“边距和分栏”按钮，如下左图所示。

步骤 02 在“新建边距和分栏”对话框中，设置“边距”均为20毫米，单击“确定”按钮，如下右图所示。

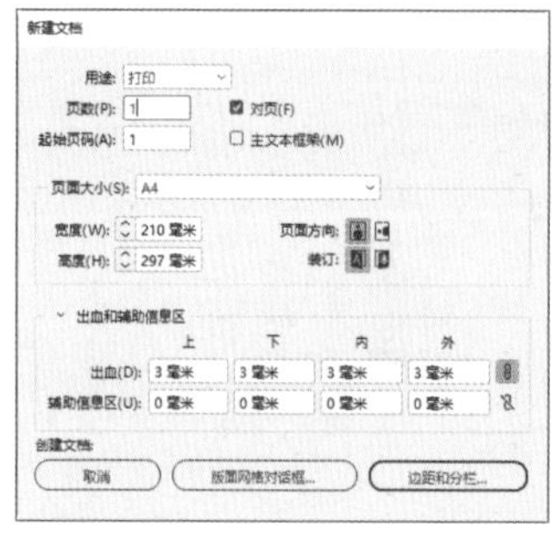

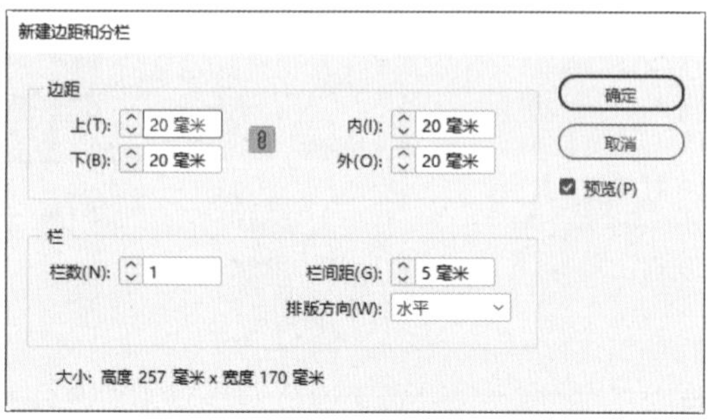

步骤 03 新建页面后，执行“文件>置入”命令，在打开的“置入”对话框中选择“背景”素材，单击打开按钮。调整其大小和位置后，在“属性”面板中单击“嵌入”按钮，完成后的效果如下页左图所示。

步骤 04 新建页面后，执行“文件>置入”命令，在打开的“置入”对话框中选择“文本”word文档，取消勾选“应用网格格式”复选框，勾选“显示导入选项”复选框，单击“打开”按钮，如下右图所示。

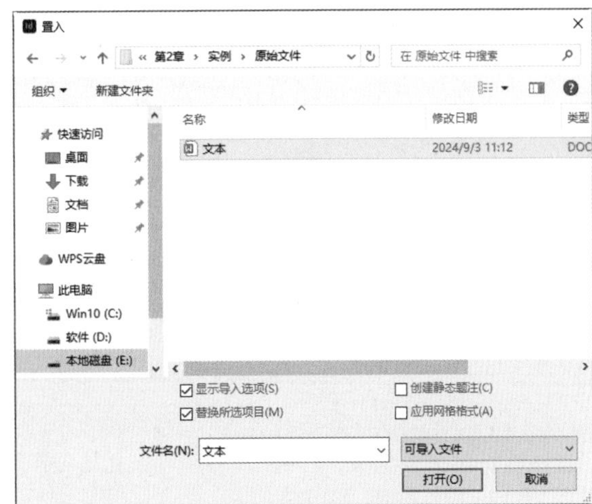

步骤 05 在弹出的“Microsoft Word导入选项”对话框的“格式”选项区域中，单击“移去文本和表的样式和格式”单选按钮，如下左图所示。

步骤 06 单击“确定”按钮，然后在页面中单击鼠标，文本段落即可出现在页面中，如下右图所示。

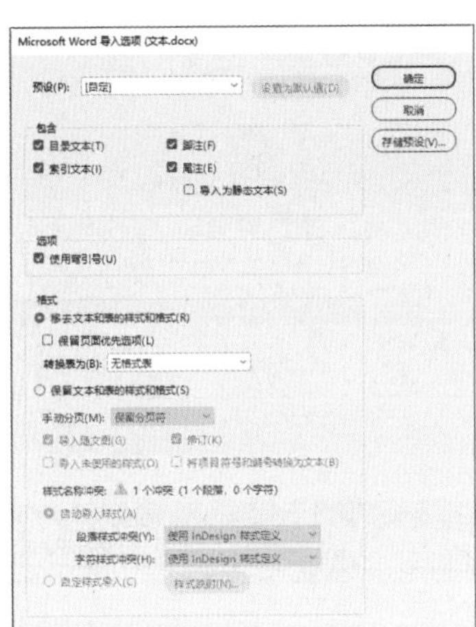

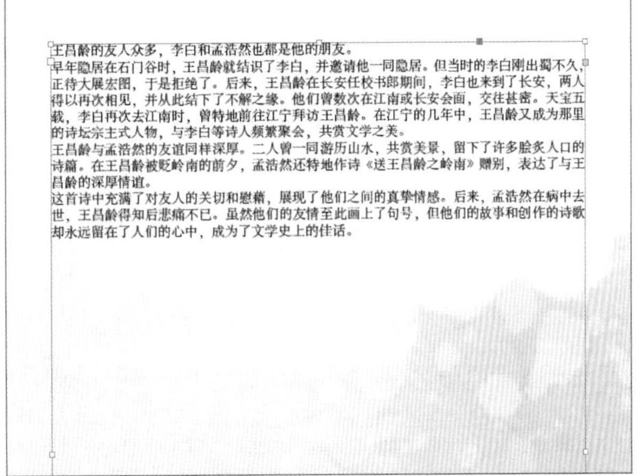

步骤 07 在菜单栏中执行“文字>字符”命令。在打开的“字符”面板中，设置文本的“字体”为“宋体”、“字体大小”为14点、“行距”为24点，如右图所示。

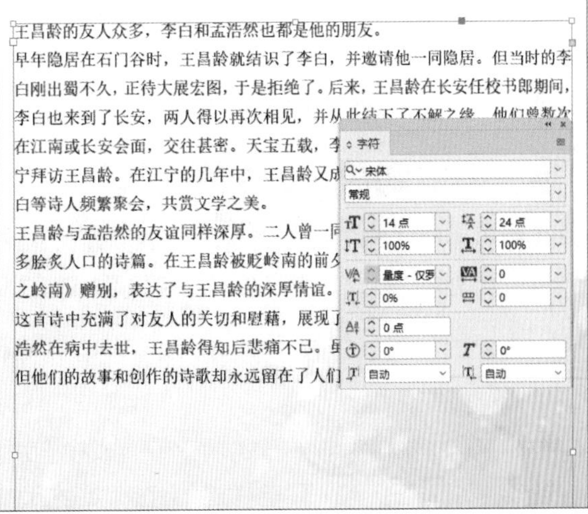

步骤 08 接着，在菜单栏中执行“文字>避头尾设置”命令。在弹出的“避头尾规则集”对话框中，单击“避头尾设置”的下三角按钮，在下拉列表中选择“简体中文避头尾”选项，单击“确定”按钮，如右图所示。

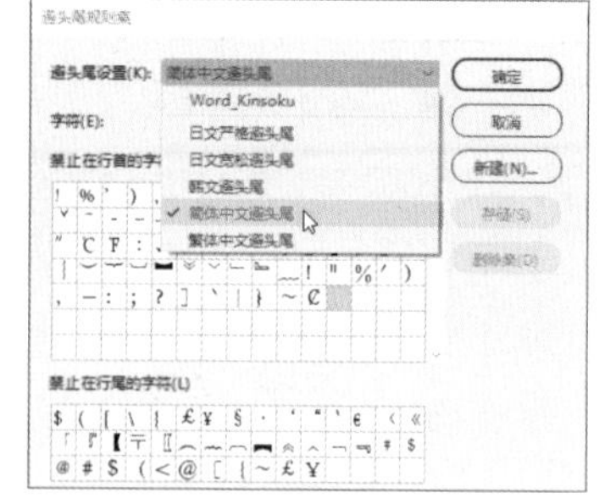

步骤 09 执行“文字>段落”命令，使用选择工具选中文本框。在打开的“段落”面板中，设置“首行左缩进”为10毫米，如下左图所示。

步骤 10 设置完成后，使用预览工具查看效果，以确保阅读流畅，最终效果如下右图所示。

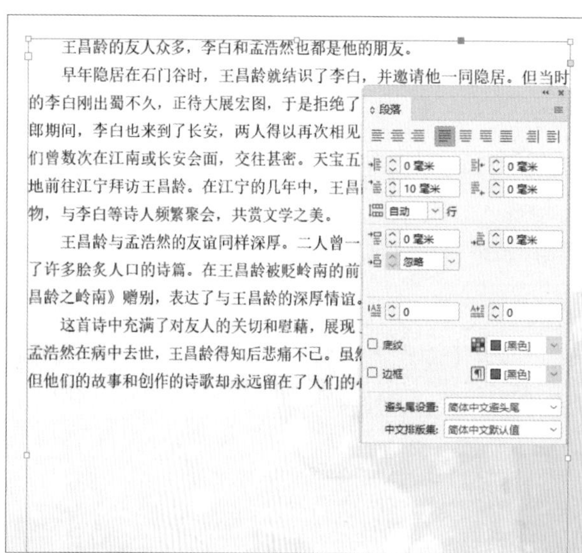

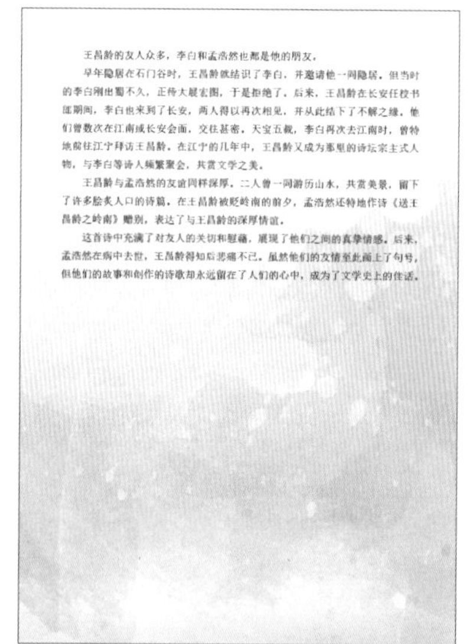

2.5 字符样式与段落样式

在InDesign中，字符样式和段落样式是两种非常重要的文本格式化工具，它们可以帮助用户更高效地处理文本的外观和排版。其中，字符样式主要是针对单个字符或单词进行样式设置的工具。通过字符样式，用户可以设定文本的字体、字号、颜色、字间距等属性。段落样式则更侧重于对整个段落或文本块进行样式的设置。它允许用户调整段落的对齐方式、首行缩进、行距等属性，从而达到预期的排版效果。

2.5.1 字符样式和段落样式的创建

字符样式和段落样式的创建，为用户提供了强大的文本格式化工具。通过预设和管理这些样式，用户可以更加灵活地应对设计需求的变化，提升设计的可复用性和一致性。

（1）打开样式面板

在菜单栏中执行“文字>字符样式”命令，或按下快捷键Shift + F11，将会弹出“字符样式”和“段落样式”面板，如右图所示。

（2）定义字符样式

单击“字符样式”面板下方的“创建新样式”按钮⊞，在面板中生成新样式，如下左图所示。双击新样式的名称，会弹出“字符样式选项”对话框，如下右图所示。

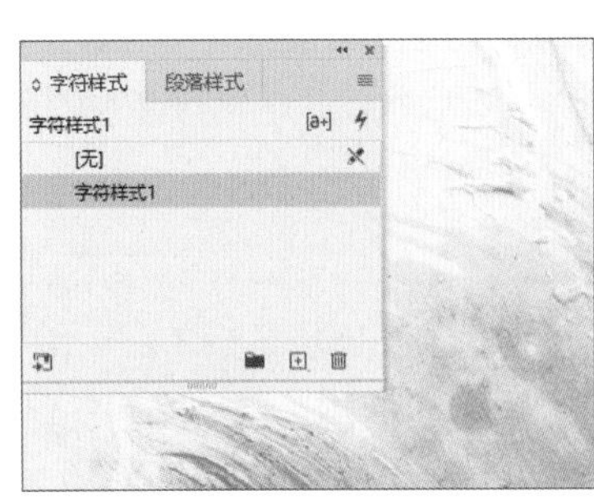

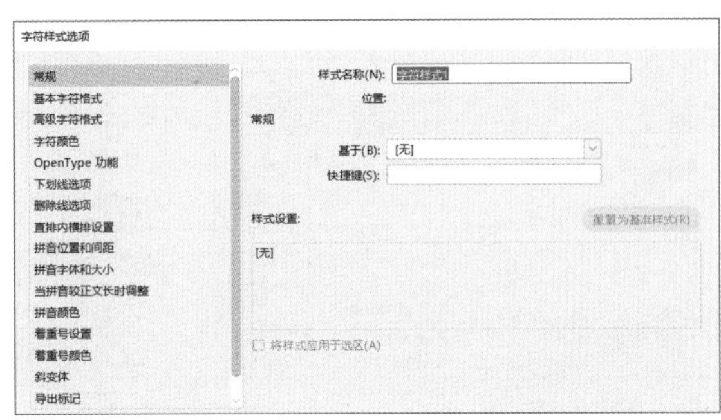

下面将对“字符样式选项”对话框中的主要选项的功能进行介绍，具体如下：

- **样式名称：** 用于输入新样式的名称。
- **基于：** 用于选择当前样式所基于的样式。使用此选项，可以将样式相互链接，以便一种样式中的变化可以反映到基于它的子样式中。默认情况下，新样式基于“[无]”段落样式或当前任何选定文本的样式。
- **快捷键：** 用于添加键盘快捷键。
- **将样式应用于选区：** 勾选该复选框，可将新样式应用于选定文本。
- 在其他选项中设定格式属性，可以通过单击左侧的某个类别，设定要添加到样式中的属性。设置完成后，单击“确定”按钮即可。

（3）定义段落样式

单击“段落样式”面板下方的“创建新样式”按钮⊞，在面板中生成新样式，如下左图所示。双击新样式的名称，会弹出“段落样式选项”对话框，如下右图所示。

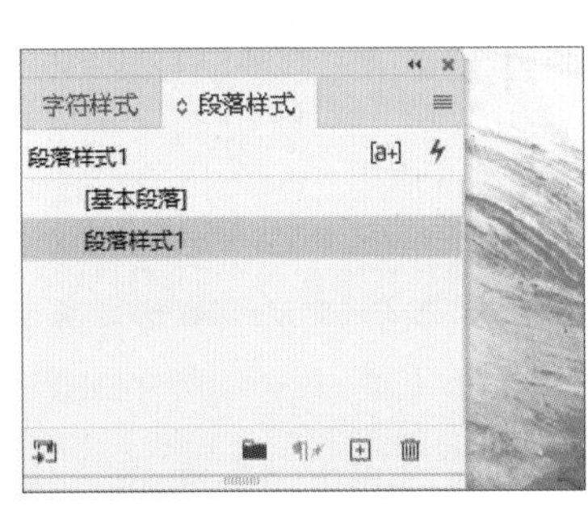

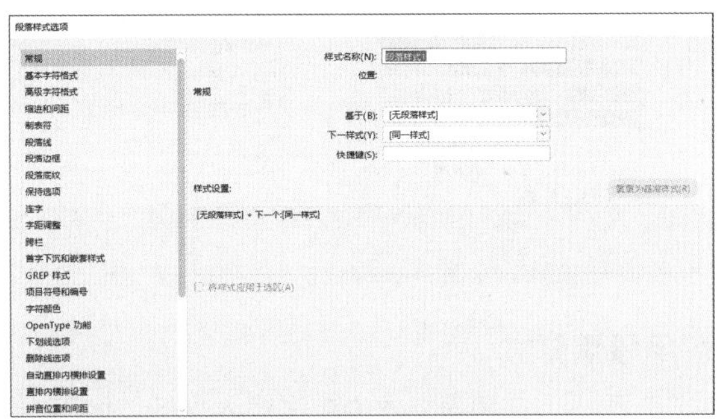

下面将对“段落样式选项”对话框中的主要选项的功能进行介绍，具体如下：

- **样式名称：** 用于输入新样式的名称。
- **基于：** 用于选择当前样式所基于的样式。使用此选项，可以将样式相互链接，以便一种样式中的变化可以反映到基于它的子样式中。默认情况下，新样式基于“[无]段落样式”或当前任何选定文本的样式。
- **快捷键：** 用于添加键盘快捷键。
- **将样式应用于选区：** 勾选该复选框，可将新样式应用于选定文本。
- 在其他选项中设定格式属性，可以通过单击左侧的某个类别，设定要添加到样式中的属性。设置完成后，单击“确定”按钮即可。

- **下一样式下拉列表：** 该选项用于指定当按下Enter键时，在当前样式之后所应用的样式。单击“段落样式”面板右上方的▤图标，在弹出的菜单中选择“新建段落样式”选项，如下左图所示。弹出的“新建段落样式”对话框，如下右图所示。利用该对话框也可以新建段落样式。

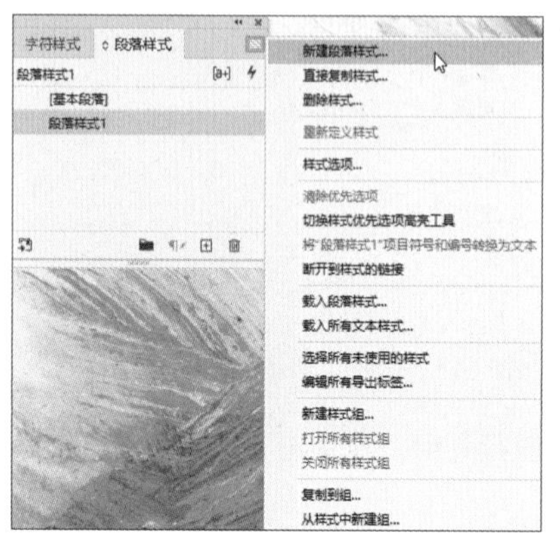

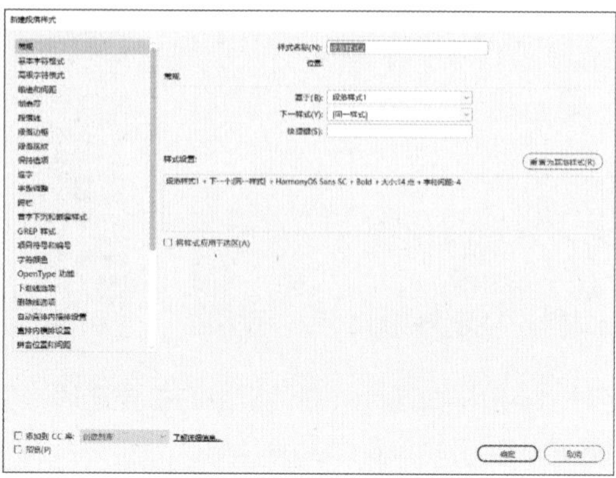

2.5.2 字符样式和段落样式的使用

字符样式和段落样式的结合使用，使设计师能够在排版过程中灵活调整文本格式，快速应对设计需求的变化。通过预设和管理这些样式，还可以提高设计工作的可复用性和一致性，减少重复劳动，提升工作效率。

（1）应用字符样式

选择文字工具T，选中需要添加样式的字符，如下左图所示。在“字符样式”面板中，单击需要添加的字符样式，如下中图所示。为选取的字符添加样式后，取消字符的选定状态，效果如下右图所示。

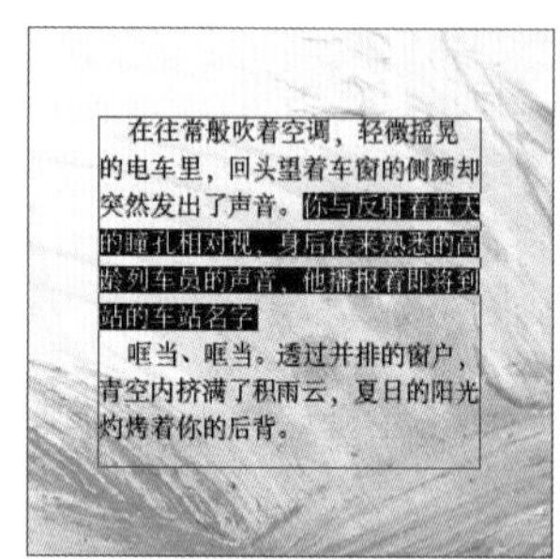

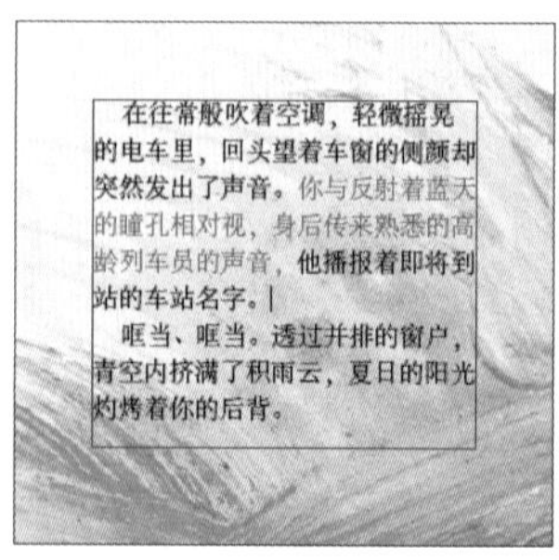

（2）应用段落样式

选择文字工具T，在段落文本中单击插入光标，如下左图所示。在“段落样式”面板中，单击需要添加的段落样式，如下中图所示。为选取的段落添加样式后，效果如下右图所示。

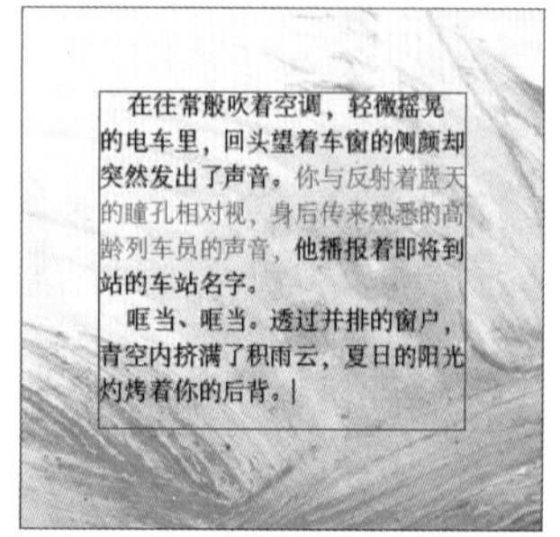

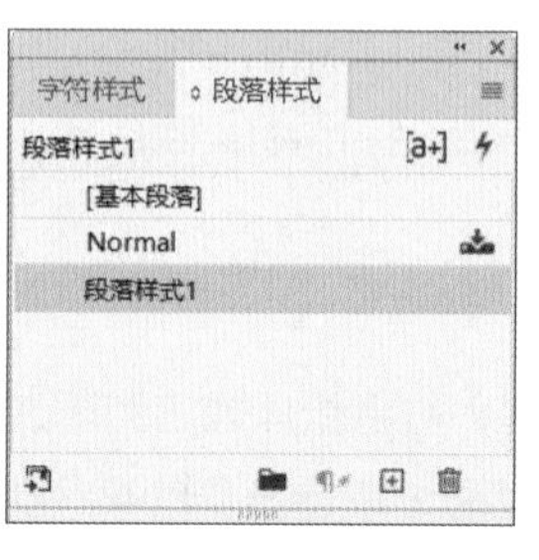

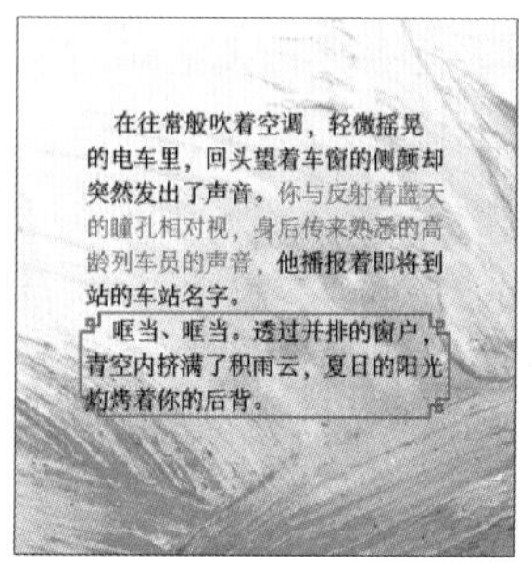

（3）编辑样式

以“段落样式”为例，在“段落样式”面板中，在需要编辑的样式上单击鼠标右键，然后在弹出的菜单中选择“编辑‘段落样式1’”命令，如下左图所示。在弹出的“段落样式选项”对话框中，设置需要的选项，单击“确定”按钮，如下右图所示。

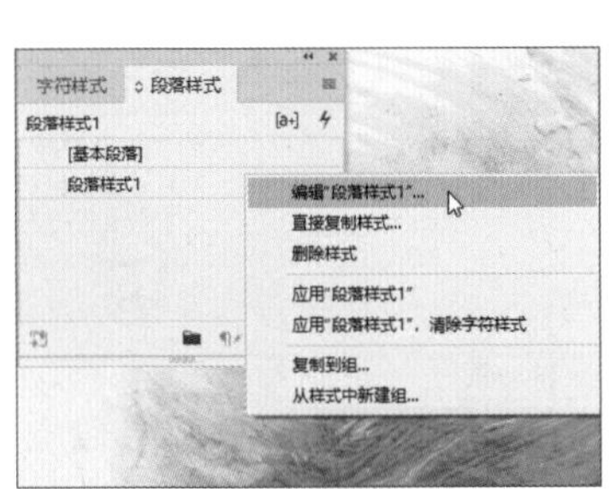

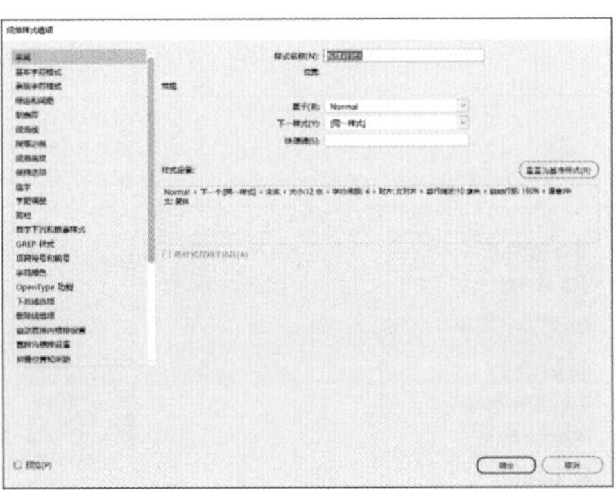

2.6 脚注

在InDesign中，脚注是对文本进行补充说明的一种重要工具，通常位于页面的底部，可以作为文档某处内容的注释。脚注在文档中主要起具体解析文字词义和美化版面的作用。

2.6.1 创建脚注

选择需要插入注释的文本并单击鼠标右键，选择“插入脚注”命令，如下左图所示。然后，输入脚注文本，按Enter键确认即可。同时，文本中会自动生成一个参考编号，脚注将显示在文本框底部，如下右图所示。

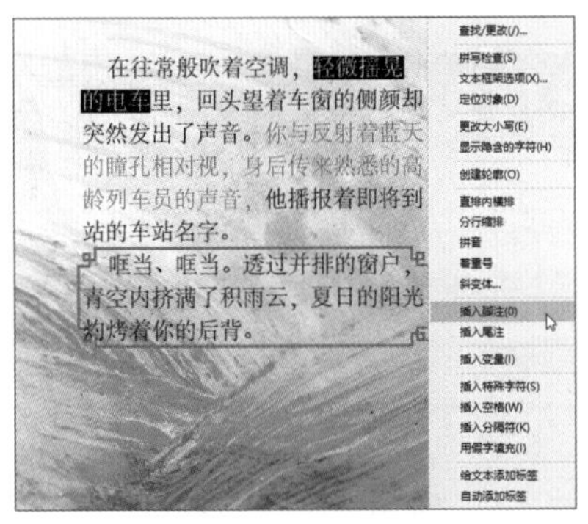

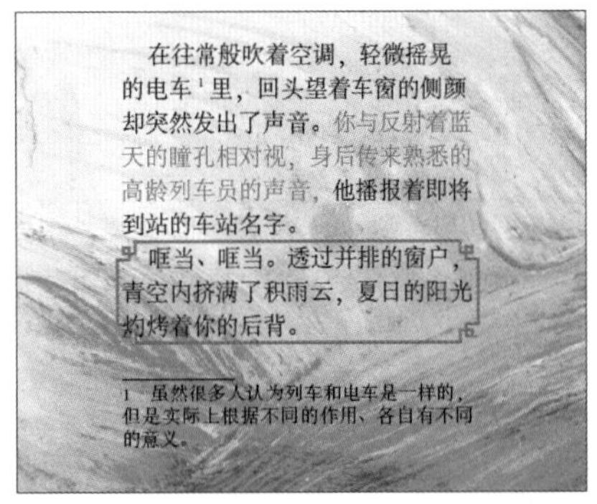

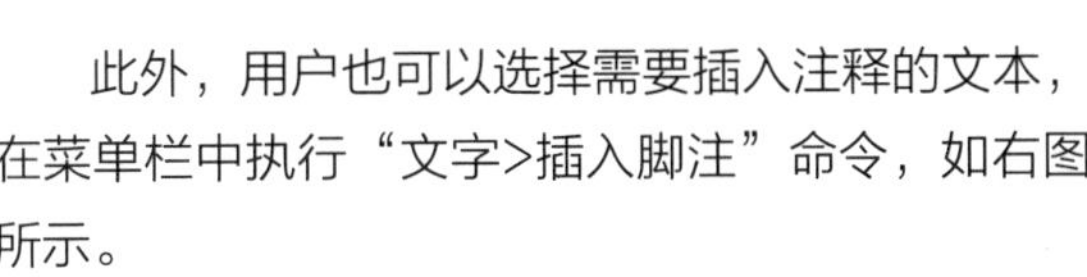

此外，用户也可以选择需要插入注释的文本，在菜单栏中执行“文字>插入脚注”命令，如右图所示。

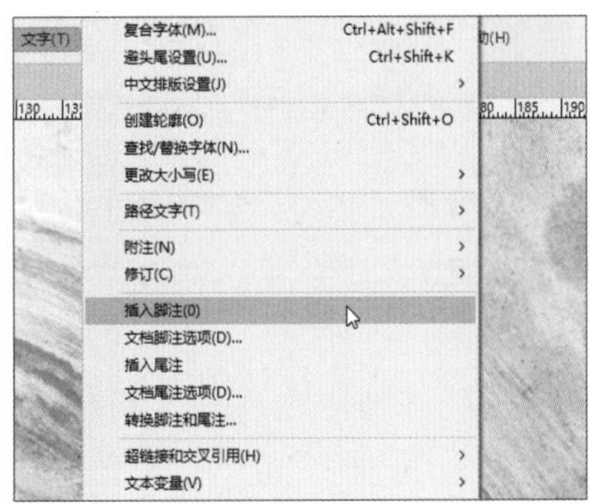

2.6.2 脚注格式设置

在InDesign中设置脚注格式，主要涉及脚注内容的样式、位置和编号方式等方面的调整。

选择需要插入注释的文本，插入脚注。在菜单栏中执行“文字>文档脚注选项”命令，如下左图所示。弹出的“脚注选项”对话框，如下右图所示。

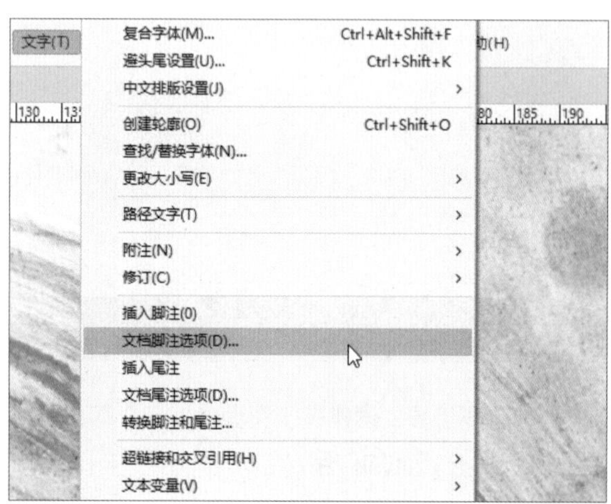

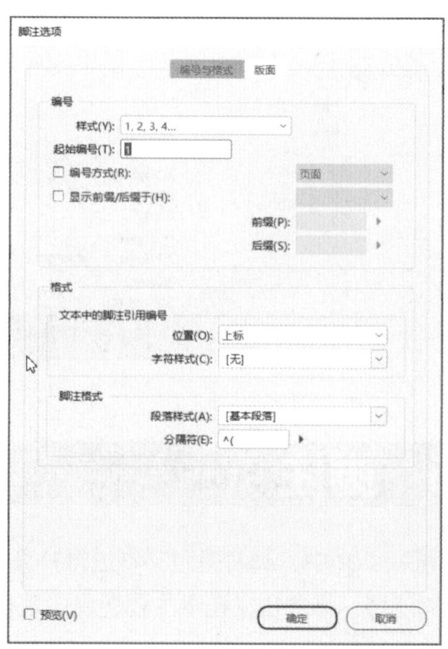

在该对话框中，用户可以设置脚注的样式、起始编号、位置等属性，使其与文档的整体风格保持一致。位置设置指可以选择在页面底端或文字下方显示脚注。

知识延伸：常见印刷物尺寸规范

常见印刷物尺寸规范涵盖多个方面，每种印刷物都有其独特的制作标准和设计要点，如下表所示。掌握各种印刷物的尺寸，才能在设计时更好地考虑内容展示与视觉效果。

名称	出血线	分辨率	标准尺寸
名片	3 毫米	300dpi	横版：85 毫米 ×54 毫米（圆角） 90 毫米 ×55 毫米（方角） 竖版：50 毫米 ×90 毫米（方角） 54 毫米 ×85 毫米（圆角） 方版：90 毫米 ×90 毫米
DM 单	3 毫米	300dpi	210 毫米 ×285 毫米
三折页	3 毫米	300dpi	285 毫米 ×210 毫米
X 展架	无		60 厘米 ×160 厘米 80 厘米 ×180 厘米 打孔位置预留 5 厘米左右

名称	出血线	分辨率	标准尺寸
易拉宝	无	72 ～ 150dpi	80 厘米 ×200 厘米 85 厘米 ×200 厘米 90 厘米 ×200 厘米 100 厘米 ×200 厘米 120 厘米 ×200 厘米
手提袋	3 毫米	72 ～ 150dpi	超大号：43 厘米 ×32 厘米 ×10 厘米 大号：39 厘米 ×27 厘米 ×8 厘米 中号：33 厘米 ×25 厘米 ×8 厘米 小号：32 厘米 ×20 厘米 ×8 厘米 超小号：27 厘米 ×18 厘米 ×8 厘米
海报	3 毫米	300dpi	宣传海报：50 厘米 ×70 厘米 57 厘米 ×84 厘米 电影海报：50 厘米 ×70 厘米 57 厘米 ×84 厘米 78 厘米 ×100 厘米

上机实训：制作一张诗词书签

扫码看视频

学习完本章内容后，相信用户对InDesign的文本与段落的相关知识与操作技巧有了一定的了解。下面以制作一张诗词书签为例，来巩固本章所学内容，具体操作如下。

步骤 01 打开InDesign，单击开始界面左侧的“新文件”按钮，或按下快捷键Ctrl+N，在打开的“新建文档”对话框中，设置页面参数，单击“边距和分栏”按钮，如下左图所示。

步骤 02 在弹出的“新建边距和分栏”对话框中，进行如下右图中的参数设置后，单击“确定”按钮，即已完成新文档的创建。

步骤 03 执行“文件>置入”命令，弹出“置入”对话框。选择“荷花”素材，单击“打开”按钮，即在页面空白处置入了图片。按住快捷键Ctrl+Shift，使用选择工具将素材图片缩放调整到合适的大小和位置，效果如下页左图所示。

步骤04 选择文字工具，按住鼠标左键并在页面上拖动，创建出文本框。在“属性”面板中，设置字体大小为24点，字体默认为宋体。在文本框中输入“诗词欣赏”字样，完成后的效果如下右图所示。

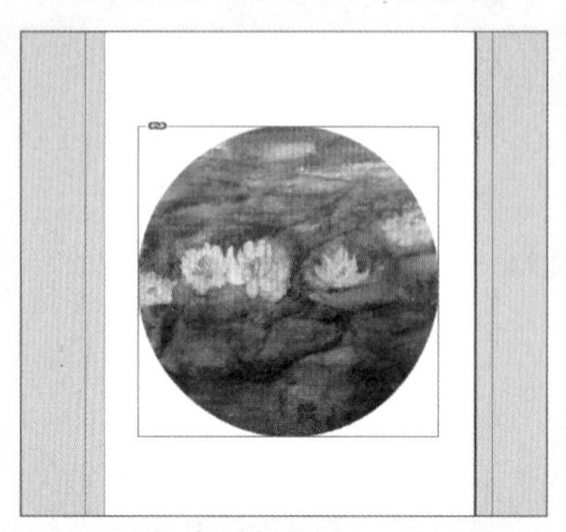

步骤05 在工具栏中选择椭圆框架工具，按住Shift键绘制出正圆形框架，如下左图所示。

步骤06 接着，在工具栏中选择路径文字工具，将光标移动到圆形框架的路径边缘，此时光标将变为形状，单击鼠标左键，在圆形框架的路径上插入光标定位点。然后输入“《小池》· 杨万里”字样，并拖动定位点，将文字旋转调整至合适的位置，如下右图所示。

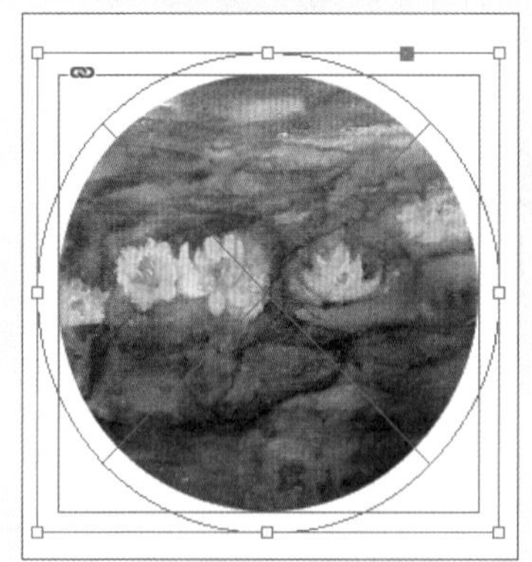

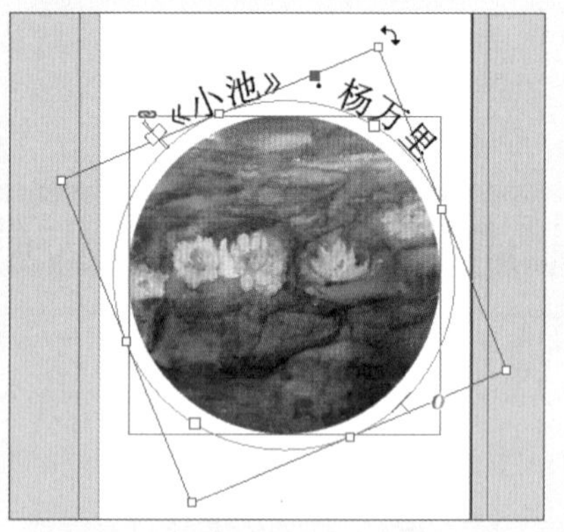

步骤07 选中文本“《小池》”，在“属性”面板中设置字体大小为16点；选中文本“杨万里”，在“属性”面板中设置字体大小为12点。设置完成后效果，如下左图所示。

步骤08 接着在工具栏中选择文字工具，使用同样的方法，在页面下方空白处创建出文本框，输入文字后效果如下右图所示。

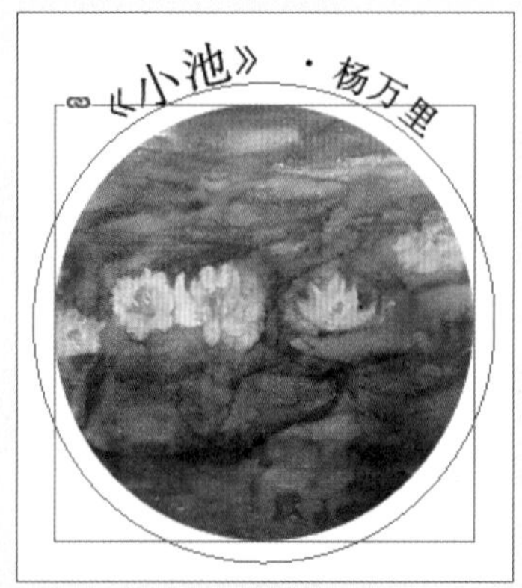

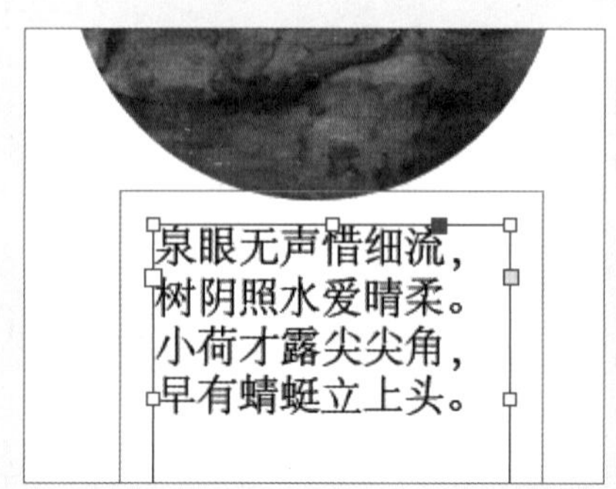

步骤09 使用选择工具选中诗词文本，然后执行“文字>字符”命令。在打开的“字符”面板中，设置“行距”值为23点、“字符间距”值为130，如下页左图所示。

步骤10 设置完成后，调整位置，效果如下右图所示。

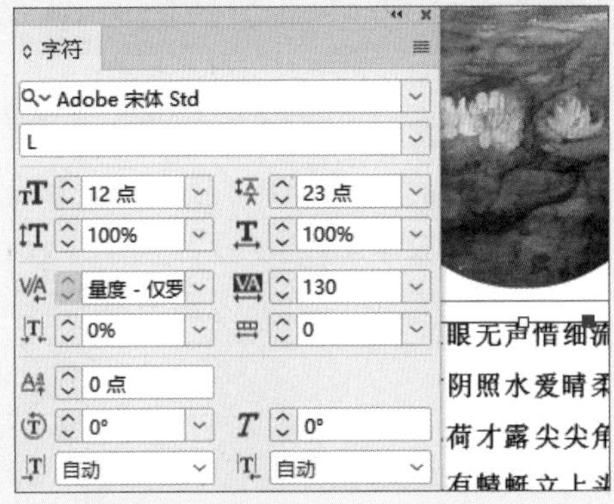

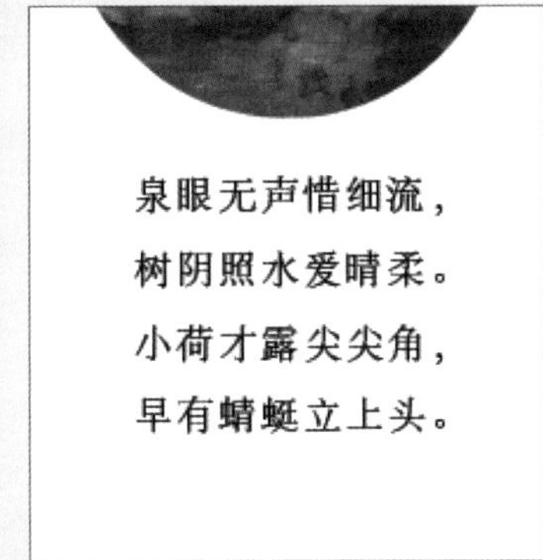

步骤11 接着，对所有对象进行大小和位置的调整。使用选择工具选中对象后，单击鼠标右键，在弹出的快捷菜单中选择“编组”选项，这样在拖动时不易出错，如下左图所示。

步骤12 至此，诗词书签就制作完成了，效果如下右图所示。

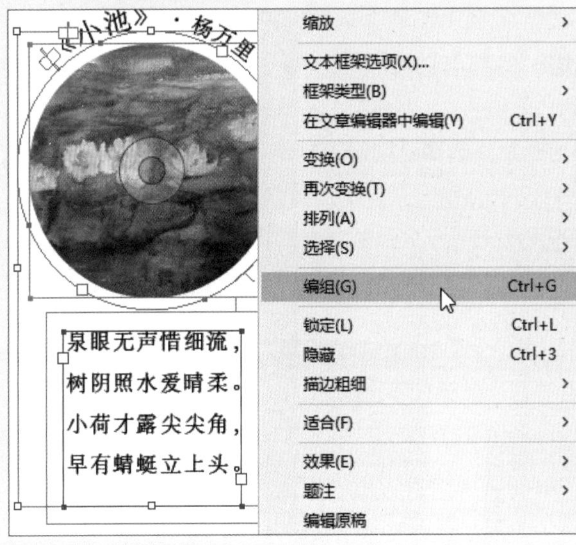

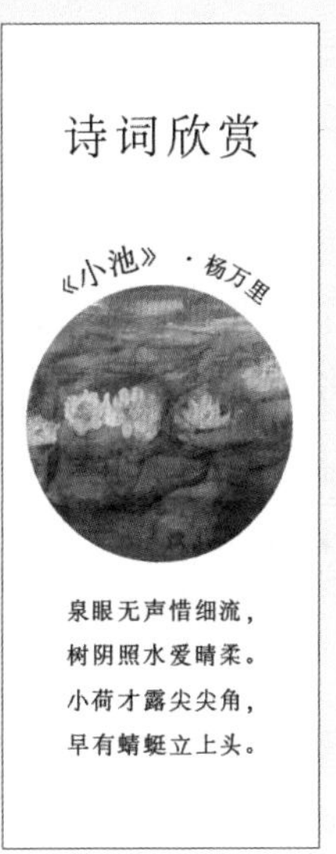

步骤13 制作的实物书签效果，如下图所示。

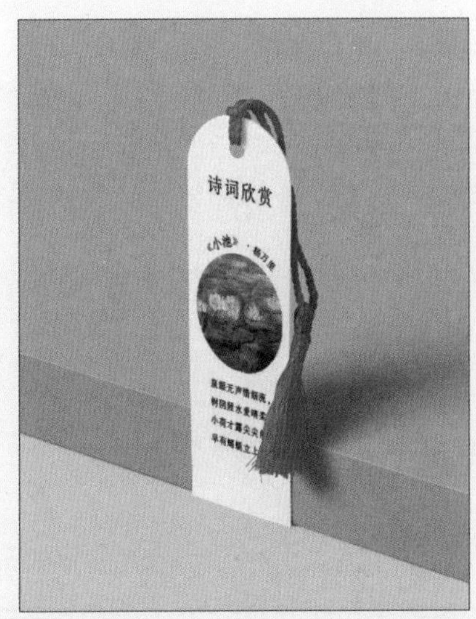

课后练习

一、选择题（部分多选）

（1）InDesign中，可以创建路径文本的工具是（　　）。

A. 垂直路径文字工具　　B. 路径文字工具

C. 文字工具　　D. 直排文字工具

（2）InDesign中，可以置入以下哪几种文件（　　）。

A. TXT文件　　B. DOC文件

C. RTF文件　　D. Excel文件

（3）InDesign的缩进功能中，有哪些缩进方式（　　）。

A. 左缩进　　B. 右缩进

C. 首行左缩进　　D. 末行右缩进

二、填空题

（1）InDesign中，置入Word文档一般都会选择“________”功能，这样更方便后期在InDesign中进行段落样式的重新设计。

（2）为了创建网格，可以复制并排列框架。选择已创建的框架，然后可以使用快捷键________和________来创建副本。

（3）InDesign中，使用后在文本中将自动生成一个参考编号的功能是________。

三、上机题

根据本章学习内容，请选择文本并导入InDesign中，设置“首行左缩进”为11毫米、“行距”为30点，并设置红色段前线，加上项目符号，效果如下图所示。

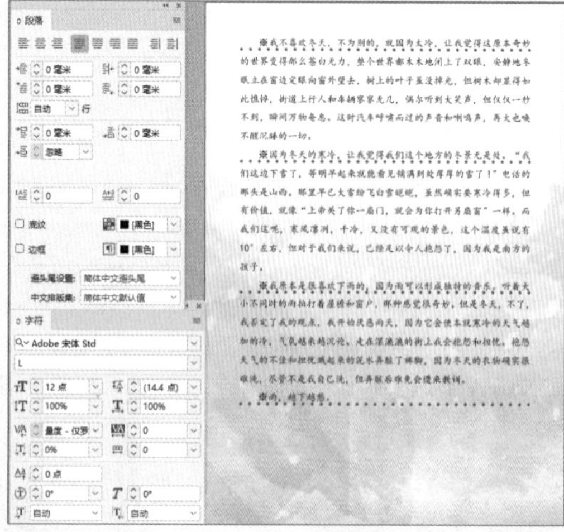

操作提示

① 执行“文件>置入”命令，置入背景，并在“属性”面板中单击“嵌入”按钮。

② 执行“文件>置入”命令，置入Word文本。

③ 灵活使用“字符”“段落”面板功能。

第3章 图形的绘制

本章概述

这一章主要对绘制图形的基础操作进行讲解，包括基本绘图工具的使用、图形的基本操作，掌握这些工具是绘制图形的第一步。

核心知识点

❶ 了解基本绘图工具
❷ 熟悉绘图工具的基本操作
❸ 熟悉图形的编辑

3.1 基本绘图工具

在InDesign中，使用基本绘图工具可以绘制简单的图形。本节主要讲解基本绘图工具的特性和使用方法。

3.1.1 矩形工具

选择矩形工具，当光标变成图标时，按住鼠标左键，将光标拖动到合适的位置，释放鼠标后，即绘制出一个矩形，如下左图所示。若是按住Shift键的同时进行同样绘制，可以绘制出一个正方形，如下中图所示。

如需绘制更精确的矩形，可以选择矩形工具，在画布中单击鼠标左键，弹出“矩形”对话框，如下右图所示。在对话框中，可以设置所要绘制的矩形的宽度和高度。

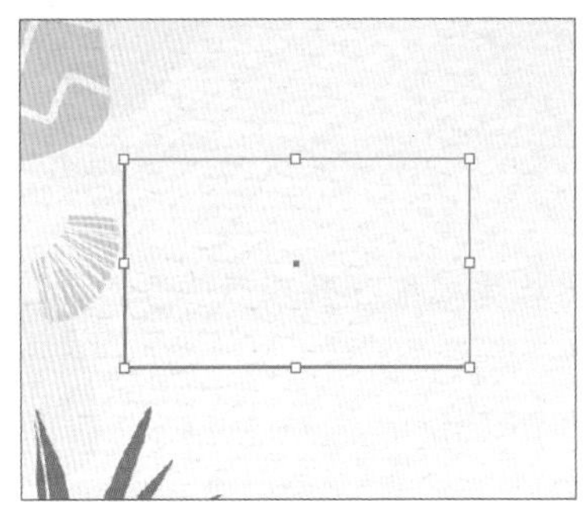

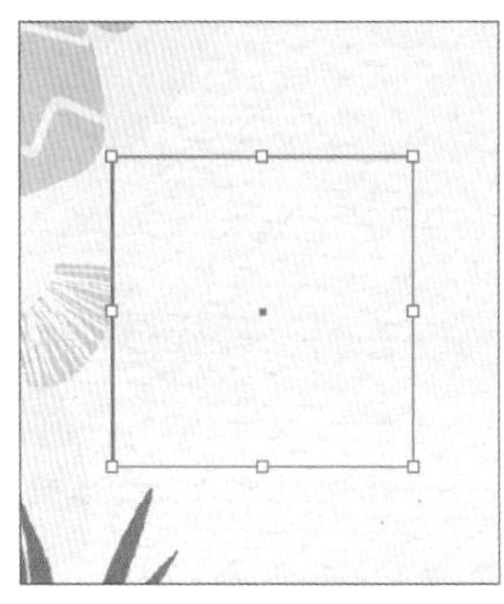

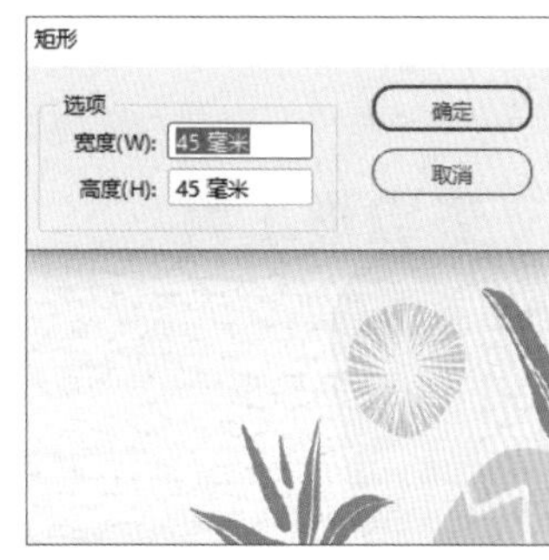

如果需要对矩形的角进行编辑，可以使用选择工具，选择已绘制好的矩形。在菜单栏中执行“对象>角选项”命令，弹出“角选项”对话框，如下左图所示。

在“转角大小”文本框中输入所需要的值，以指定角的效果。在“形状”下拉栏中选择所需要的角形状，单击“确定”按钮，效果如下右图所示。

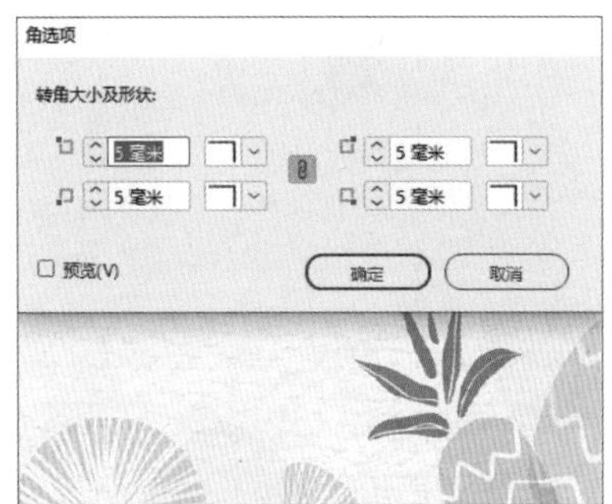

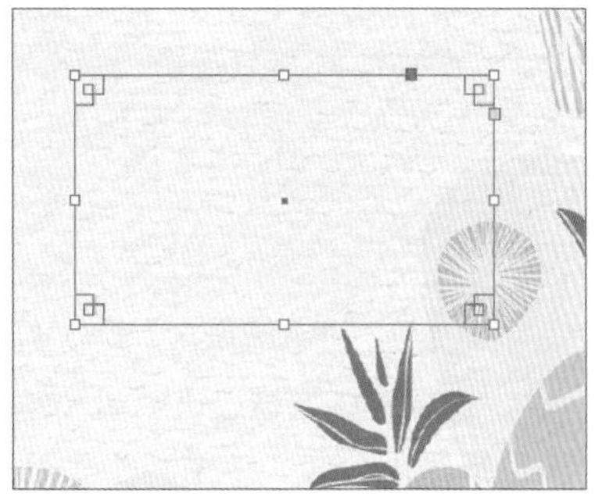

3.1.2 椭圆工具

选择椭圆工具，当光标变成图标时，按住鼠标左键，将光标拖动到合适的位置，释放鼠标后，即绘制出一个椭圆形，如下左图所示。若是按住Shift键的同时进行同样绘制，可以绘制出一个正圆形，如下右图所示。当然，按住快捷键Alt＋Shift，可以在绘图页面中以当前点为中心绘制圆形。

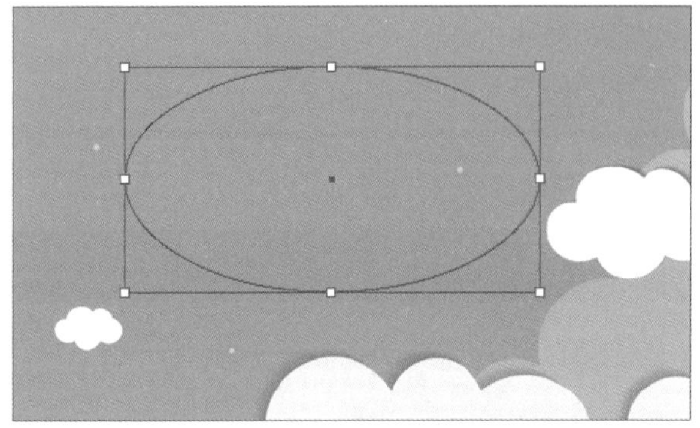

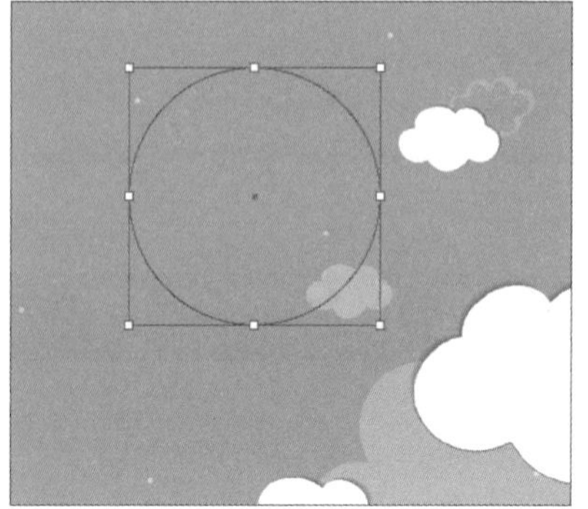

如需绘制更精确的椭圆形，可以选择椭圆工具，在画布中单击鼠标左键，会弹出“椭圆”对话框。在对话框中，可以设置所要绘制的椭圆的宽度和高度，如右图所示。单击“确定”按钮，在页面中单击鼠标，即可出现所需要的椭圆形。

3.1.3 多边形工具

选择多边形工具，当光标变成图标时，按住鼠标左键，将光标拖动到合适的位置，释放鼠标后，即绘制出一个多边形，如下左图所示。若是按住Shift键的同时进行同样绘制，可以绘制出一个正多边形，如下右图所示。当然，按住快捷键Alt＋Shift，可以在绘图页面中以当前点为中心绘制正多边形。

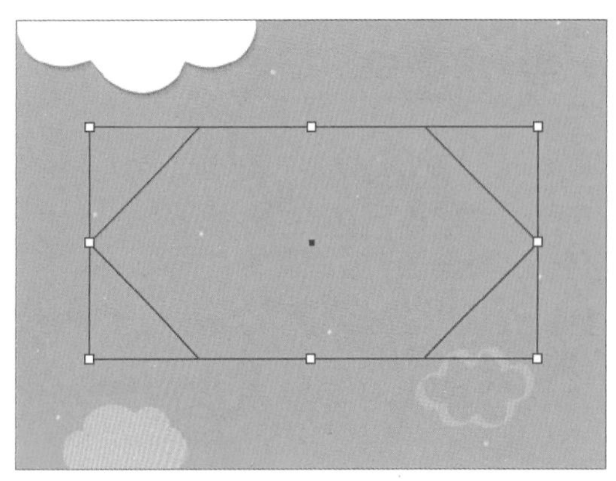

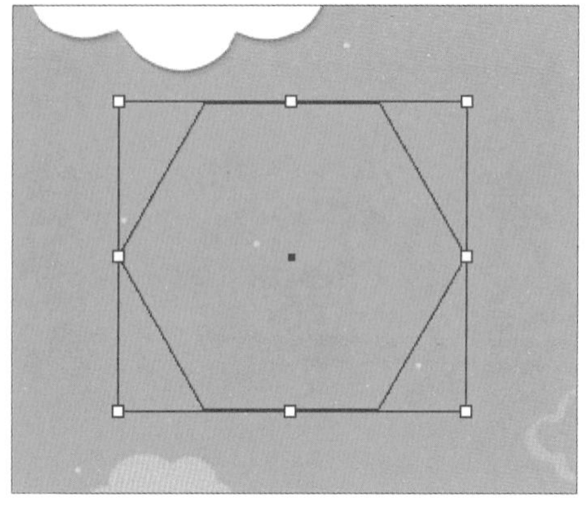

如需绘制更精确的多边形，可以选择多边形工具，随后在画布中单击鼠标左键，会弹出“多边形”对话框。其中，在“边数”数值框中，通过直接输入数值或单击箭头按钮，可以设置多边形的边数；在“星形内陷”数值框中，通过直接输入数值或单击箭头按钮，可以设置多边形的角的尖锐程度。此处各项数值的设置，如下左图所示。单击“确定”按钮后，可以在页面中拖动光标，绘制出所需要的五角形，如下右图所示。

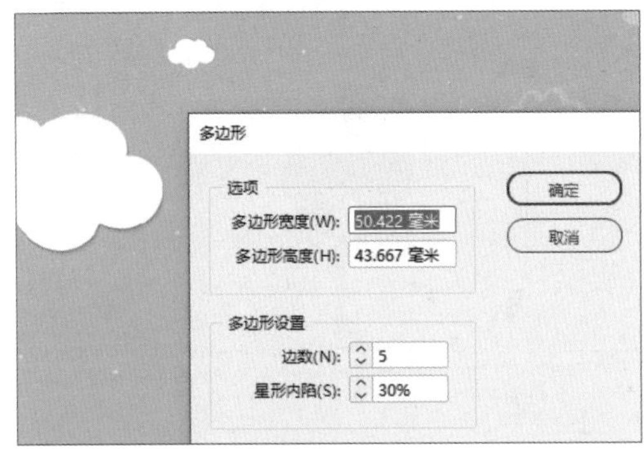

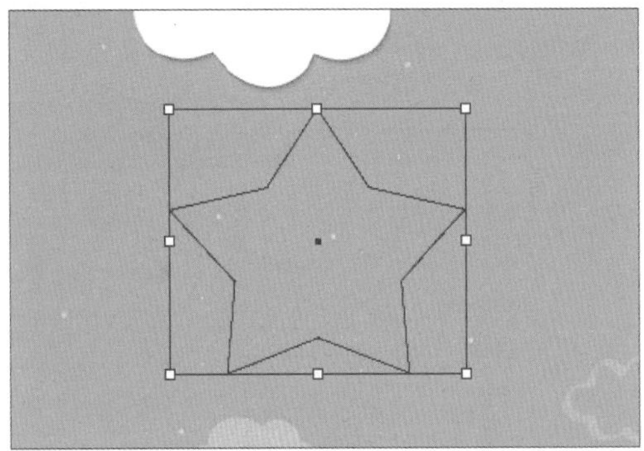

如果需要对多边形的角进行编辑，可以使用选择工具，选择已绘制好的多边形。在菜单栏中执行“对象>角选项”命令，弹出“角选项”对话框，如下左图所示。

在“转角大小”文本框中，输入所需要的值，以指定角的效果，在“形状”下拉栏中选择所需要的角形状，单击“确定”按钮，效果如下右图所示。

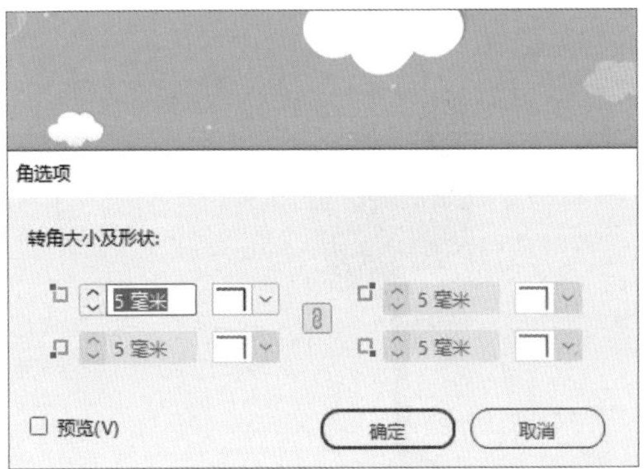

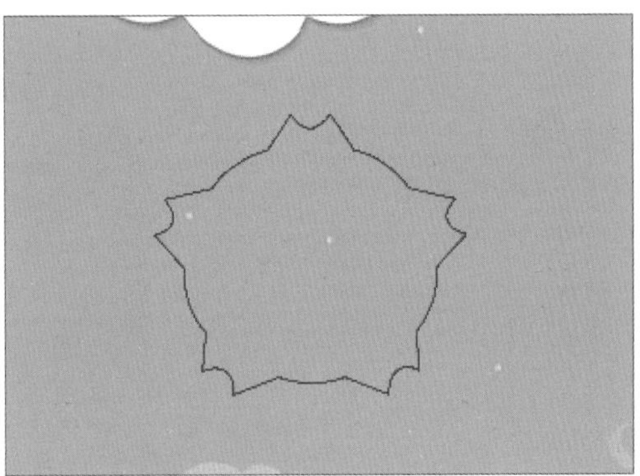

3.2 图形绘制工具

在InDesign中，图形绘制工具可以更加灵活地帮助用户处理图形和进行设计，为用户提供更加便捷的操作功能，如钢笔工具、路径工具、直线工具等。下面让我们来认识一下它们。

3.2.1 钢笔工具

钢笔工具是一种功能非常强大的路径绘制工具，它允许用户通过创建和调整锚点来绘制自定义的路径和形状。

（1）使用钢笔工具绘制直线

选择钢笔工具，在画布中任意位置单击鼠标，会创建出1个锚点。将光标移动到所需要的位置后，再单击鼠标，可以创建出第2个锚点。两个锚点之间会自动以直线进行连接，效果如下页左图所示。

再将光标移动到其他位置后，单击鼠标，就会出现第3个锚点。在第2和第3个锚点之间，会生成一条新的直线路径，效果如下页中图所示。

可以使用相同的方法继续绘制路径，如若需要闭合路径，将光标定位于第1个锚点上，当光标变为图标时，单击鼠标左键即可，效果如下页右图所示。

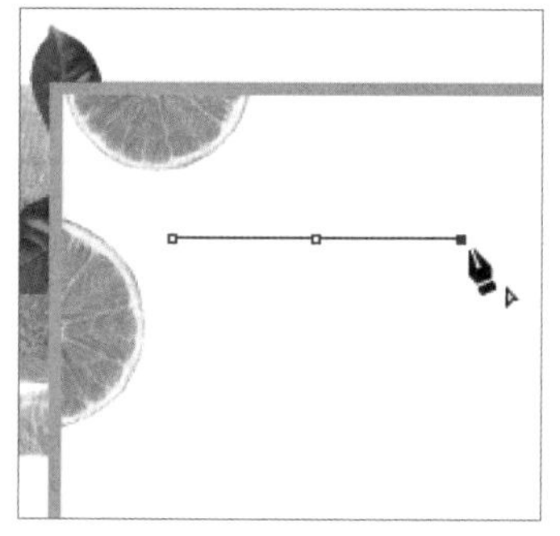
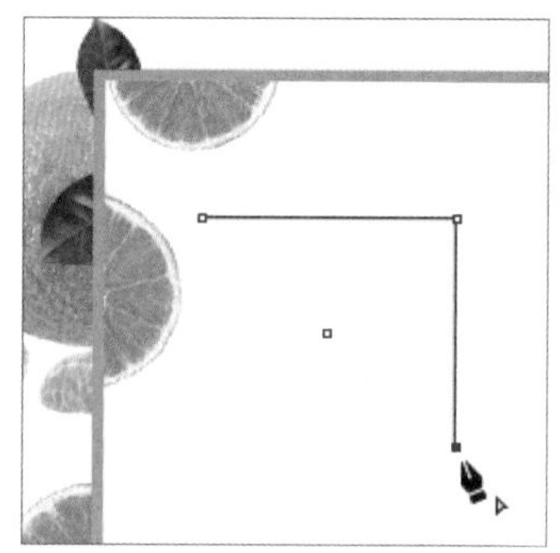
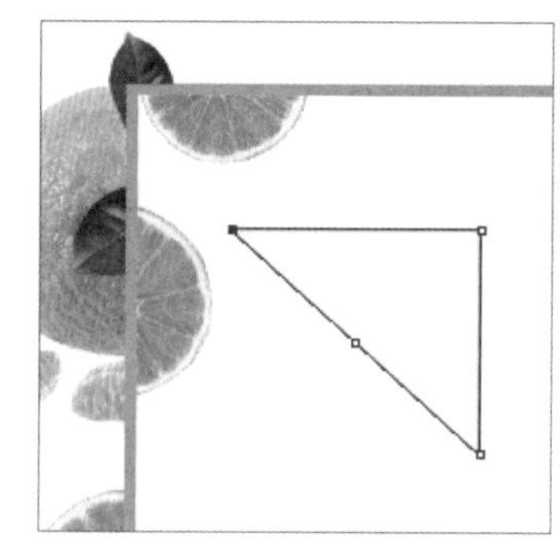

（2）使用钢笔工具绘制曲线

选择钢笔工具，在画布中单击并按住鼠标左键，以拖动光标来确定路径的起点。起点的两端分别出现了一条控制线，释放鼠标后，其效果如下左图所示。

将光标移动到所需要的位置，再次单击并按住鼠标左键进行拖动，此时出现了一条路径段。拖动鼠标的同时，第2个锚点两端也出现了一条控制线。同时，随着光标的移动，路径段的形状会随之发生变化，如下中图所示。

如果连续单击并拖动鼠标，就可以绘制出连续平滑的路径，如下右图所示。

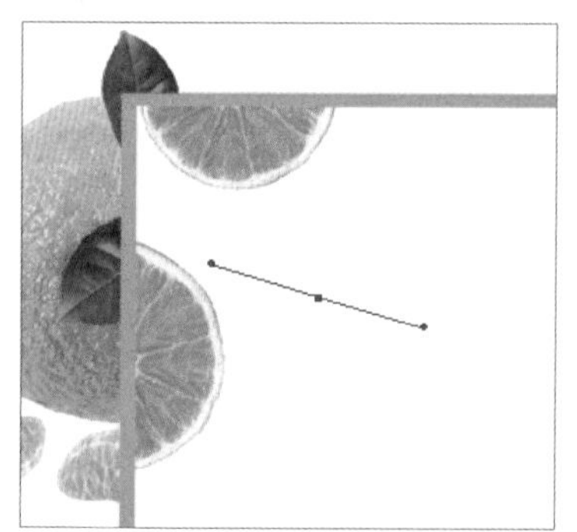
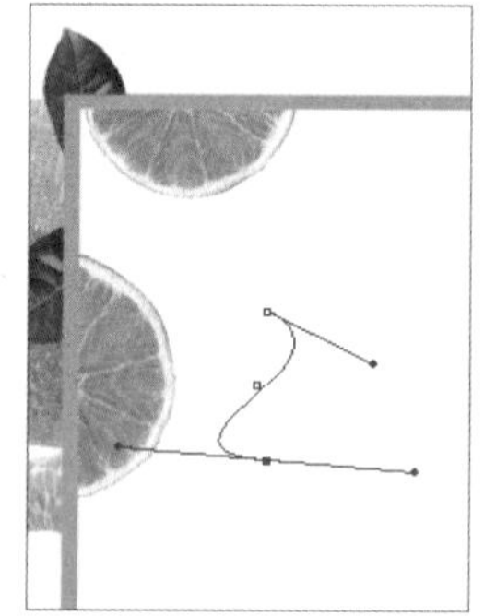
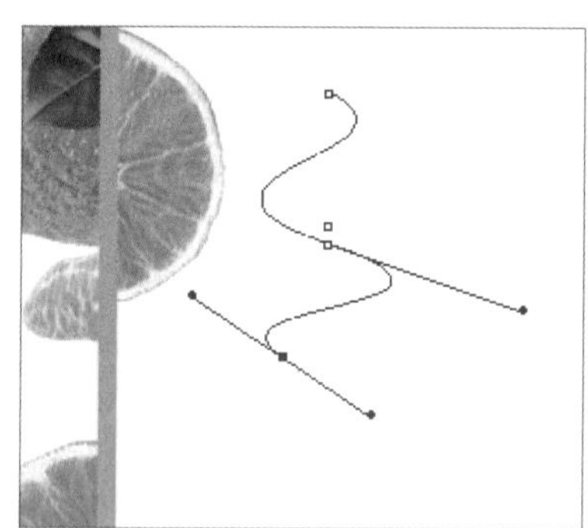

（3）对路径进行调整

选择直接选择工具，选取需要调整的路径，如下左图所示。在需要调整的锚点上单击并拖动鼠标，可以将锚点移动到所需要的位置，如下中图所示。拖动锚点两端控制线上的调节手柄，可以调整路径的形状，如下右图所示。

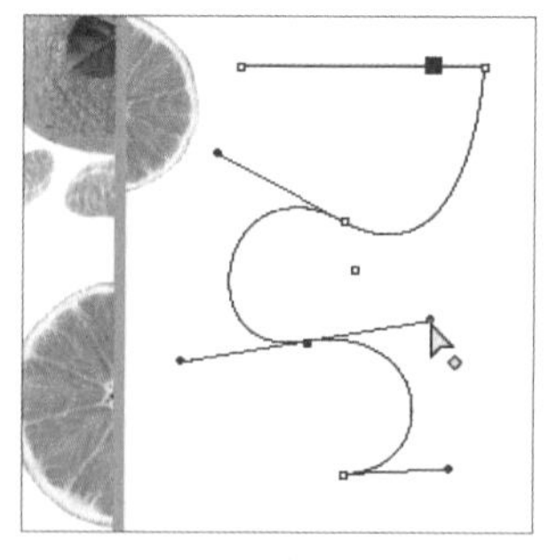
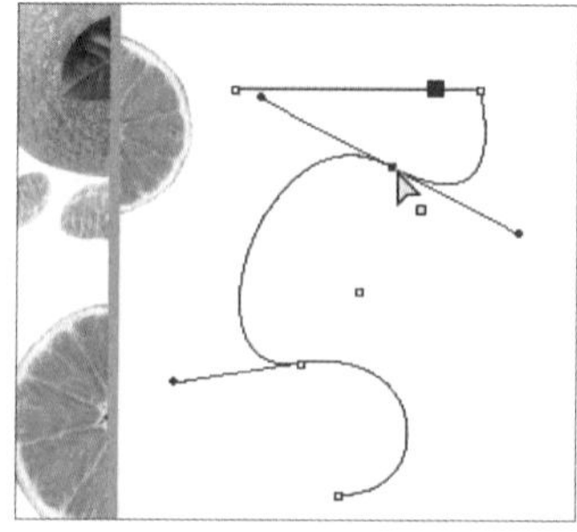
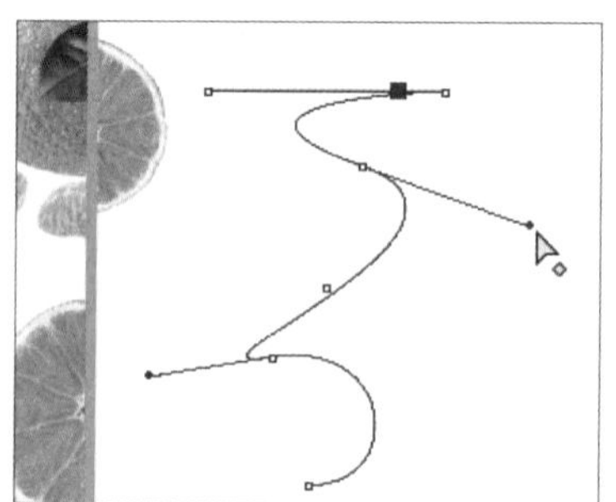

（4）对锚点进行操作

对路径或图形上的锚点进行编辑时，必须先选中需要编辑的锚点。路径中的每个方形点就是路径的锚点，如下页左图所示。

在需要选取的锚点上单击，锚点上会显示控制线及其两端的控制点，同时会显示前后相邻锚点的控制线及其两端的控制点，如下右图所示。

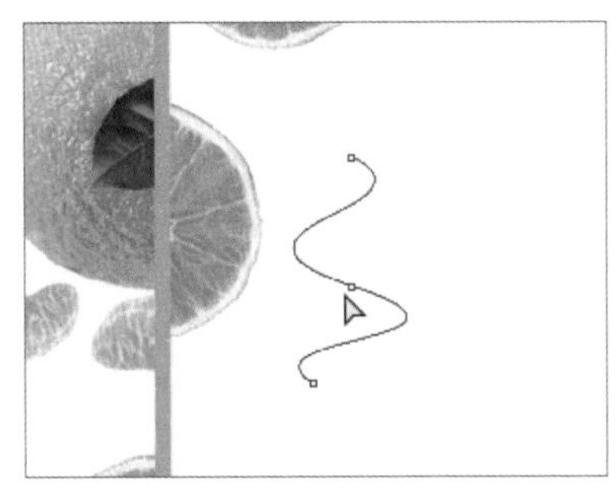

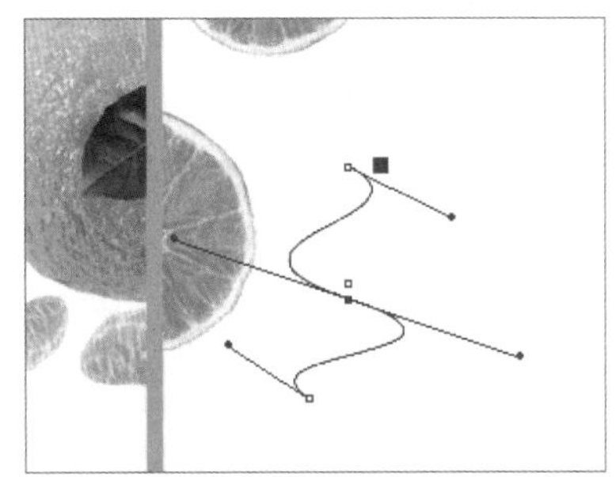

（5）选择路径上的多个或全部锚点

选择直接选择工具，按住shift键，依次单击需要选择的锚点，可以同时选取多个锚点，如下左图所示。单击路径外的任意位置，锚点的选取状态将被取消。选择直接选择工具，单击路径的中心点，即可选取路径上的所有锚点，如下右图所示。或者使用直接选择工具，对路径图形进行框选，所框选在内的路径上的锚点将会被选取。

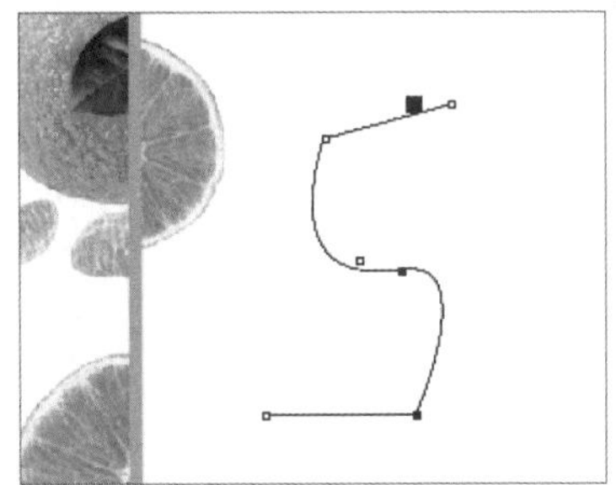

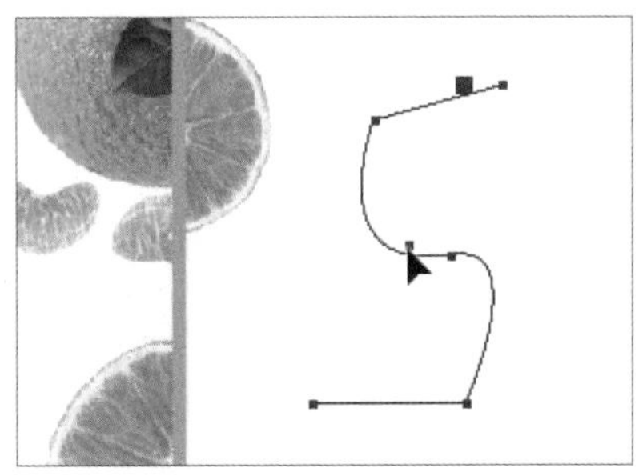

（6）移动路径上的单个锚点

绘制一个图形，如下左图所示。选择直接选择工具，单击需要移动的锚点，并按住鼠标左键进行拖动，如下中图所示。释放鼠标后，图形的调整效果如下右图所示。

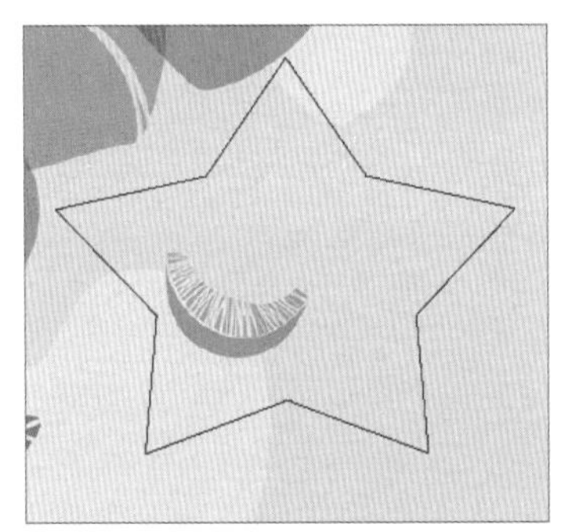

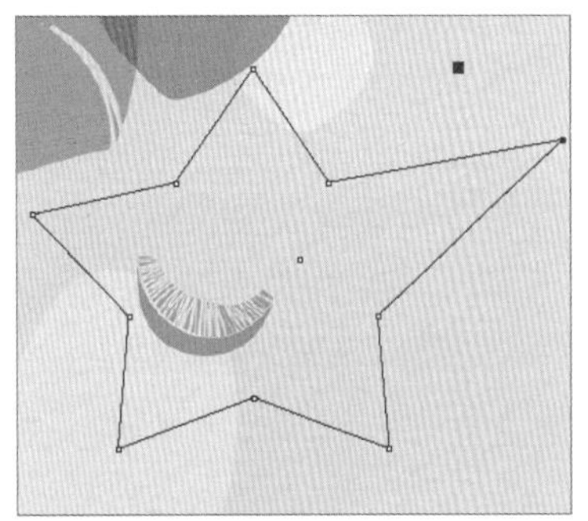

选择转换方向点工具，选取并拖动锚点上的控制点。释放鼠标后，图形的调整效果如右图所示。

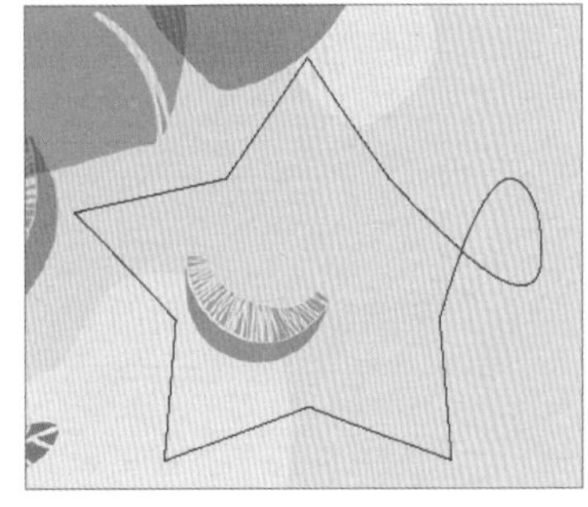

（7）增加锚点

选择直接选择工具▷，选取需要增加锚点的路径，如下左图所示。选择钢笔工具或添加锚点工具，将光标定位到所要增加锚点的位置，单击鼠标左键，即可增加一个锚点，如下右图所示。

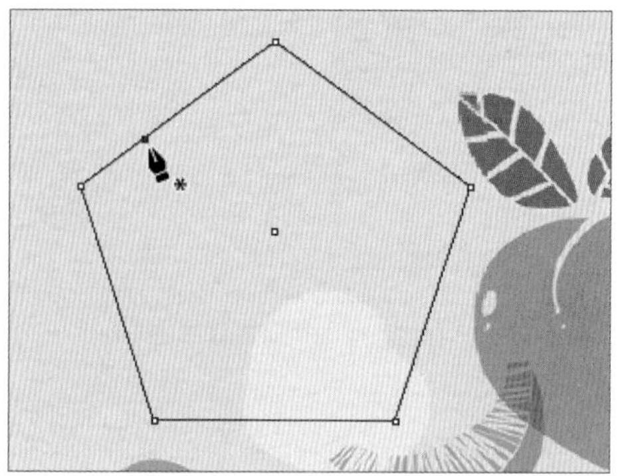

（8）删除锚点

选择直接选择工具▷，选取需要删除锚点的路径，如下左图所示。选择钢笔工具或删除锚点工具，将光标定位到所要删除锚点的位置，单击鼠标左键，即可删除一个锚点，如下右图所示。

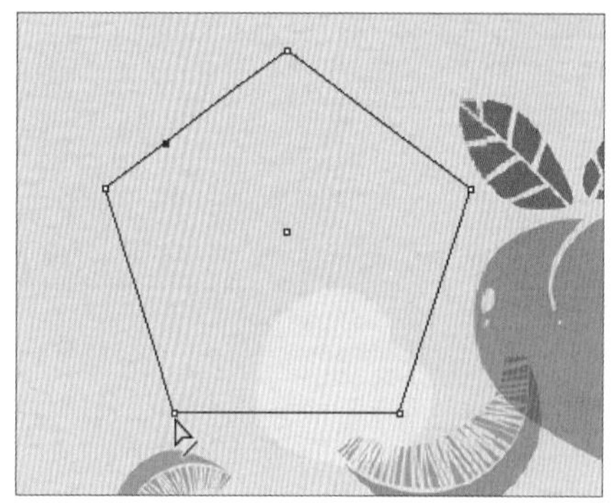
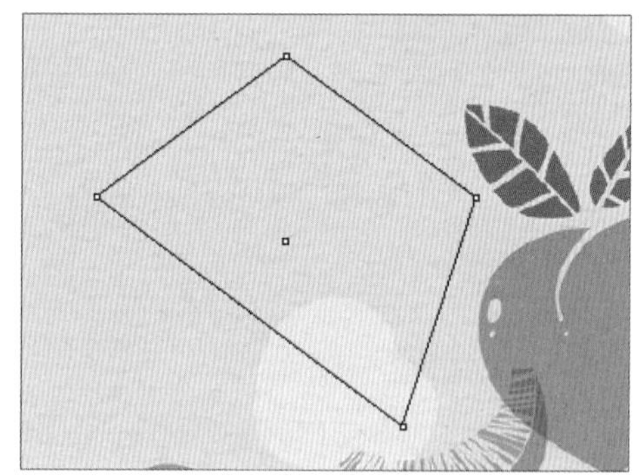

（9）转换锚点

选择直接选择工具▷，选取需要转换锚点的路径，如下左图所示。选择转换方向点工具，将光标定位到所要转换锚点的位置，此时拖动光标，即可转换一个锚点，如下右图所示。

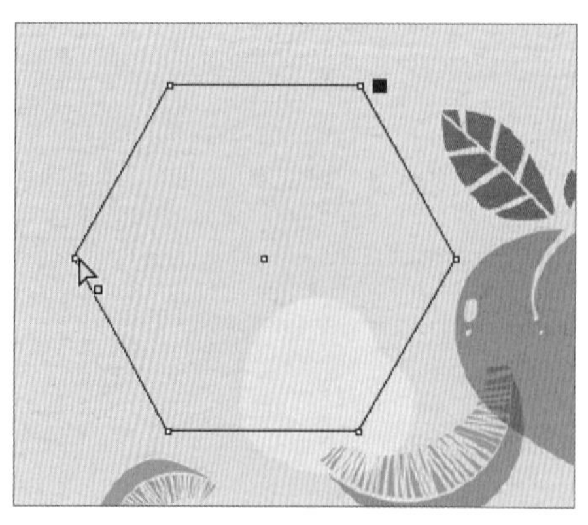
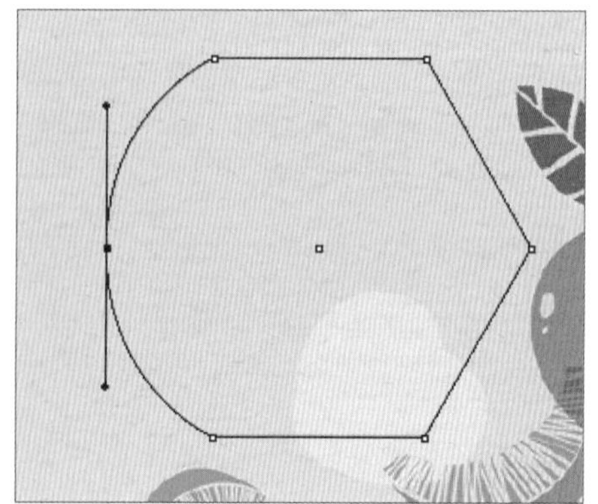

（10）连接路径

选择钢笔工具，将光标置于一条开放路径的端点上，当光标变为图标时，单击该端点，如下页左图所示。然后，在需要扩展的新位置单击鼠标，绘制出的连接路径如下页右图所示。

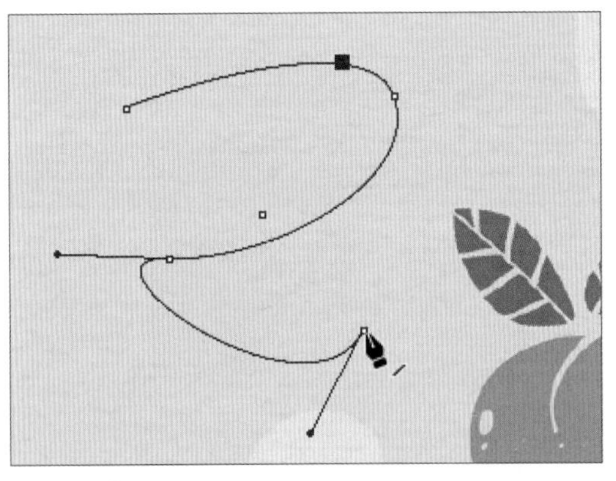

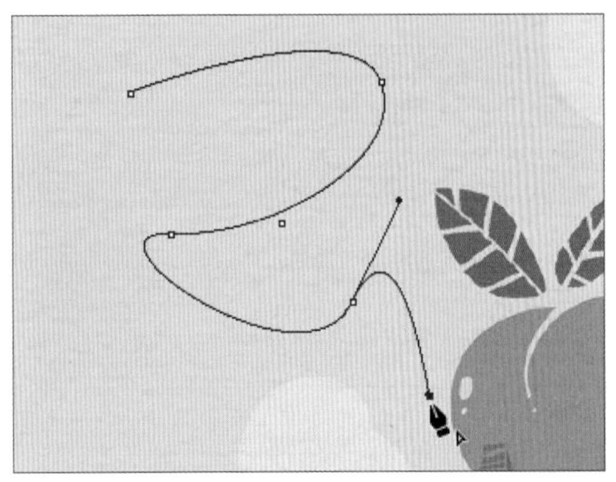

选择钢笔工具，将光标置于一条路径的端点上，当光标变为图标时，单击该端点，再将光标置于另一条路径的端点上，当光标变为图标时，如下左图所示。单击该端点，两条路径会自动连接起来，效果如下右图所示。

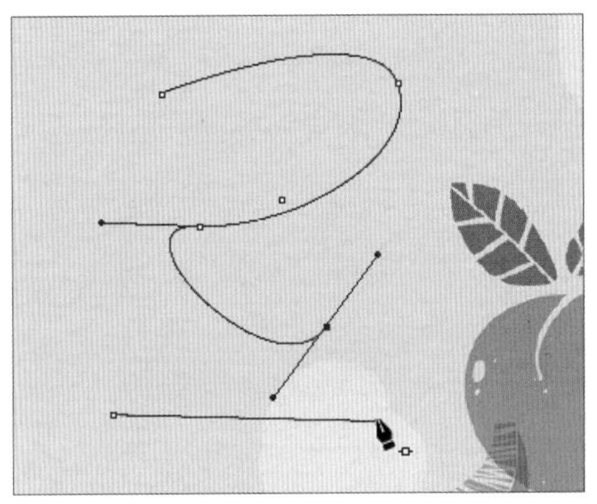

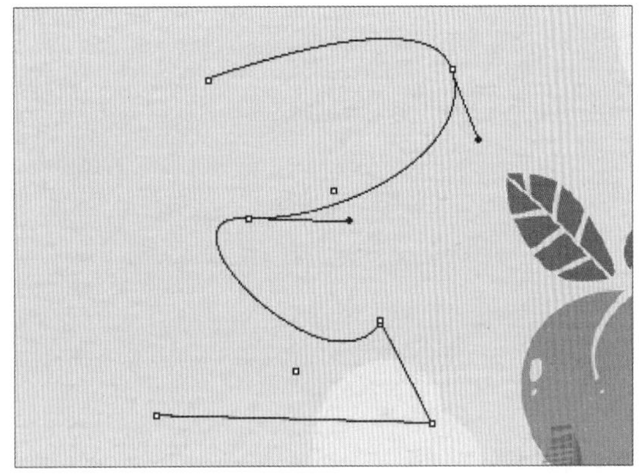

（11）使用面板连接路径

选择一条开放路径，如下左图所示。在菜单栏中执行“窗口>对象和版面>路径查找器”命令，弹出“路径查找器”面板，如下中图所示。单击“封闭路径”按钮，路径闭合的效果如下右图所示。

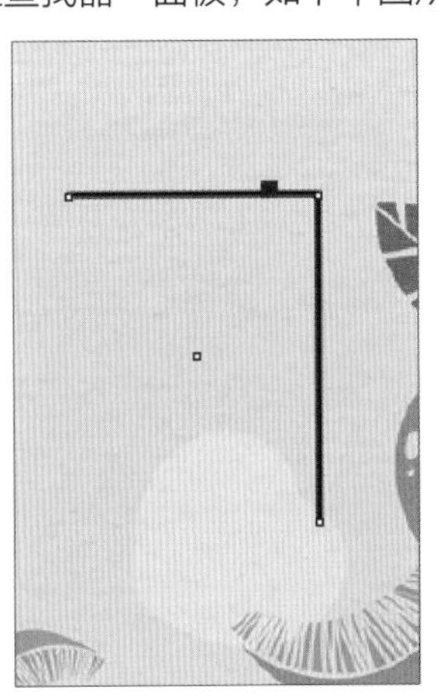

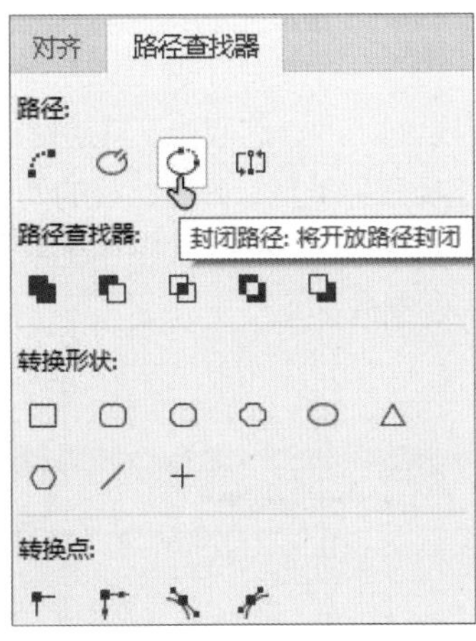

（12）使用剪刀工具断开路径

选择直接选择工具，选取要断开路径上的锚点，在菜单栏中选择剪刀工具，在所选锚点处单击，即可将路径断开，如下页左图所示。可以使用直接选择工具，单击并拖动断开的锚点，如下页右图所示。

（13）使用面板断开路径

选择直接选择工具，选取需要断开的路径，如下左图所示。在菜单栏中执行“窗口>对象和版面>路径查找器”命令，在弹出的“路径查找器”面板中，单击“开放路径”按钮，如下中图所示。使用选择工具，可以对断开的路径上的锚点进行移动，效果如下右图所示。

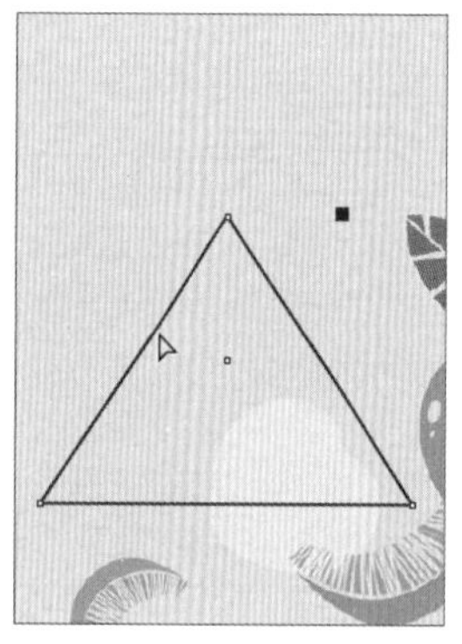

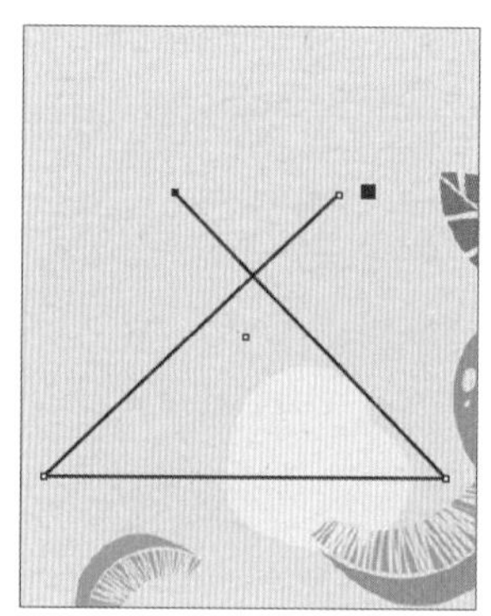

3.2.2 路径工具

路径工具是非常重要的图形处理工具，它允许用户创建、编辑和管理复杂的图形路径。

（1）路径的概念

在InDesign中，路径是一个重要的图形元素和概念。路径主要由锚点、调节手柄和路径线组成。锚点用于连接路径线，并确定路径的基本结构。调节手柄则用于调整锚点周围的路径线形状，以实现平滑或尖锐的曲线过渡。路径可以是开放的，也可以是封闭的，这取决于其起始点和结束点是否相连。

路径分为开放路径、闭合路径和复合路径三种类型。开放路径的两个端点不连接在一起，如下左图所示。闭合路径没有起点和终点，是一条连续且闭合的路径，如下中图所示。复合路径是将几个开放路径和闭合路径进行自由组合而形成的路径，如下右图所示。

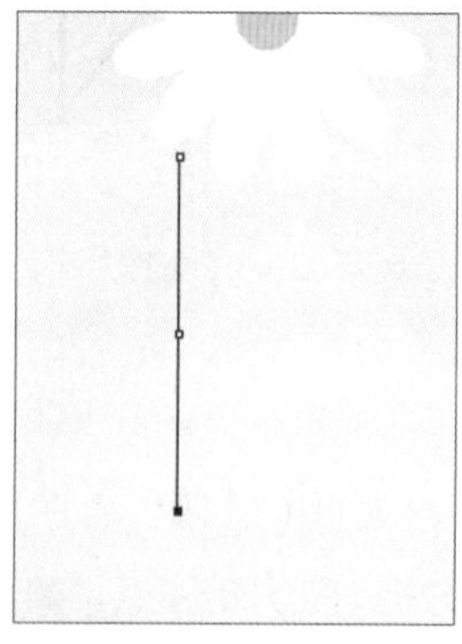
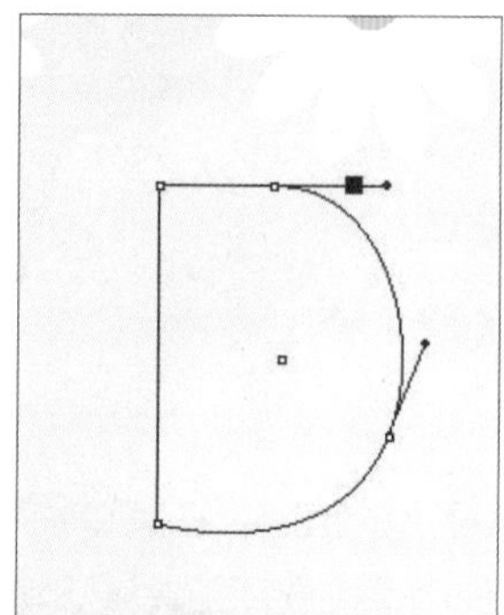

（2）路径的成分

在曲线路径上，每一个锚点有一条或两条控制线；在曲线中间的锚点有两条控制线；在曲线端点处的锚点有一条控制线。控制线所呈现的角度和长度决定曲线的形状。控制线的端点称为控制点，可以通过调整控制点来对整个曲线进行调整。

下面对一些常用名词进行解释。

- **锚点：** 它由钢笔工具创建，是路径上的固定点，用于确定路径的基本结构和形状。通过调整锚点的位置，可以改变路径的整体布局。此外，锚点还有不同的类型，如角点和平滑点，它们决定了路径在锚点处的弯曲方式。角点会使路径在该点处产生急锐的转折，而平滑点则会使路径在该点处平滑过渡。
- **控制线和调节手柄：** 通过调整控制线和调节手柄，可以更准确地绘制出路径。
- **直线段：** 用钢笔工具在图像中单击两个不同位置的点，将在两点之间创建一条直线段。
- **曲线段：** 拖动曲线上的锚点，可以创建一条曲线段。
- **端点：** 路径的起始点和结束点就是路径的端点。

3.2.3 直线工具

在InDesign中，直线工具是一种基础且常用的绘图工具，它允许用户在画布上绘制不同方向和长短的直线。

在菜单栏中选择直线工具，当光标变成图标时，按住鼠标左键将光标拖动到合适的位置，释放鼠标后，即绘制出一条直线，如下左图所示。若是按住Shift键的同时，进行同样绘制，可以绘制出水平、垂直或45° 及其整倍数的直线，如下右图所示。

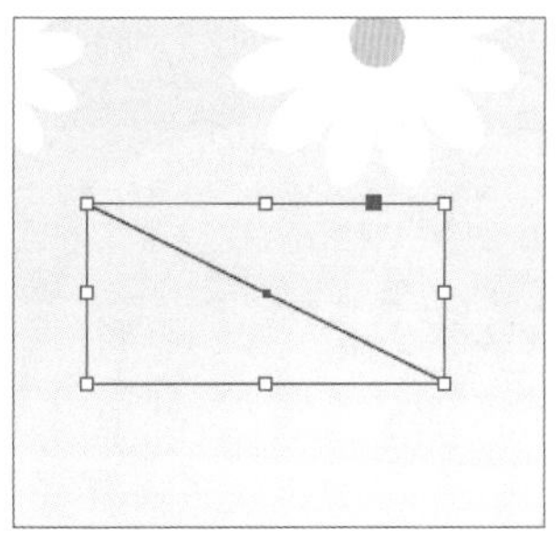

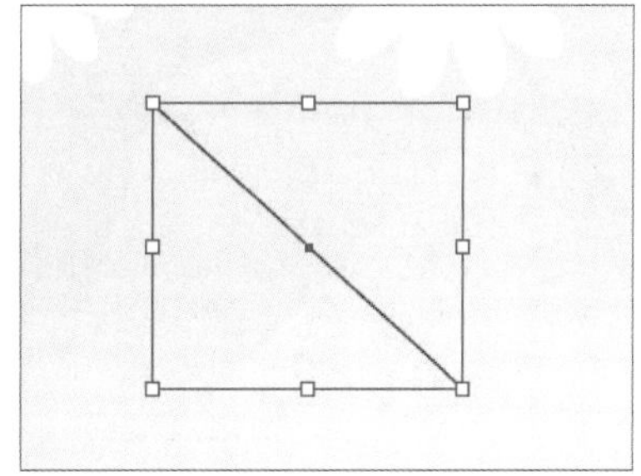

实例 使用基本绘图工具绘制风景插画

这里将对前面学习的内容进行温习，使用基本绘图工具绘制简易图案，以下是详细讲解。

步骤 01 启动InDesign，执行“文件>新建>文档”命令或按下快捷键Ctrl + N，新建文档并设置相应的参数，然后单击“边距和分栏”按钮，如下左图所示。

步骤 02 在弹出的“边距和分栏”对话框中，设置相应的参数，单击“确定”按钮，如下右图所示。

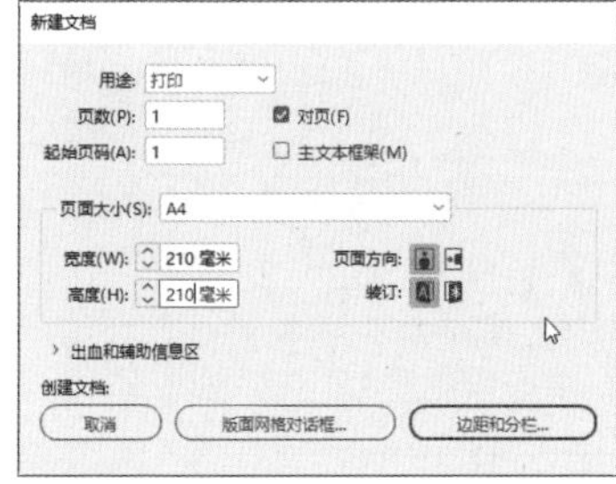

步骤03 新建空白文档后，选择矩形工具，绘制一个与页面大小和位置相同的矩形，并在“属性”面板中为其填充相应的背景颜色，效果如下左图所示。

步骤04 接着，将矩形所在的图层锁定，并在“图层”面板中单击“创建新图层”按钮⊞。“图层2”就是创建的新图层，如下右图所示。

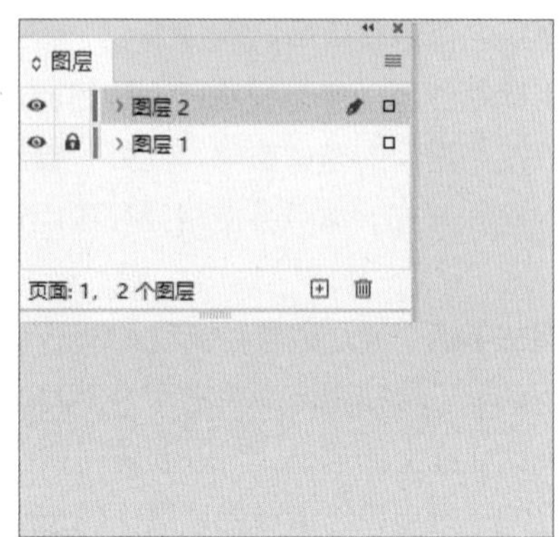

步骤05 使用钢笔工具绘制出如下左图中的图形，并在“属性”面板中选择相应的颜色，对所绘制的图形进行填色。

步骤06 接着，用同样的方法在“图层”面板中新建“图层3”，并拖动“图层3”，将它置于“图层2”下方。然后，再次使用钢笔工具绘制出如下右图中的图形，并进行填色。

步骤07 使用同样的方法依次绘制出后面两层图形，可以适当地变化一下形状，注意要依次降低颜色的饱和度，形成群山的远近错落感，完成后的效果如下左图所示。

步骤08 在“图层”面板中单击“图层1”，再在“图层”面板中单击“创建新图层”按钮，选择椭圆形工具，然后绘制出如下右图中的图形。

步骤 09 使用选择工具选中全部椭圆形，执行“窗口>对象和版面>路径查找器”命令。在“路径查找器”面板中，单击“相加”按钮，云朵的大致形状就出来了，效果如下左图所示。

步骤 10 接着，使用矩形工具绘制一个与页面大小和位置相同的矩形，再使用选择工具选中该矩形与云朵图形，在“路径查找器”面板中单击“交叉”按钮，最后对云朵的颜色进行填充，效果如下右图所示。

步骤 11 选择椭圆形工具，按住Shift键，单击鼠标左键并进行拖动，绘制出一个正圆形。重复此步骤，再绘制一个正圆形，并调整其位置，如下左图所示。

步骤 12 使用选择工具，选中两个正圆形，在“路径查找器”面板中单击“减去”按钮，可以看到画面中出现了月亮形状。填充月亮的颜色，使用自由变换工具调整月亮的大小和位置，效果如下右图所示。

步骤 13 选择多边形工具，在画面中单击鼠标，在打开的“多边形”对话框中，设置“边数”值为5、“星形内陷”值为60%，单击“确定”按钮，如下左图所示。

步骤 14 接着按住Shift键，单击鼠标左键并进行拖动，绘制出星形，并对其颜色进行填充。重复此步骤，再多绘制一些星形，然后调整它们的大小和位置，效果如下右图所示。

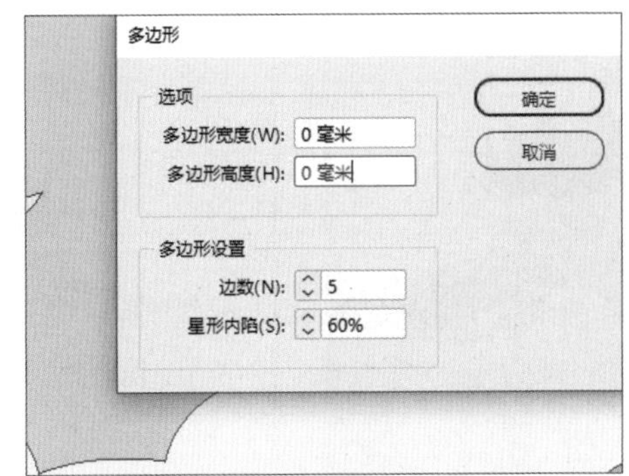

步骤 15 此时，风景画的整体颜色偏灰。为了使画面效果更好，可以在“图层”面板中单击“图层1”，将它取消图层锁定，然后选中矩形的背景，将背景的填充色进行更换。至此，风景插画就绘制完成了，最终效果如右图所示。

3.3 选择工具组

InDesign的图形编辑功能强大且灵活，允许用户对图形进行精细的调整和定制，以满足各种设计需求。本节我们将对InDesign选择工具组中各工具的应用进行介绍。

3.3.1 选择工具

在工具栏中，单击选择工具，然后将光标置于图像上，当光标变为图标时，单击鼠标即可选取对象，如左图所示。单击空白处可以取消选取状态。将光标移动到接近图像中心时，光标变为抓手图标，如下中图所示。此时，单击鼠标即可选取限位框内的图像，如下右图所示。

3.3.2 直接选择工具

当光标置于图像上时，直接选择工具会自动变为抓手工具，如左图所示。此时单击鼠标，可选取限位框内的图像。按住鼠标左键，将图像拖动到适当的位置，如右图所示。释放鼠标后，可以看到图像移动了，限位框并没有移动。

3.4 变换工具组

在InDesign中，可以使用强大的图形变换功能对图形进行编辑，如旋转、缩放、切变等。

3.4.1 旋转工具

InDesign中的旋转工具是非常实用的。它允许用户轻松地对图形、文本框等元素进行旋转操作，以满足设计的需要。

（1）使用自由变换工具

选取需要旋转的图像，如下左图所示。选择工具箱中的自由变换工具，图像的外围会出现限位框。将光标放在限位框的外围，当它变为旋转符号时，按住鼠标左键旋转图像，将图像旋转到所需要的角度后，释放鼠标，图像的旋转效果如下右图所示。如果在旋转图形前按住Shift键，图像则会以45° 及其整倍数的角度进行旋转。

（2）使用旋转工具

选取需要旋转的图像，选择旋转工具，图像的中心点会出现旋转中心图标。将光标移动到旋转中心上，在所选图像的外围拖动鼠标，对图像进行旋转，如下左图所示。旋转后的图像效果，如下右图所示。

提示：如何改变围绕的旋转中心

使用旋转工具，首先需要在工作区界面上选择需要旋转的对象。然后，用户可以选中并调节旋转中心点的位置，或在所需要的地方直接点击鼠标，创建新的中心点。

3.4.2 缩放工具

在InDesign中，缩放工具的使用是非常灵活方便的。它允许用户精确地调整对象的大小，以满足设计需求。

（1）使用自由变换工具

在菜单栏中单击选择工具，选取需要缩放的图像。当图像的外围出现限位框后，在菜单栏中选择自由变换工具，拖动限位框右上角的控制手柄，如下左图所示。按住鼠标左键，将所选对象的限位框拖动至合适位置。此处为了凸显缩放展示的对比效果，使用直接选择工具保留了原始限位框，如下右图所示。

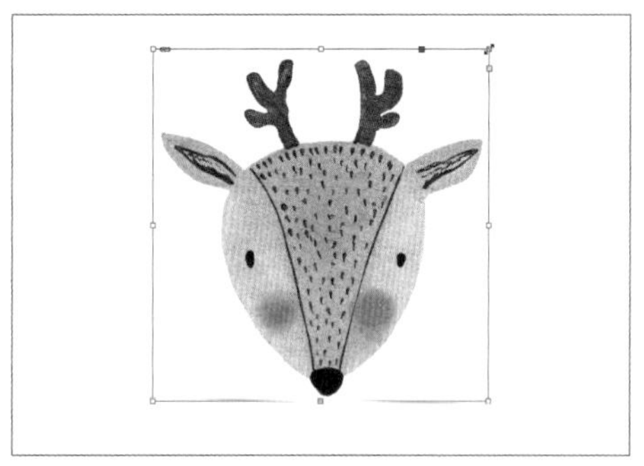

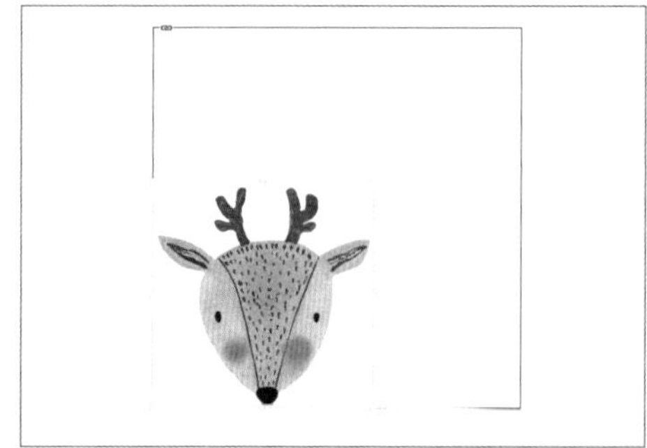

（2）使用旋转工具

在菜单栏中单击选择工具，选取需要缩放的图像，接着在菜单栏中选择缩放工具，此时图像上会出现缩放控制点，如下左图所示。单击并按住鼠标左键，将中心的控制点拖动到适当的位置，再将对角线上的控制手柄拖动到所需要的位置。释放鼠标后，图象的缩放效果如下右图所示。同上，此处为了凸显缩放展示的对比效果，选择直接选择工具保留了原始限位框。

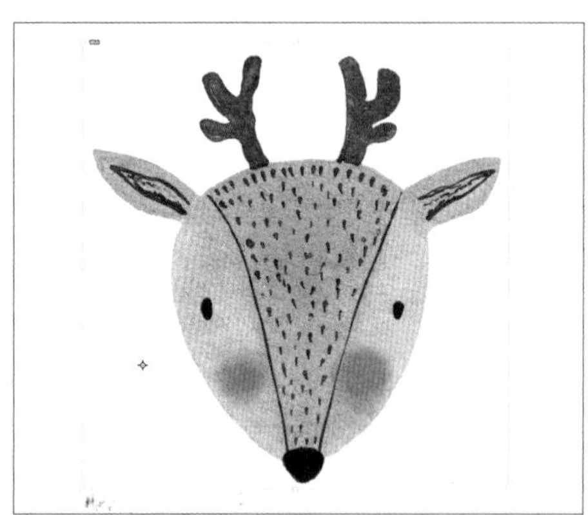

提示：为什么会变形

拖动对角线的控制手柄时，一定要按住Shift键，图像才会等比例进行缩放。若是按住快捷键Shift + Alt，图像则会以中心点等比例进行缩放。否则会像右图一样产生变形。

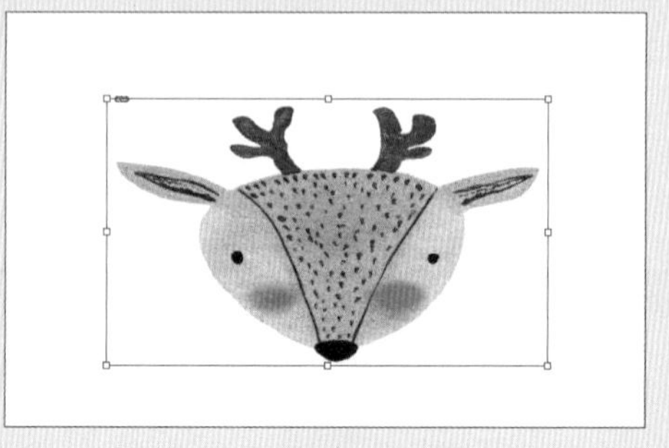

3.4.3 切变工具

在菜单栏中单击选择工具▶，选取需要倾斜变形的对象，接着在工具栏中选择切变工具，用光标拖动图像，将图像倾斜变形到所需要的角度后，释放鼠标。图像的倾斜变形效果，如右图所示。

3.4.4 水平与垂直翻转

在InDesign中，水平和垂直翻转操作都非常容易，而且不会影响图形的其他属性，如大小、颜色等。

（1）水平翻转

在菜单栏中单击选择工具▶，选取需要翻转的图像，在菜单栏中执行“对象>变换>水平翻转”命令，如下左图所示，即可使图像沿水平方向翻转，效果如下右图所示。

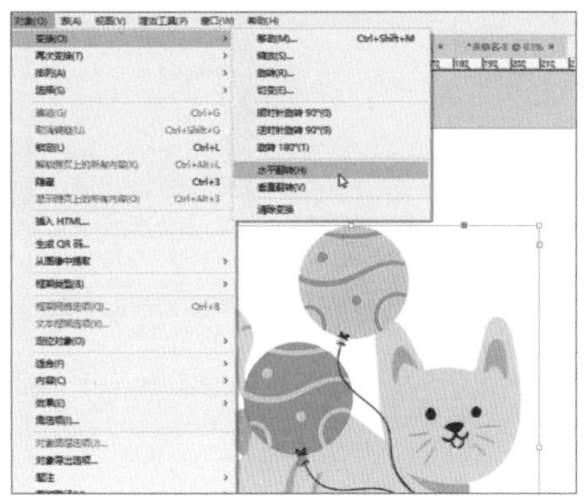

另一种方法是使用选择工具▶，选取需要翻转的图像，并单击鼠标右键，在快捷菜单中选择“水平翻转”选项，如下左图所示，即可使图像沿水平方向翻转，效果如下右图所示。

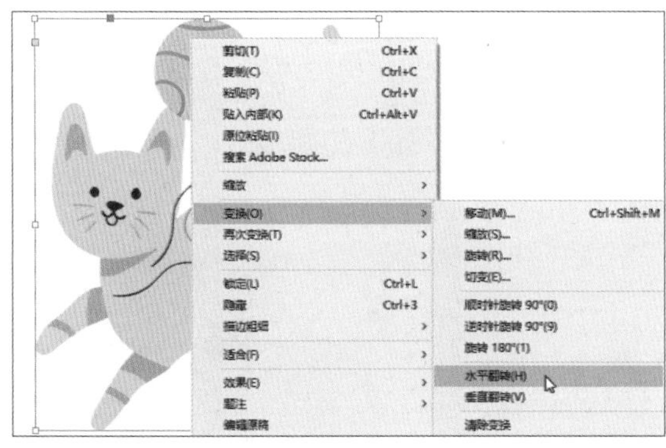

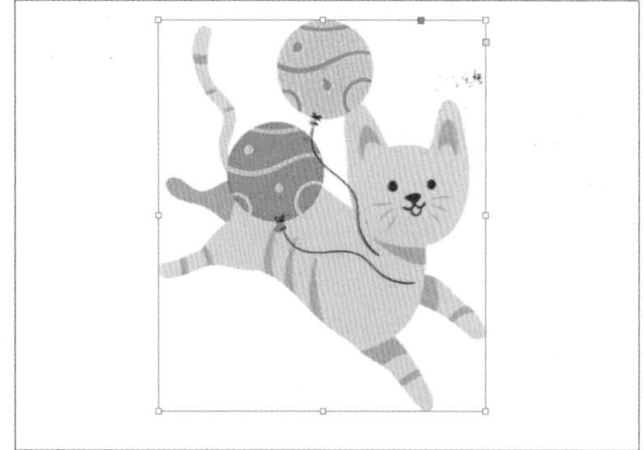

（2）垂直翻转

在菜单栏中单击选择工具▶，选取需要翻转的图像，在菜单栏中执行“对象>变换>垂直翻转”命令，如下左图所示，即可使图像沿垂直方向翻转，效果如下右图所示。

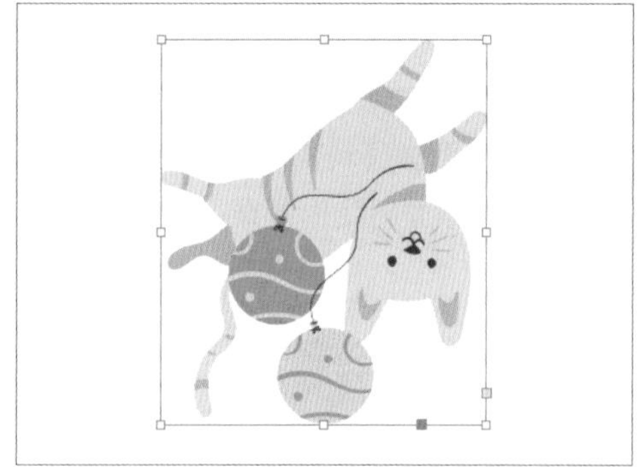

另一种方法是使用选择工具▶，选取需要翻转的图像，并单击鼠标右键，在快捷菜单中选择“垂直翻转”选项，如下左图所示，即可使图像沿垂直方向翻转，效果如下右图所示。

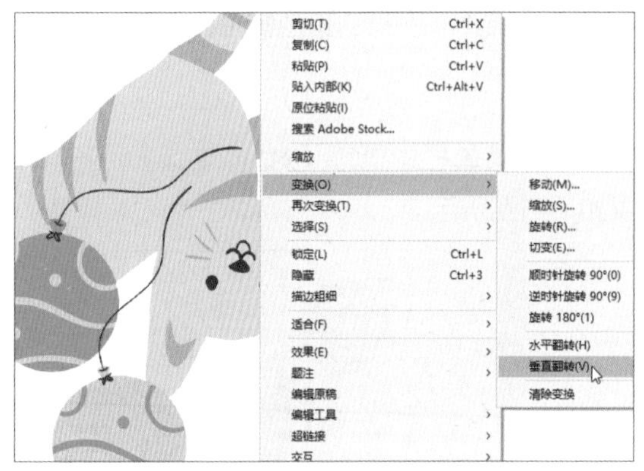

3.4.5　路径查找器

路径查找器是一个功能非常强大的工具。它允许用户通过特定的形状模式对重叠的图形进行添加、减去、交叉或排除重叠等操作。

(1) 添加功能

添加是将多个图形结合成一个图形，新的图形轮廓由被添加图形的边界组成，被添加图形的交叉线都将消失。

使用选择工具▶，选取所需要的图形对象，如下左图所示。在菜单栏中执行“窗口>对象和版面>路径查找器”命令，在弹出的“路径查找器”面板中，单击“相加”按钮，如下中图所示。将几个图形相加后，生成的新图形的边框和颜色将会与最前面的图形对象相同，效果如下右图所示。

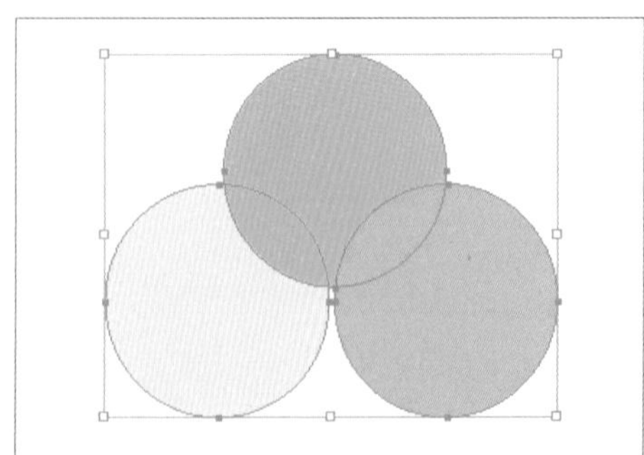
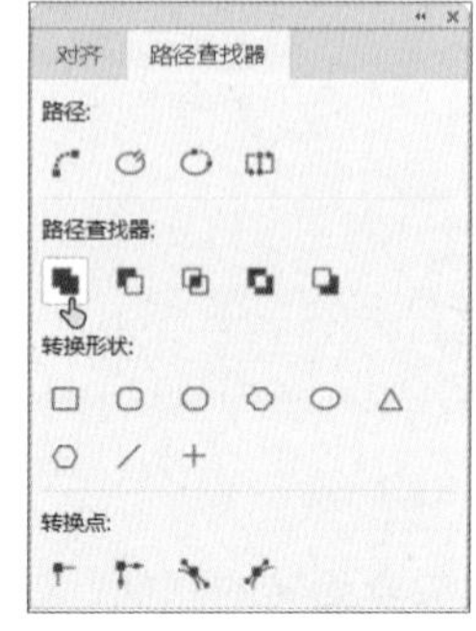

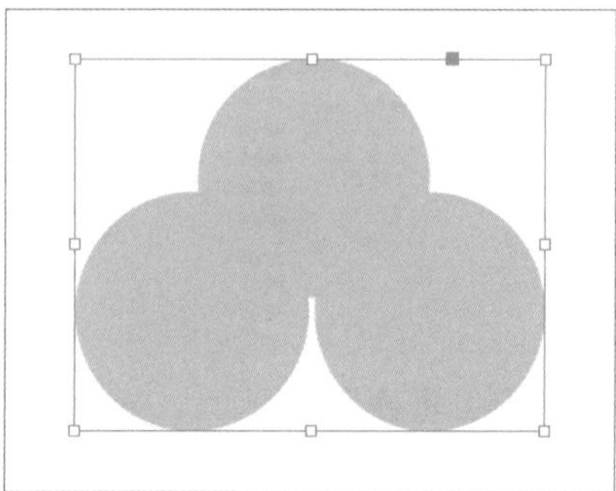

（2）减去

减去是从最下面的图形中减去上面的图形，被减后的图形保留其填充和描边属性。

选择选择工具▶，选取所需要的图形对象，如下左图所示。在菜单栏中执行“窗口>对象和版面>路径查找器”命令，在弹出的“路径查找器”面板中，单击“减去”按钮，如下中图所示。将几个图形相减后，生成的新图形会保留原层图形的属性，效果如下右图所示。

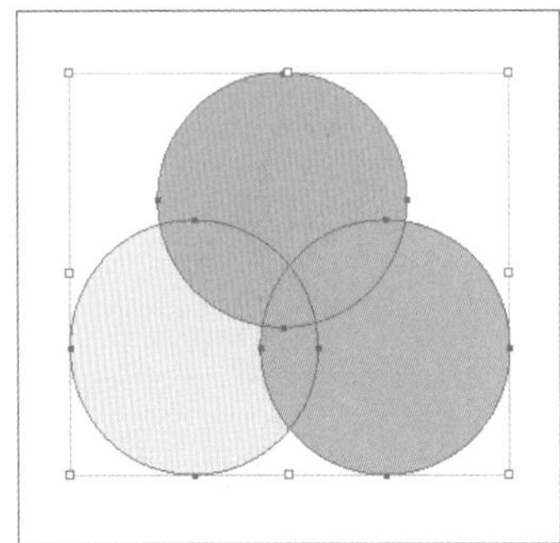
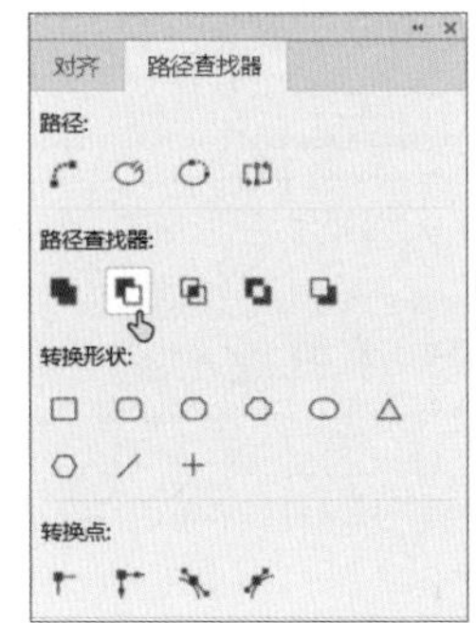

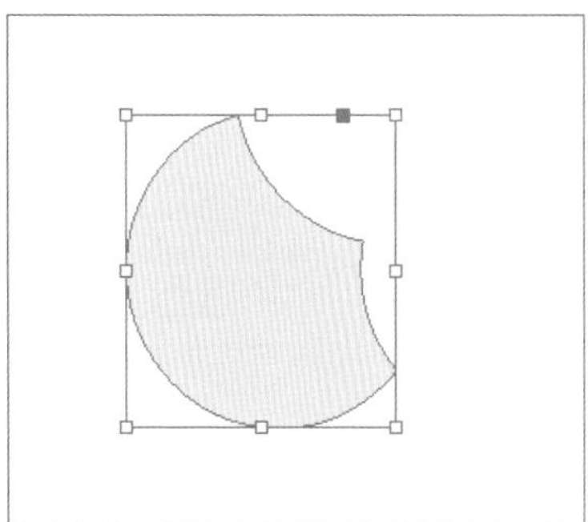

（3）交叉

交叉是将两个或两个以上图形的相交部分保留，使相交的部分成为一个新的图形。

选择选择工具▶，选取所需要的图形对象，如下左图所示。在菜单栏中执行“窗口>对象和版面>路径查找器”命令，在弹出的“路径查找器”面板中，单击“交叉”按钮，如下中图所示。将几个图形相交后，生成的新图形会保留最前面的图形的属性，效果如下右图所示。

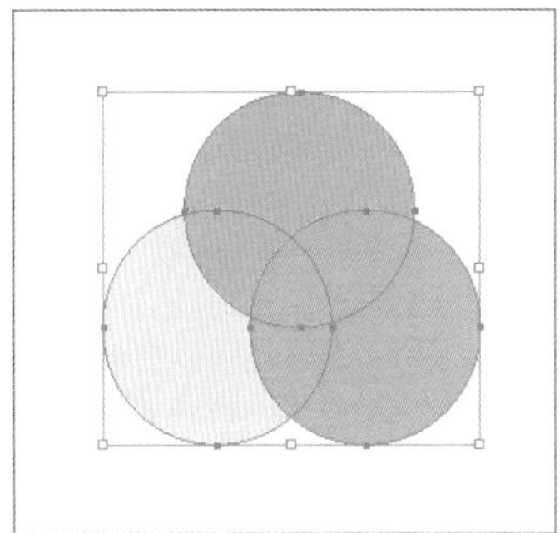

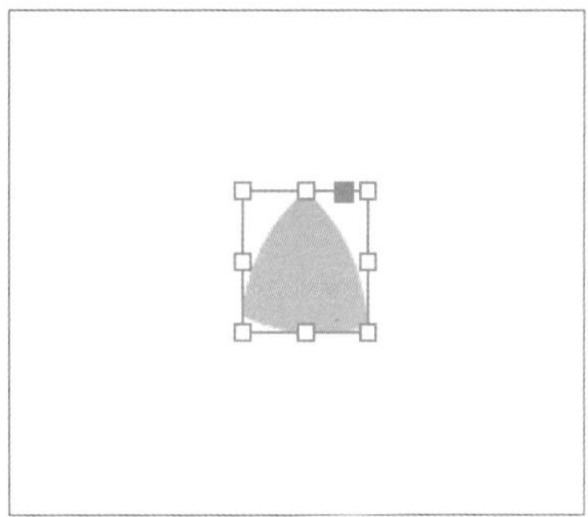

（4）排除重叠

排除重叠是减去前后图形的重叠部分，将不重叠的部分重新创建图形。

使用选择工具▶，选取所需要的图形对象，如下左图所示。在菜单栏中执行“窗口>对象和版面>路径查找器”命令，在弹出的“路径查找器”面板中，单击“排除重叠”按钮，如下中图所示。将几个图形重叠的部分减去后，生成的新图形会保留最前面的图形的属性，效果如下右图所示。

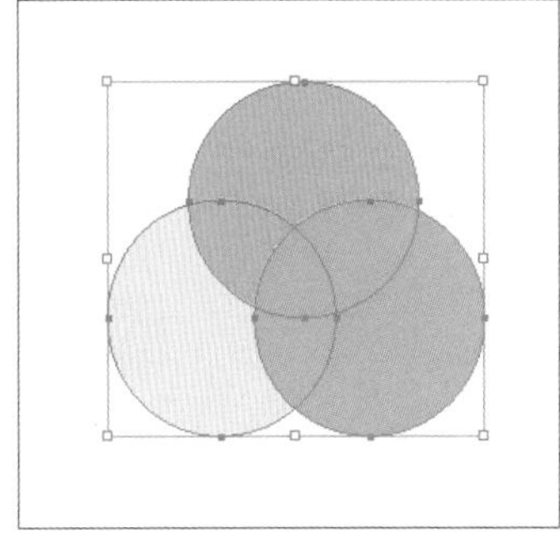
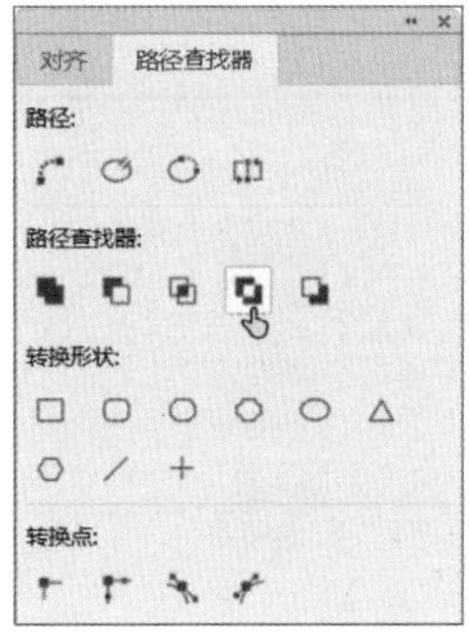

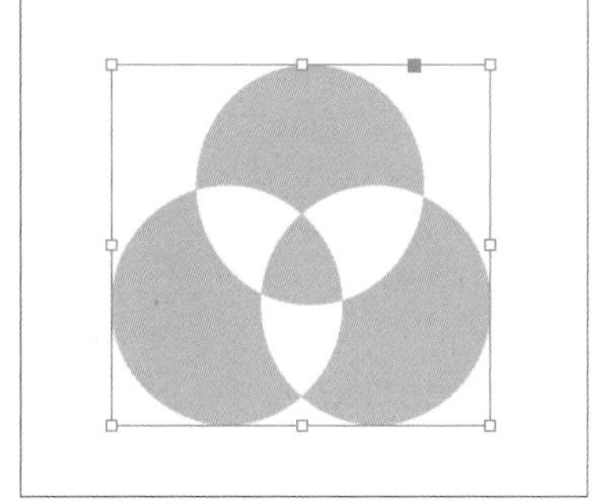

（5）减去后方对象

减去后方对象是从最前面的图形中减去后面图形，并减去前后图形的重叠部分，保留前面图形的剩余部分。

使用选择工具▶，选取所需要的图形对象，如下左图所示。在菜单栏中执行“窗口>对象和版面>路径查找器”命令，在弹出的“路径查找器”面板中，单击“减去后方对象”按钮，如下中图所示。将后方的图形减去后，生成的新图形会保留最前面图形的属性，效果如下右图所示。

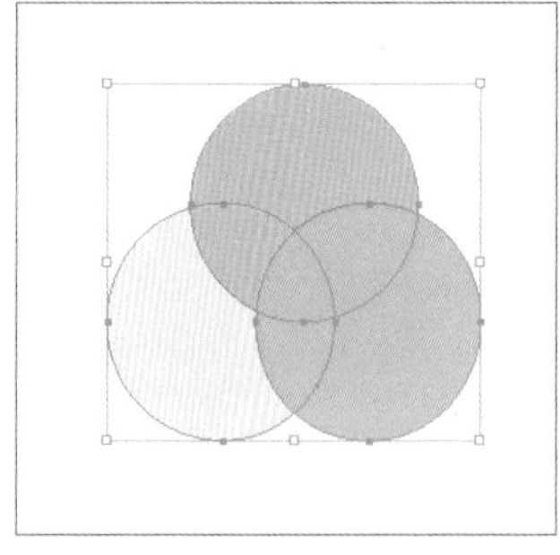

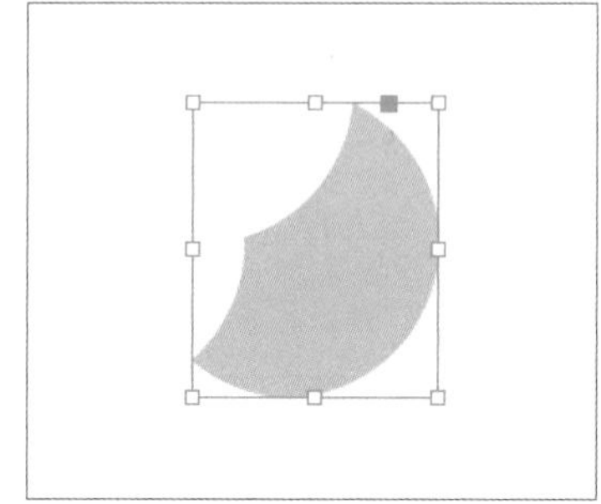

3.4.6 图形的对齐和排序

在InDesign中，图形的对齐能确保元素之间协调一致，提升设计的整体美感；排序则灵活多变，可根据需求进行设置，使页面布局既美观又实用。

（1）对齐

在菜单栏中执行“窗口>对象和版面>对齐”命令，或按下快捷键Shift＋F7，弹出“对齐”面板，如下左图所示。其中包括6个对齐命令，从左到右分别为“左对齐”“水平居中对齐”“右对齐”“顶页对齐”“垂直居中对齐”和“底对齐”按钮。使用选择工具框选背景与橙子图像，如下中图所示。这里以选择“对齐关键对象”为例，如下右图所示。

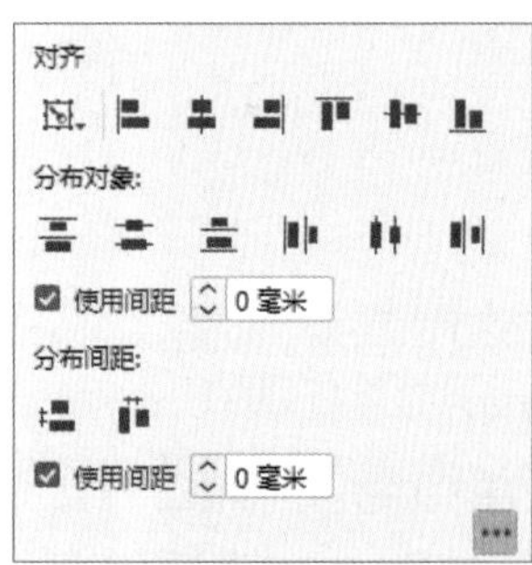

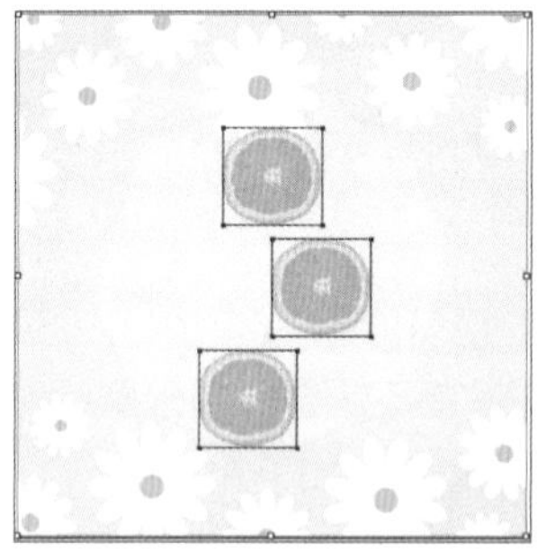

按照需要的对齐方式，单击相应的对齐按钮。左对齐的效果，如下左图所示；水平居中对齐的效果，如下中图所示；右对齐的效果，如下右图所示。

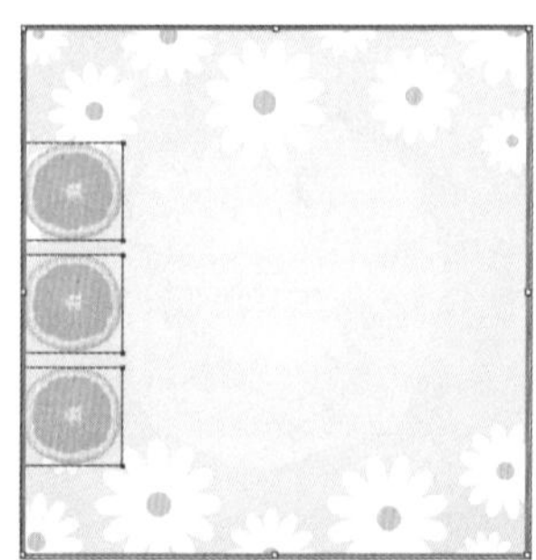

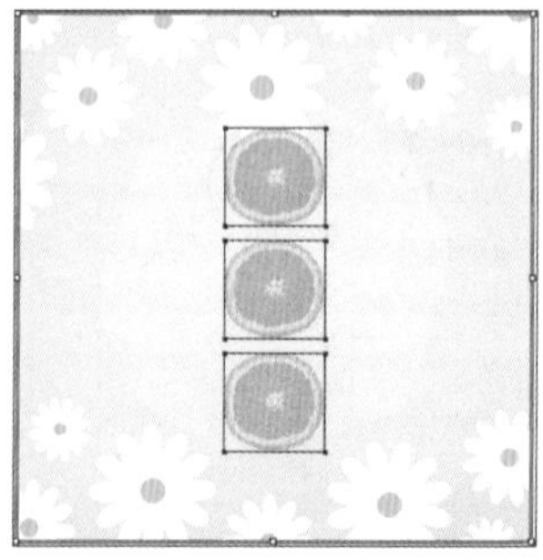

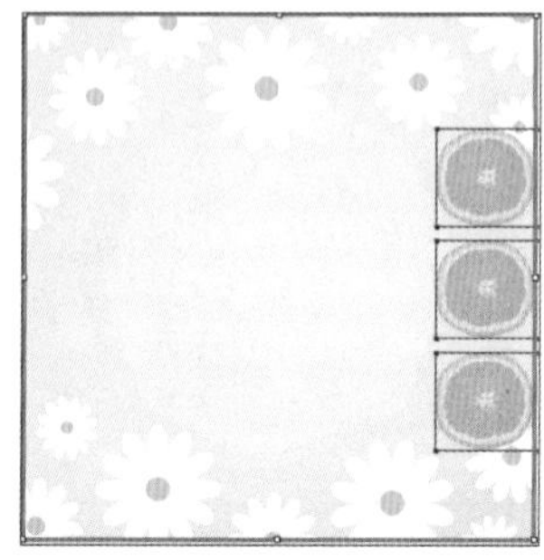

同时选中三个橙子图像，对其进行编组。执行顶页对齐的效果，如下左图所示；垂直居中对齐的效果，如下中图所示；底对齐的效果，如下右图所示。

（2）排序

选取需要移动的图像，在菜单栏中执行“对象>排列”命令，如下左图所示。其中包括“置于顶层”“前移一层”“后移一层”和“置为底层”4个命令。在三个堆叠的图形中，使用选择工具选中小象，如下右图所示。

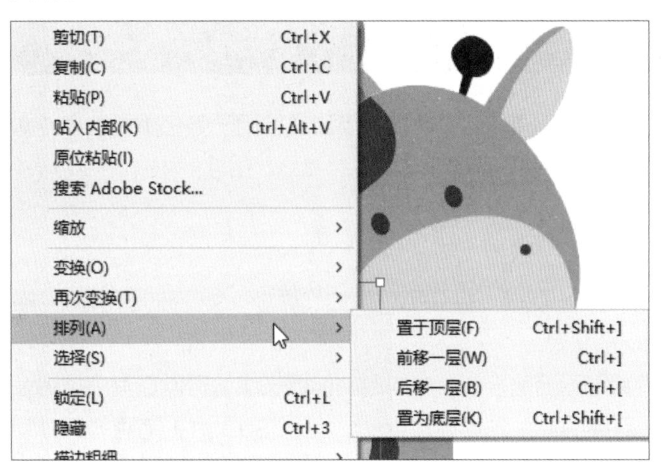

执行“置于顶层”命令，排序效果如下左图所示；执行“前移一层”命令，排序效果如下右图所示。

使用选择工具，选中长颈鹿，执行“置为底层”命令，排序效果如下左图所示。执行“后移一层”命令，排序效果如下右图所示。

3.5 描边与填色

InDesign中，描边与填色是图形设计和排版中非常重要的两个功能。描边通常用于强化重要信息或增加设计的美感；填色则是用于填充图形或文本框的颜色，使画面更加丰富。

3.5.1 描边

在菜单栏中执行“窗口>描边”命令，或按下F10功能键，会弹出“描边”面板，如下左图所示。“描边”面板主要用来设置图像笔画的属性，如粗细、形状等。

在“描边”面板中，“斜接限制”选项可以设置笔画沿路径改变方向时的伸展长度。可以在其下拉列表中调整数值，也可以直接输入合适的数值。将“斜接限制”选项设置为“1”和“20”时，笔画效果分别如下中图和下右图所示。

“端点”是指一段线条的首端和尾端，可以为笔画的首端和尾端选择不同的端点样式来改变笔画末端的形状。“描边”面板中有三个不同端点样式的按钮：平头端点、圆头端点、投射末端。绘制一段线条，选定需要的端点样式，会应用到相应的笔画中，效果分别如下页三张图中所示。

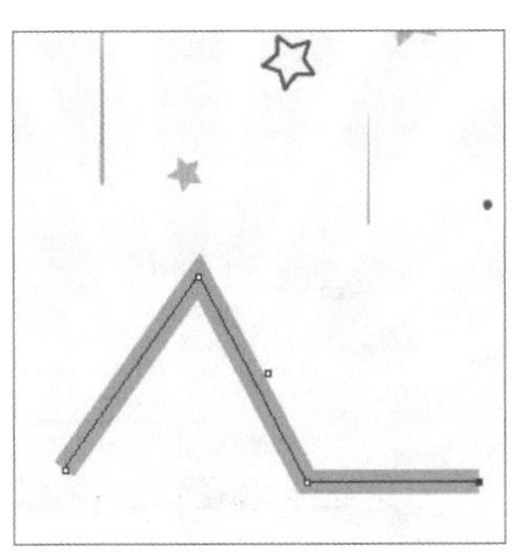

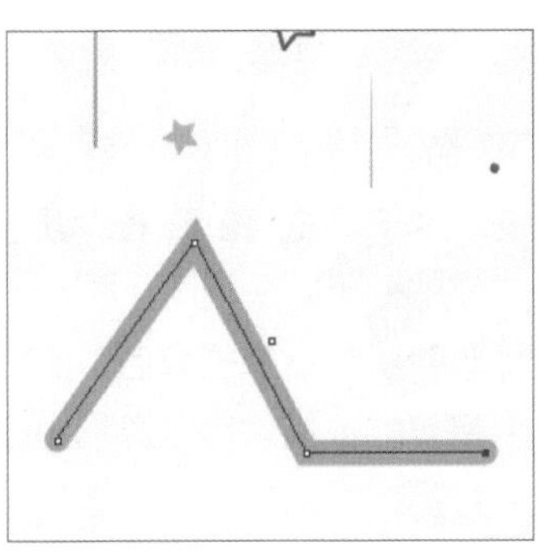

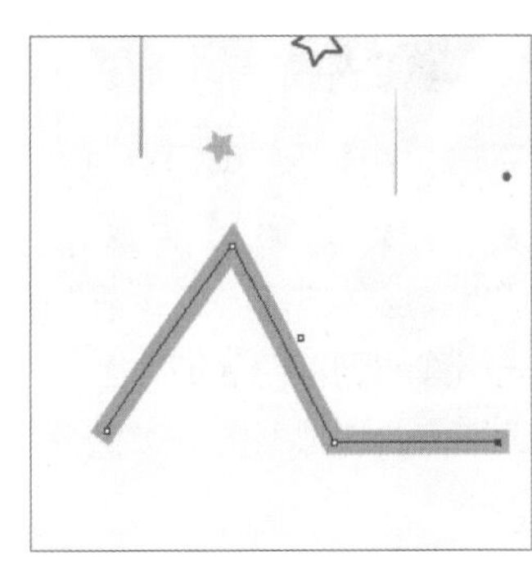

“连接”选项用于设置一段线条的拐点。连接样式是指笔画拐角处的形状。该选项中有斜接连接、圆角连接和斜面连接三种不同的转角连接样式，应用效果如下面三张图所示。

“对齐描边”是指在路径的内部、中间、外部设置描边。该选项中有描边对齐中心、描边居内和描边居外三种样式。将这三种样式应用到选定的笔画中，对应的效果如下面三张图所示。

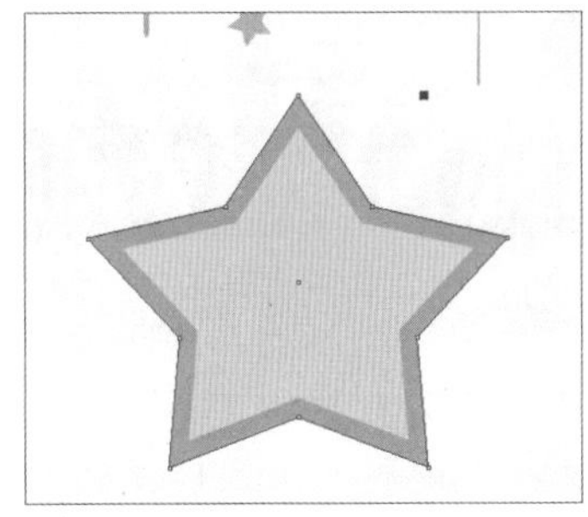

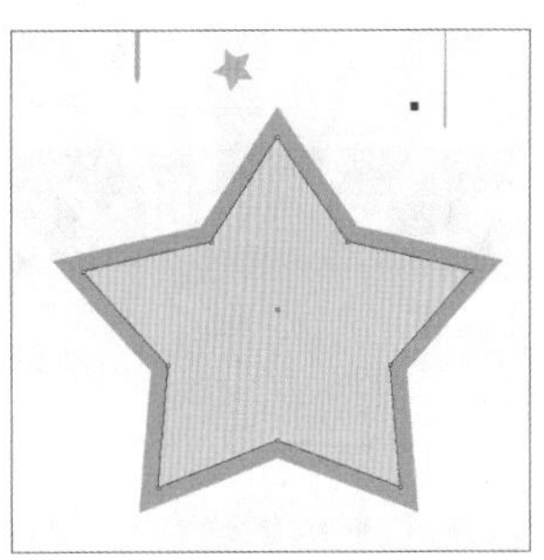

在“描边”面板的“类型”下拉列表中，可以选择不同的描边类型，如下左图所示。在“起始处/结束处”下拉列表中，可以选择线段的首端和尾端的形状样式，如下中图和下右图所示。

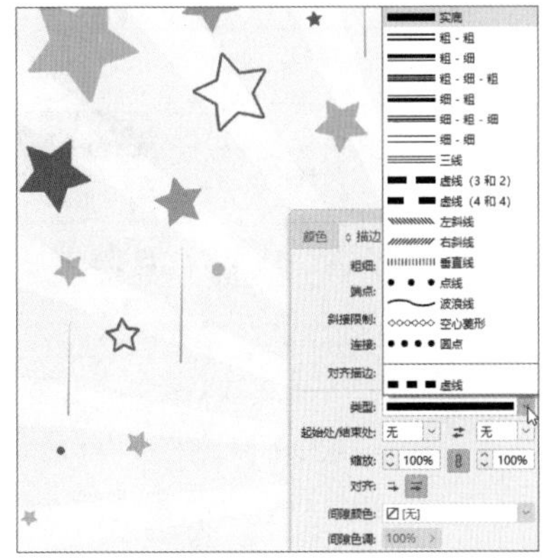

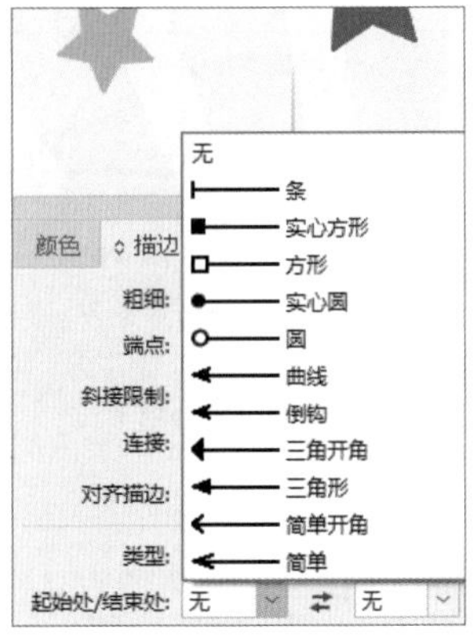

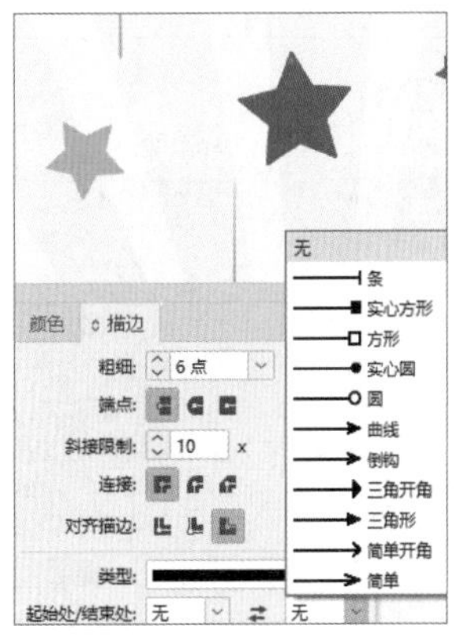

3.5.2 填色

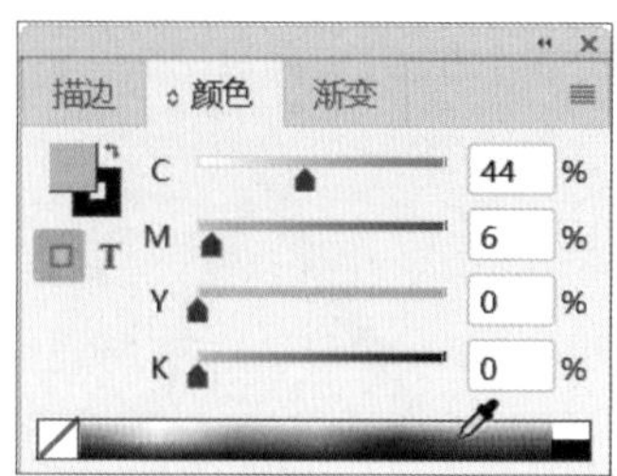

在菜单栏中执行“窗口>颜色>颜色”命令，或按下F6功能键，会弹出“颜色”面板。“颜色”面板上的按钮用于填充颜色和描边颜色之间的互相切换，操作方法与工具箱中的按钮的使用方法相同。

将光标移动到取色区域，当光标变为吸管状时，单击取色，如右图所示。拖动取色滑块或在各个数值框中输入需要的数值，可以调配出更精确的颜色。

知识延伸：像素和分辨率

像素和分辨率是数字图像处理中的两个核心概念。它们紧密相关，且对图像质量有着显著影响。

像素是构成数字图像的基本单元，每个像素都包含特定的颜色和亮度信息。一幅图像的像素数量越多，就越能展现出更多的细节和更丰富的色彩。

分辨率则描述了单位长度内像素的总和，通常用来衡量图像的精细程度。高分辨率意味着图像中包含更多的像素，从而能够展现出更清晰的图像和更多的细节。因此，高分辨率的图像在放大或打印时，仍能保持良好的清晰度。像素和分辨率的选择，需要根据在实际应用中的具体需求来确定。例如，在网页设计中，考虑到加载速度和显示效果，通常会选择适当的像素和分辨率来平衡图像质量和加载时间；而在专业摄影或打印领域，则可能需要更高的像素和分辨率来满足更高的图像质量要求。

上机实训：绘制小青蛙形象插画

扫码看视频

学习完本章内容后，相信用户对InDesign的基本绘图工具的相关知识与操作技巧有了一定的了解。下面以制作一个动物形象的插画，来巩固本章所学内容，具体操作如下。

步骤 01 打开InDesign 2024，执行“文件>新建>文档”命令，或按下快捷键Ctrl＋N，在打开的“新建文档”对话框中设置相关参数，单击“边距和分栏”按钮，如下左图所示。

步骤 02 在弹出的“新建边距和分栏”对话框中，进行如下右图的参数设置后，单击“确定”按钮，新建一个页面。

步骤 03 在工具栏中选择矩形工具，按住Shift键，再按住鼠标左键并进行拖动，绘制出与画布的大小和位置相同的矩形，并且为矩形填充颜色，如下左图所示。

步骤 04 在工具栏中选择椭圆形工具，按住鼠标左键并进行拖动，绘制出一个椭圆形，并且为椭圆形填充颜色，如下右图所示。

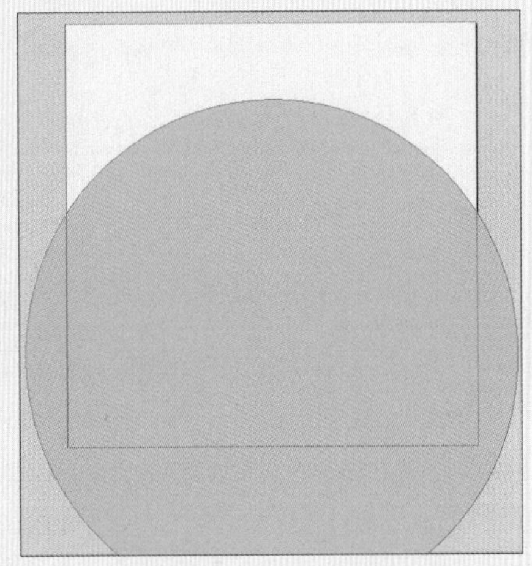

步骤 05 再次使用矩形工具，绘制一个与页面的位置和大小相同的矩形，不需要填充颜色与描边，将椭圆形置于顶层。使用选择工具选中新绘制的矩形和椭圆形，接着执行“窗口>对象和版面>路径查找器”命令，在“路径查找器”面板中单击“交叉”按钮，如下左图所示。

步骤 06 操作完成后，只保留了矩形与椭圆形的交叉部分，适当修改一下颜色，小青蛙的身体部分即制作完成，如下右图所示。

步骤 07 接着，选择椭圆形工具，按住Shift键，再按住鼠标左键并进行拖动，绘制出一个正圆形。按下Alt键，再按住鼠标左键拖动正圆形，进行快速地复制，然后调整两个正圆形的位置，如右图所示。

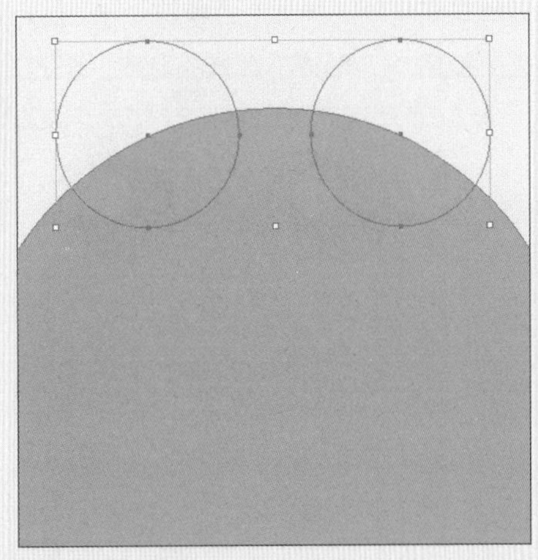

步骤08 使用选择工具，选中两个正圆形，再使用吸管工具吸取椭圆形的颜色，给两个正圆形填充颜色。这样，小青蛙就有了初步雏形，如右图所示。

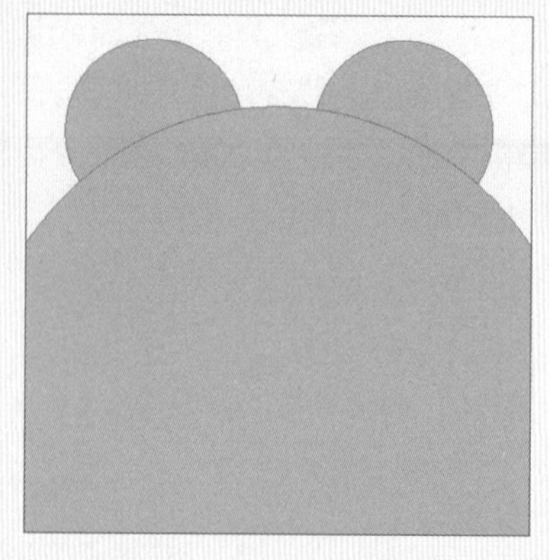

步骤09 选择椭圆形工具，按住Shift键，再按住鼠标左键并进行拖动，绘制出两个正圆形，调整它们的大小和位置，并为它们填充黑色与白色，形成小青蛙的眼珠。可以单击鼠标右键，对眼珠部分进行编组，防止它们在移动过程中错位。接着，将眼珠复制到另一边，效果如下左图所示。

步骤10 选择椭圆形工具，按住鼠标左键并进行拖动，绘制出两个椭圆形，调整它们的大小和位置，并为它们填充颜色，形成小青蛙的鼻孔，如下右图所示。

步骤11 选择钢笔工具，单击鼠标创建锚点。在创建第二个锚点时，按住鼠标左键并进行拖动，调整其弧度和方向，形成小青蛙的嘴巴。在“属性”面板中，设置“描边”值为8，并设置描边颜色。然后，选择椭圆形工具，按住Shift键，绘制出两个正圆，调整它们的大小和位置，并为它们填充颜色形成小青蛙的腮红，如下左图所示。

步骤12 最后，使用椭圆形工具在小青蛙身体上绘制一个椭圆形，并为其填充颜色。使用选择工具，选中小青蛙身体与新绘制的椭圆形，执行“窗口>对象和版面>路径查找器”命令，在“路径查找器”面板中单击“减去”按钮，形成小青蛙的肚皮。至此，小青蛙形象插画就完成了，如下右图所示。

课后练习

一、选择题（部分多选）

（1）InDesign中，可以进行基本图形绘制的工具包括（　　）等。

A. 矩形工具　　B. 椭圆工具

C. 多边形工具　　D. 钢笔工具

（2）InDesign中的变换工具组可以进行（　　）等操作。

A. 旋转　　B. 缩放

C. 切变　　D. 翻转

（3）InDesign的“描边”面板中，三个“端点”功能有（　　）。

A. 平头端点　　B. 圆头端点

C. 投射末端　　D. 方头端点

二、填空题

（1）InDesign中，“减去”是指在________的图形中减去________的图形，被减后的图形保留其填充和描边属性。

（2）在绘制矩形时，按住________键，再进行绘制，可以绘制出一个正方形。

（3）InDesign中，路径分为________、________和________三种类型。

三、上机题

根据本章所学内容，尝试进行简单的图形绘制，得到的杯子图形效果，如下图所示。

操作提示

① 熟练使用钢笔工具，完成路径的绘制。

② 灵活使用直接选择工具，对路径进行调整。

③ 熟练使用描边和填色功能，在完成路径的绘制后，加强完成度。

Id 第4章 高级绘图

本章概述

这一章主要对绘制图形的颜色应用方面进行讲解，包括颜色工具的使用、配色的窍门、颜色的混合，以及效果面板的功能。掌握这些内容，有助于制作出更好看的图形效果。

核心知识点

① 了解InDesign中颜色的类型
② 熟悉颜色工具的基本操作
③ 熟悉混色的应用
④ 熟悉效果面板的功能及应用

4.1 颜色类型

在InDesign中，颜色类型主要分为专色和印刷色。这两种颜色类型与商业印刷中使用的两种主要的油墨类型相对应。专色油墨是指一种预先混合好的特定颜色油墨，如金色、银色等，它不是通过CMYK四色混合得到的，而是专门调配的。印刷色则是通过CMYK四色油墨混合得到的广泛颜色，主要应用于印刷和打印行业。在印刷过程中，印刷机使用四个印版分别装载对应的油墨，通过透明叠加这些油墨来精确地再现彩色图像，如下左图所示。

在InDesign的“色板”面板中，可以通过在颜色名称旁边显示的图标来识别该颜色的颜色类型。选择正确的颜色类型对于出版设计至关重要，因为它直接影响到最终的印刷效果。此外，对路径和框架应用颜色时，需要考虑到出版该图稿的最终媒介，以便使用最合适的颜色模式应用颜色。例如，如果设计是用于印刷的，那么CMYK模式可能更为合适；如果设计是用于屏幕显示的，那么RGB模式可能更为合适。另外，如果颜色应用工作流程涉及在设备间传输文档，可以使用颜色管理系统（CMS）在整个过程中帮助保持和调整颜色，这可以确保在不同设备和媒介上颜色的一致性，如下右图所示。

总的来说，了解并正确选择颜色类型，对于确保InDesign中设计的准确性和一致性至关重要。用户可以根据设计的目的和最终的输出媒介，选择合适的颜色类型和颜色模式。

4.2 颜色模式

在InDesign中，常用的颜色模式主要包括RGB、CMYK和Lab三种。每种模式的图像描述、重现色彩的原理及所能显示的颜色数量各不相同。

（1）RGB模式

它是基于红（R）、绿（G）、蓝（B）三种基本色的加色模式。在RGB模式下，通过不同比例的基本色的混合，可以呈现出丰富多彩的颜色。RGB模式主要用于屏幕显示和数字媒体设计，因为它能够很好地匹配大多数显示屏的发光方式，如下左图所示。

（2）CMYK模式

它是基于青（C）、洋红（M）、黄（Y）和黑（K）四种油墨的减色模式。CMYK模式主要用于印刷行业。在印刷过程中，油墨的混合和反射原理与RGB模式不同。在CMYK模式下，通过不同比例的油墨混合，可以模拟出各种颜色，如下右图所示。

（3）Lab模式

Lab模式是一个不依赖于设备的颜色系统，以数字方式来描述人的视觉感受。Lab模式包含了RGB和CMYK的所有颜色，因此其色彩空间比前两者都要大。Lab模式主要用于在不同颜色模式之间进行转换，以保证颜色的一致性。

在InDesign中，新建文档时默认的颜色模式通常是CMYK，因为InDesign主要用于印刷品的设计。然而，对于网页和其他数字媒体的设计而言，RGB模式可能更为合适。用户可以根据实际需要选择合适的颜色模式，并在必要时进行颜色模式之间的转换。

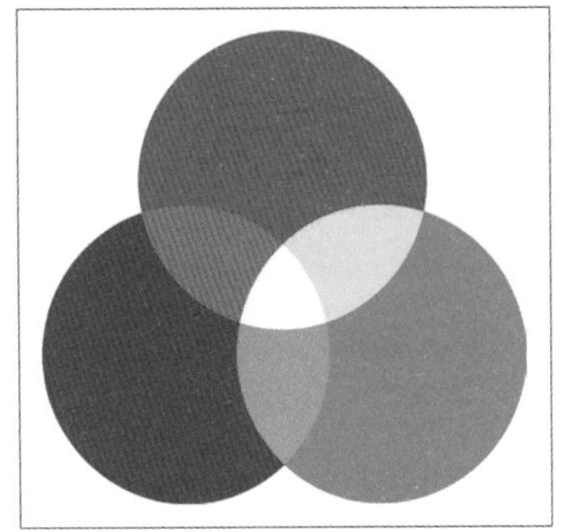

4.3 颜色工具应用

在InDesign中，颜色工具组是一个非常重要的功能集合，它允许用户对选中的对象进行精确的颜色控制和调整。如吸管工具，可以从其他对象中复制颜色格式，并将其应用于所选内容；渐变色板工具，可以为对象添加渐变色效果等。以下是颜色工具的功能与使用的介绍。

4.3.1 吸管工具

吸管工具可以将一个图形的属性（如描边、颜色、透明属性等）复制到另一个图形对象中，方便用户快速、准确地编辑属性相同的图形对象。

选择选择工具▶，选取如下左图中的蓝色圆形，再选择吸管工具，将光标放在需要被复制图形属性的黄色星形上，如下左图所示。单击鼠标，即可吸取黄色星形的图形属性，效果如下右图所示。

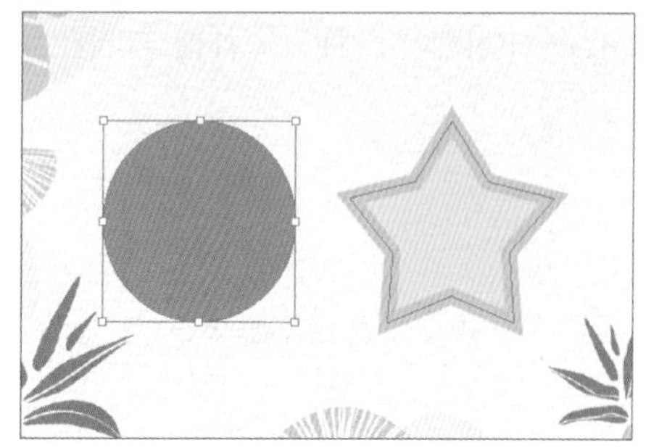
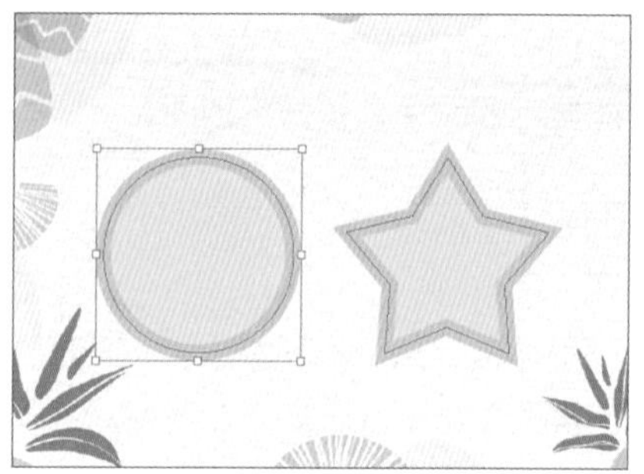

使用吸管工具吸取被选择图形的属性后，按住Alt键，吸管会由吸色状态转变方向并显示为空吸管状态，表示可以去吸取另一图形的属性了。

当吸管状态变成后，单击绿色矩形，如下左图所示。会看到刚刚吸取的黄色星形的图形属性，同样应用到了绿色矩形上，如下右图所示。

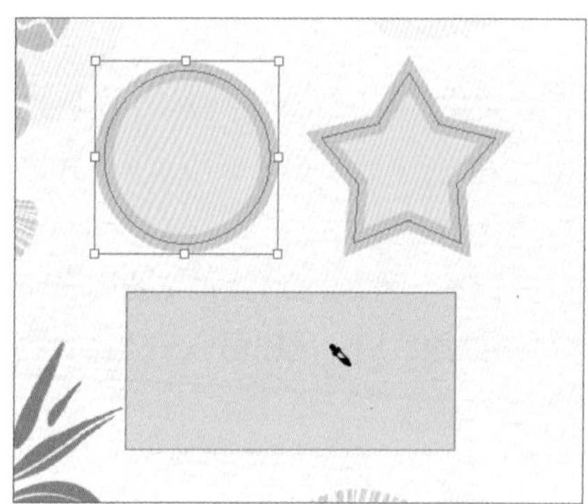

而如果按住Alt键，吸管状态由变成，这时单击绿色矩形，如下左图所示。可以看到，黄色圆形应用了绿色矩形的图形属性，如下右图所示。

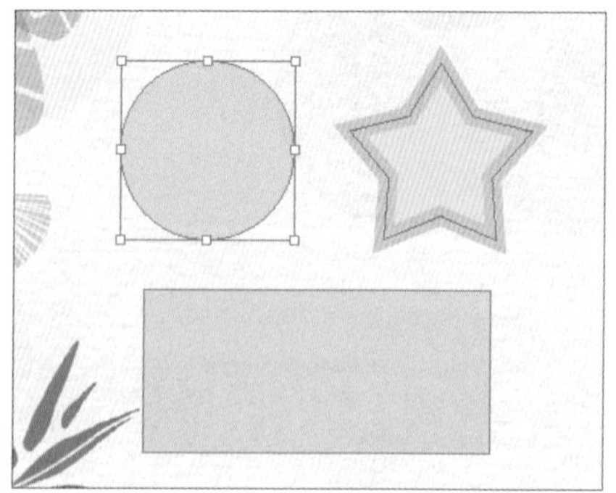

4.3.2 渐变色板工具

渐变色板工具是一种在设计和编辑过程中广泛使用的工具，它允许用户创建平滑的颜色过渡效果。

(1) 创建渐变填充

选取需要的图形，如下页左图所示。选择渐变色板工具，在图形中所选择的位置单击鼠标设置渐变的起点，按住鼠标左键并进行拖动，如下中图所示。释放鼠标后，即已确定渐变的终点。渐变填充的效果，如下右图所示。

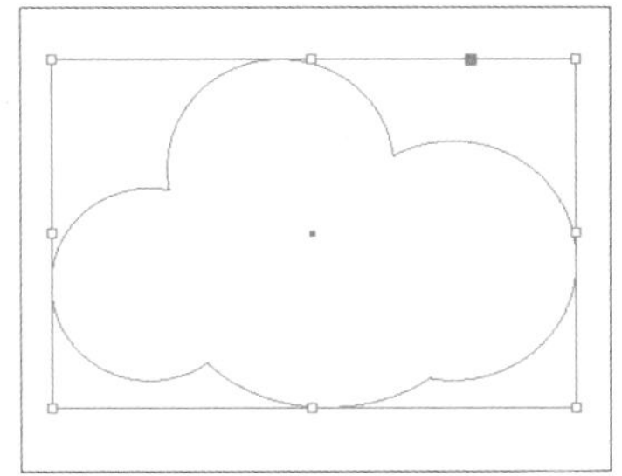
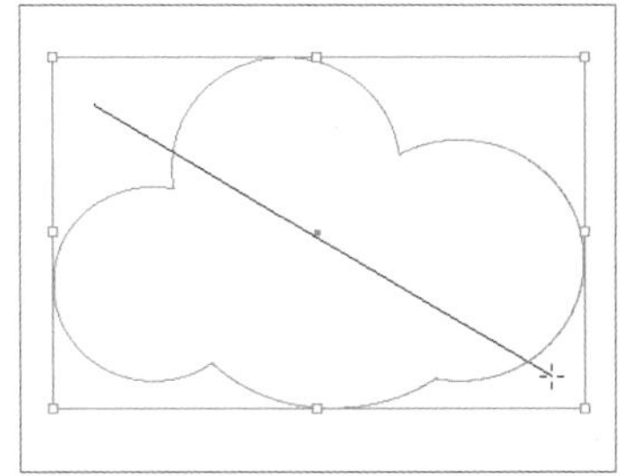

（2）渐变面板

在菜单栏中执行“窗口>颜色>渐变”命令，弹出“渐变”面板。在“渐变”面板的“类型”下拉列表中，选择“线性”或“径向”渐变选项，如下左图所示。在该面板中，还可以设置渐变的起始、中间和终止颜色，以及渐变的位置和角度，如下右图所示。

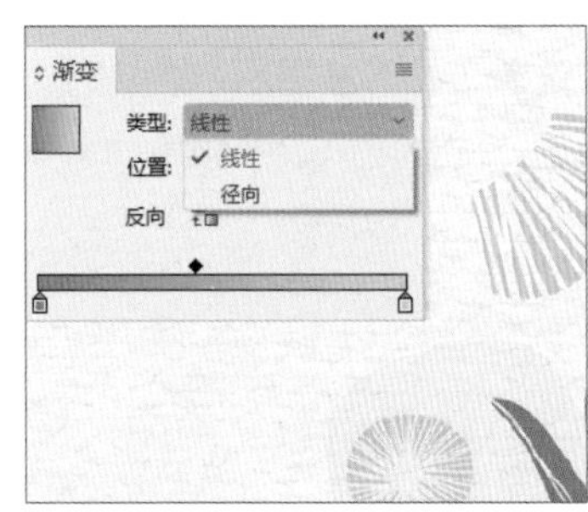

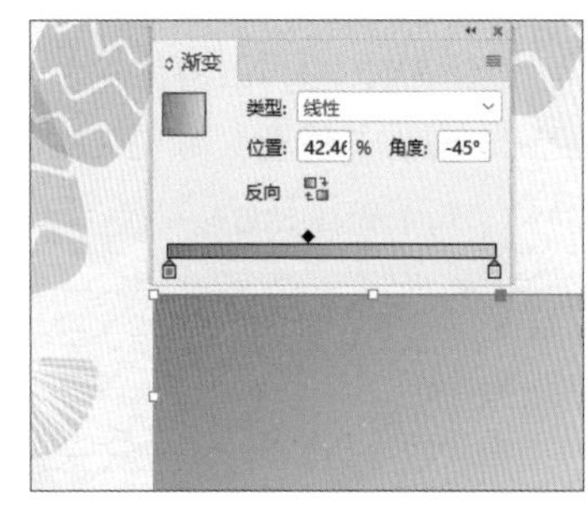

单击“渐变”面板下面的颜色滑块，在“位置”数值框中会显示该滑块在渐变颜色中的颜色位置百分比，如下左图所示。拖动该滑块，改变颜色位置的同时，也会改变颜色的渐变梯度，如下中图所示。单击“渐变”面板中的“反向”按钮，可将色谱条中的渐变反转，如下右图所示。

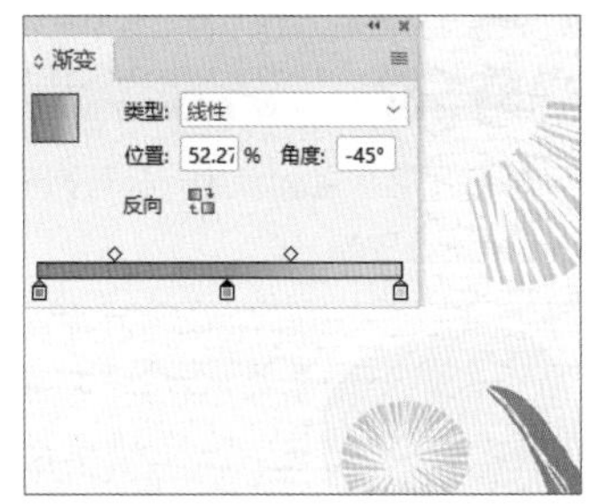

在渐变色谱条的底边单击，可以添加一个颜色滑块，如下左图所示。在“颜色”面板中可以调配颜色，也可以改变、添加滑块的颜色，如下中图所示。单击颜色滑块，并按住鼠标左键将其拖出到“渐变”面板外，可以直接删除颜色滑块，如下右图所示。

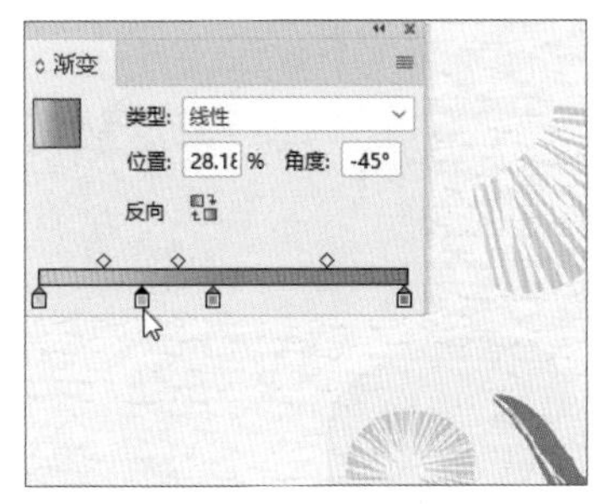

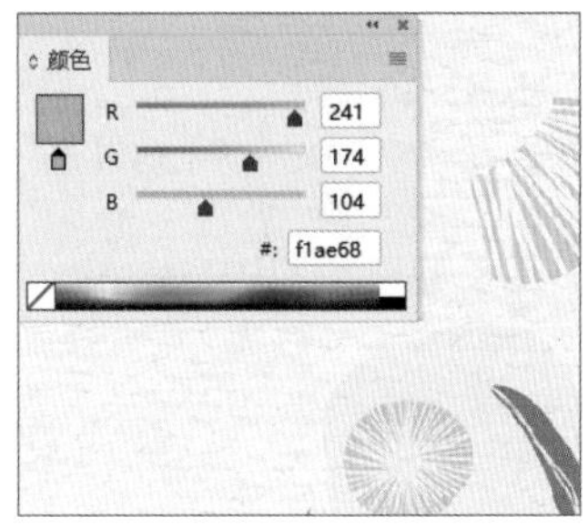

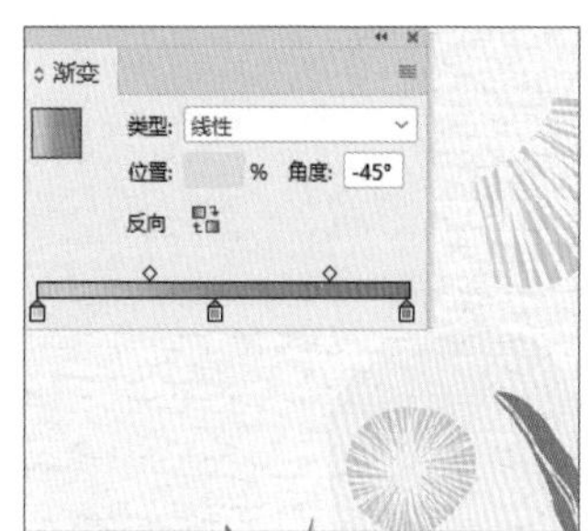

（3）线性渐变

选择需要设置渐变的图形，如下左图所示。在“渐变”面板的色谱条中，显示默认的从白色到黑色的线性渐变样式。在“类型”下拉列表中，选择“线性”渐变选项，单击“渐变”面板中的起始颜色滑块，然后按下功能键F6，在打开的“颜色”面板中设置所需要的起始颜色。再单击终止颜色滑块，设置终止颜色，如下中图所示。为图形应用线性渐变后，效果如下右图所示。

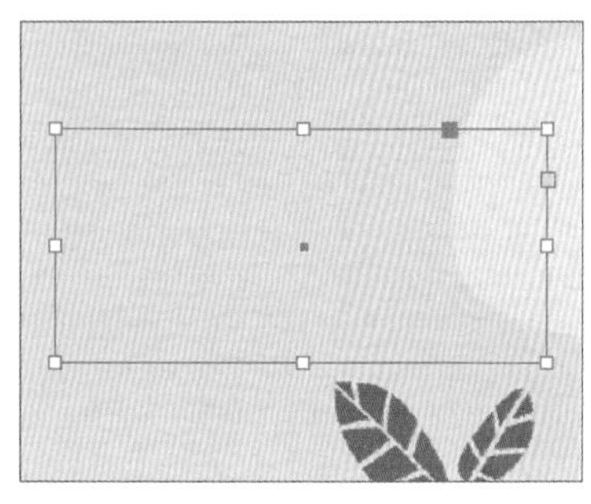

拖动色谱条上边的控制滑块，可以改变颜色的渐变位置，如下左图所示。这时，在“位置”数值框中的数值也会随之发生变化。设置“位置”数值框中的数值，同样可以改变颜色的渐变位置，图形的线性渐变填充效果也会随之改变，如下右图所示。

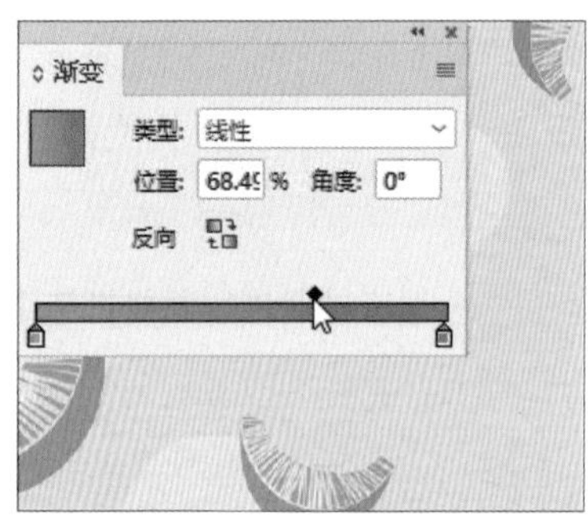

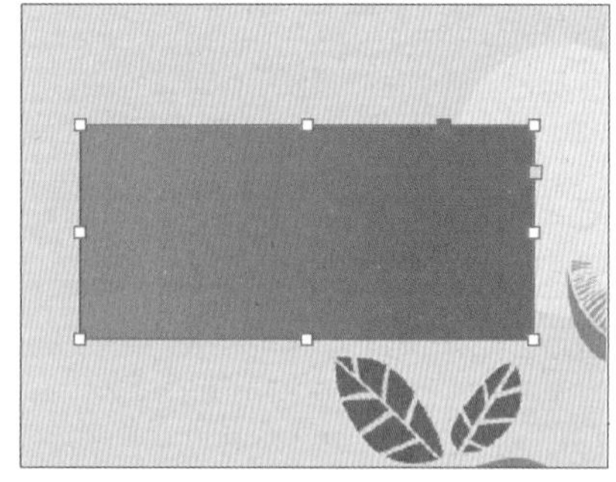

提示：如何改变渐变方向

如果想要改变颜色渐变的方向，选择渐变色板工具，使用光标直接在图形中拖动即可。当需要准确地改变渐变方向时，可通过“渐变”面板中的“角度”数值来进行控制。

（4）径向渐变

选择需要设置渐变的图形，如下左图所示。在“渐变”面板的色谱条中，显示默认的从白色到黑色的线性渐变样式。在“类型”下拉列表中，选择“径向”渐变选项，单击“渐变”面板中的起始颜色滑块，然后在“颜色”面板中调配所需要的起始颜色。再单击终止颜色滑块，设置终止颜色，如下中图所示。这样，就为所选图形应用了径向渐变，效果如下右图所示。

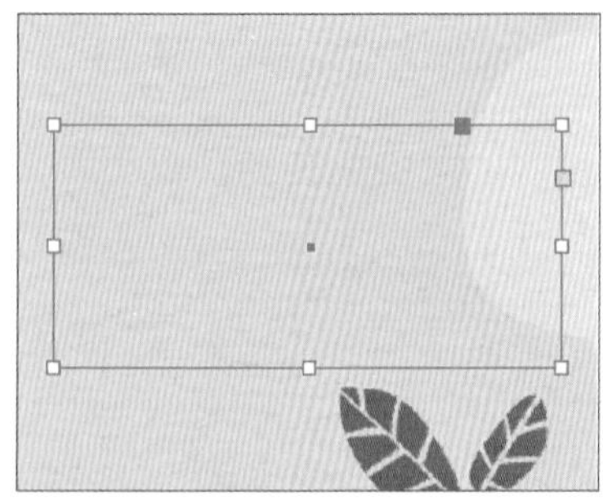

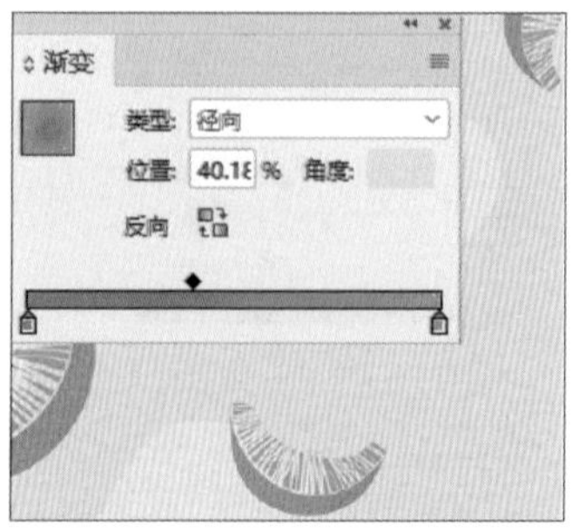

4.3.3 渐变羽化工具

在InDesign中，渐变羽化工具并不是一个独立的工具，而是作为效果选项的一部分，用于为图片或其他图形元素添加渐变羽化效果。

首先，选中需要添加渐变羽化效果的图形。选择渐变羽化工具，或在菜单栏中执行“对象>效果>渐变羽化”命令，如下左图所示。

弹出的渐变羽化的“效果”对话框，如下右图所示。其中，拖动渐变色标滑块，可以调整羽化的范围和羽化的程度；“角度”参数用于调整渐变的角度，渐变角度决定了羽化效果的方向。

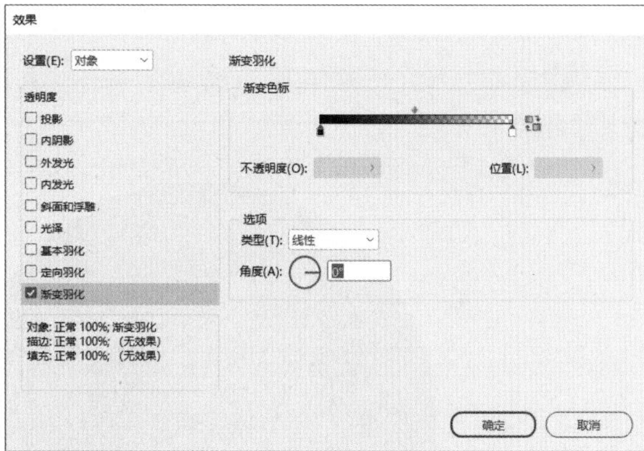

选取所需要的图形，如下左图所示。选择渐变羽化工具，在图形中需要设置渐变起点的位置，单击并按住鼠标左键进行拖动，如下中图所示。释放鼠标的位置，即是渐变的终点，渐变羽化的效果如下右图所示。

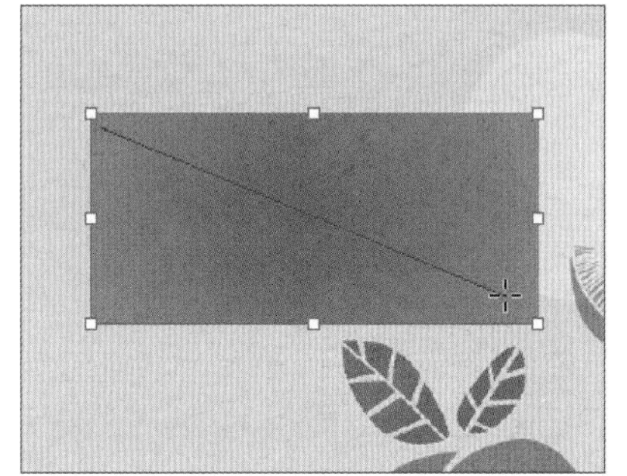

4.3.4 选择配色方案

在InDesign中，配色的重要性对于用户来说同样不容忽视。它不仅能提升视觉吸引力，传达情感，更是作品设计的关键。合理的配色有助于构建清晰的信息层次，优化观感体验。同时，配色需要考虑文化适应性，以确保被广泛接受。

（1）主色调选择

主色调是整个配色方案的核心，决定设计的整体风格与氛围。选择主色调时，需要考虑设计的主题、调性、元素特点等因素。

常见的主色调如下页左图所示，占比面积较大的有蓝色、绿色、红色，分别代表不同的情感色彩与寓意。例如，蓝色代表稳重、专业，适用于商务类设计；绿色代表生机、环保，适用于自然、健康类设计；红色代表热情、活力，适用于活动、促销类设计。

（2）辅助色搭配

辅助色是用来丰富和衬托主色调的，与主色调形成搭配，如下左图中占比面积较小的颜色，如青色、黄色、紫色等。辅助色的选择应遵循与主色调相协调的原则，同时要考虑色彩对比与层次感的营造。在辅助色的搭配上，可以采用相近色、对比色或互补色等方法，以创造出具有层次感和视觉冲击力的设计。

（3）色彩对比与协调

色彩对比是指通过不同色彩之间的明度、色相、饱和度等属性的差异，形成视觉上的对比效果。适度的色彩对比能够增强设计的层次感与立体感，提升视觉效果。然而，过度的视觉对比可能导致设计显得杂乱无章。因此，需要在对比与协调之间寻求一定的平衡。色彩协调则是指通过色彩之间的搭配，使整个设计呈现出和谐、统一的整体感。在配色方案中，可以采用相似的色彩或同一色调的色彩进行搭配，以营造出协调的氛围，如下右图所示。

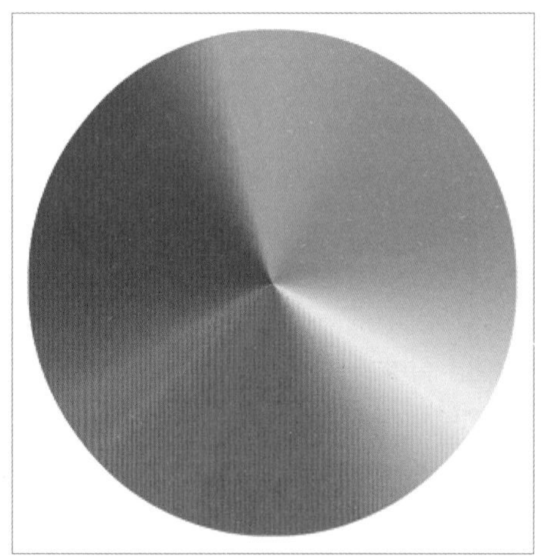

（4）色彩饱和度调整

饱和度决定了颜色的鲜艳程度，对整体视觉效果具有重要影响。通过调整色彩的饱和度，可以改变设计的风格与氛围。高饱和度的色彩通常显得鲜艳、活泼，能够吸引人们的注意力，如下左图所示；低饱和度的色彩则显得柔和、内敛，更适合营造宁静、高雅的氛围，如下右图所示。

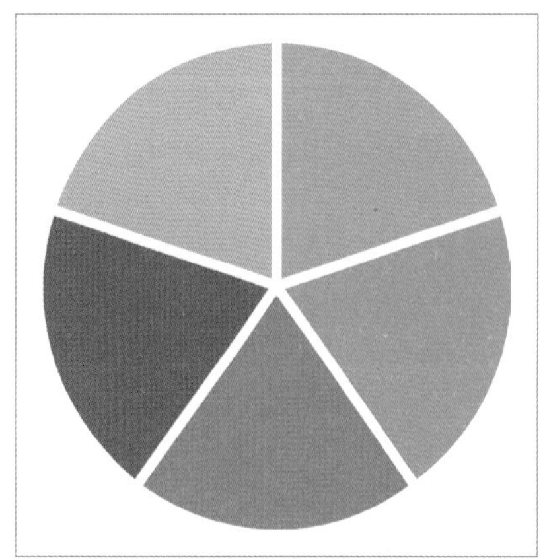
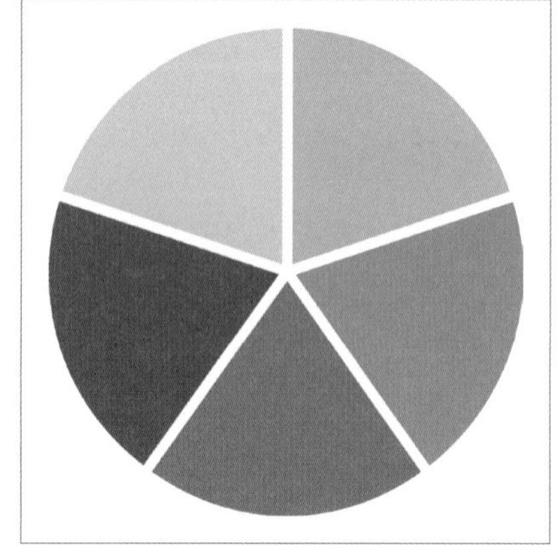

（5）冷暖色调运用

冷暖色调在配色方案中同样扮演着重要角色。暖色调如红色、橙色等，给人以温暖、热烈的感觉，适合用于营造温馨、热情的氛围，如下页左图所示；冷色调如蓝紫色、绿色等，则给人以冷静、神秘的感觉，如下右图所示。可以根据设计需求，灵活运用冷暖色调进行色彩的搭配。

（6）色彩情感表达

色彩不仅具有视觉效果，还能够传达设计的情感与寓意。在配色方案中，应充分考虑色彩的情感表达，以增强设计的感染力与共鸣。例如，红色不仅代表热情、活力与爱情，也适用于表现愤怒或庄严的氛围；蓝色则代表稳重、专业与信任，适用于表现冷静、理智的氛围。通过巧妙地运用色彩的情感表达，可以使设计更具感染力和吸引力。

4.4 效果面板

在InDesign中，使用“效果”面板可以制作出多种不同的特殊效果。下面介绍“效果”面板的使用方法和编辑技巧。

4.4.1 透明度

在InDesign中，透明度是一个关键属性，它允许用户调整对象的不透明度，从而实现各种视觉效果。

使用选择工具▶，选取所需要的图形对象。在菜单栏中执行“窗口>效果>透明度”命令，或按下Ctrl＋Shift＋F10组合键，会弹出“效果”面板，如下右图所示。

使用选择工具选中月亮，接着在“效果”面板中选中“对象”选项，拖动“不透明度”滑块或在数值框中输入需要的百分比数值，“对象：正常”选项会自动显示所设置的百分比数值，如下左图所示。调整不透明度后的图像效果，如下右图所示。

选中“描边”选项，拖动“不透明度”滑块或在数值框中输入需要的百分比数值，“描边：正常”选项会自动显示所设置的百分比数值，如下左图所示。调整描边的不透明度后，图像效果如下右图所示。

选中“填充”选项，拖动“不透明度”滑块或在数值框中输入需要的百分比数值，“填充：正常”选项会自动显示所设置的百分比数值，如下左图所示。调整填充的不透明度后，图像效果如下右图所示。

4.4.2 混合模式

混合模式可以通过调整图像的色彩和对比度，改变图像的整体色调和明暗度，增强图像的饱和度。例如，可以使某些颜色更加鲜艳，或者减少图像的亮度，使图像变暗。此外，混合模式还可以模拟出不同的光照效果，如阳光、阴影、玻璃透光等。通过调整图像的混合模式和透明度，可以在图像上产生透光和反射光的效果。

使用选择工具▶，选取需要的图形对象。在菜单栏中执行“窗口>效果”命令，或按下Ctrl+Shift+F10组合键，在弹出的“效果”面板中，单击“正常”选项的下拉按钮，此时，弹出了其他混合模式，如右图所示。

使用混合模式选项，可以在两个重叠对象之间混合颜色，更改上层对象与底层对象之间颜色的混合方式。使用混合模式制作出的图像效果，如下图所示。

正常

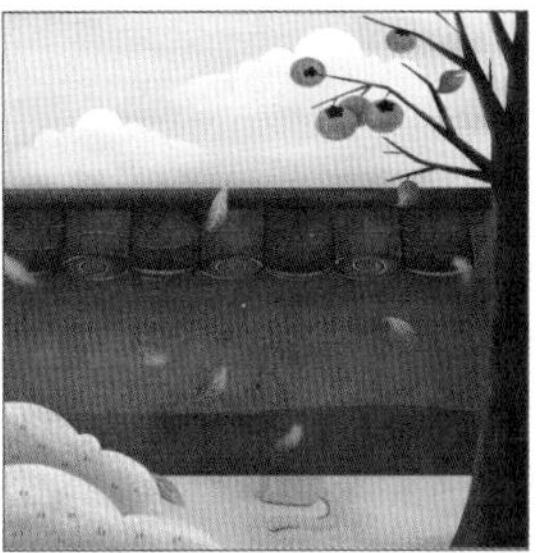
正片叠底

滤色

叠加

柔光

强光

颜色减淡

颜色加深

变暗

变亮

差值

排除

色相

饱和度

颜色

亮度

4.4.3 特殊效果

特殊效果用于为选定的目标图像添加特殊的效果，使图像产生一定的变化。

单击“效果”面板下方的“向选定的目标添加对象效果”按钮 fx，在弹出的菜单中选择需要的效果选项，如右图所示。

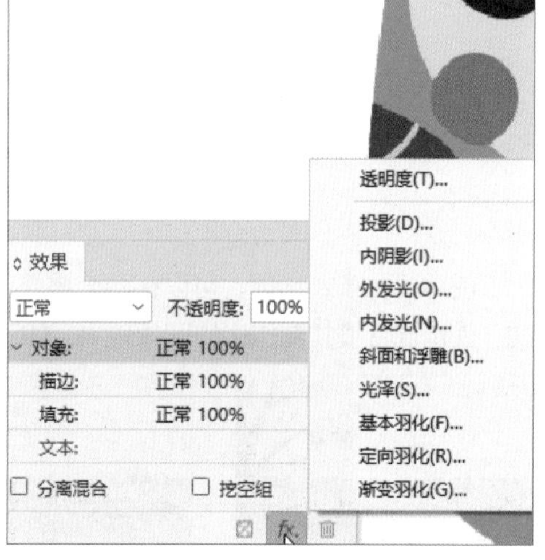

为图像添加不同的效果，如下图所示。

透明度

投影

内阴影

外发光

内发光

斜面和浮雕

光泽

基本羽化

定向羽化

渐变羽化

实例 使用特殊效果制作万圣节创意剪纸海报

这里将对前面学习的内容进行温习，使用特殊效果制作万圣节创意剪纸海报，以下是详细讲解。

步骤 01 启动InDesign，按下快捷键Ctrl＋N，在“新建文档”面板中，单击“边距和分栏”按钮，如下左图所示。

步骤 02 在打开的“新建边距和分栏”对话框中设置相关参数，单击“确定”按钮，如下右图所示。

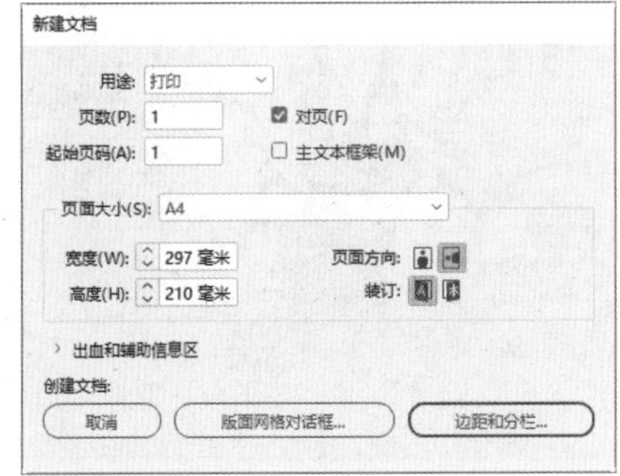

新建边距和分栏
边距
上(T): 0 毫米
下(B): 0 毫米
内(I): 0 毫米
外(O): 0 毫米
确定
取消
预览(P)
栏
栏数(N): 1
栏间距(G): 5 毫米
排版方向(W): 水平
大小: 高度 297 毫米 x 宽度 210 毫米

步骤 03 新建空白文档后，执行“文件>置入”命令，在打开的“置入”对话框中选择“万圣节”图像素材，单击“打开”按钮，如下左图所示。

步骤 04 选择自由变换工具，调整“万圣节”图像素材的位置和大小，如下右图所示。

步骤 05 使用矩形工具，绘制一个与页面的大小和位置相同的矩形，并为其填充颜色，如下左图所示。

步骤 06 使用钢笔工具，绘制一个不规则的曲线边框，再使用选择工具选中曲线边框。单击鼠标右键，选择“后移一层”选项。接着按住Shift键，选中刚才绘制的矩形，执行“窗口>对象和版面>路径查找器”命令，在打开的“路径查找器”面板中单击“排除重叠”按钮，操作完成后的效果，如下右图所示。

步骤 07 按照同样的方法，在以上步骤的基础上再制作一层剪纸，模拟由内而外的空间感。要注意填充不同的剪纸颜色，以便于区分和体现空间感，如下左图所示。

步骤 08 按照同样的方法，再制作一层剪纸，模拟由内而外的空间感。要注意填充不同的剪纸颜色，以便于进一步区分和体现空间感，如下右图所示。

步骤 09 最后，再次按照同样的方法，制作一层剪纸，模拟由内而外的空间感。同样要注意填充不同的剪纸颜色，以便于更好地区分和体现空间感，如下左图所示。

步骤 10 执行“文件>置入”命令，选择“主题”素材，使用自由变换工具调整它的大小和位置后，效果如下右图所示。

步骤 11 接下来，为刚才制作的几层剪纸添加特殊效果，使整体海报具有立体空间感。首先，使用选择工具选中最下层的剪纸，然后执行“对象>效果>投影”命令，在打开的“效果”对话框的“投影”选项区域中，设置相应的参数，具体参照如下图所示。

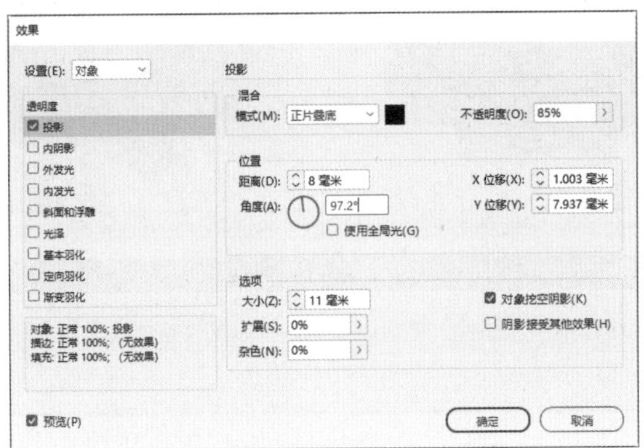

步骤 12 设置完成后，单击“确定”按钮，图像效果如下左图所示。

步骤 13 按照相同的方法，由内而外，依次为每层剪纸添加特殊效果。为蓝色剪纸添加特殊效果，如下右图所示。

步骤 14 为咖色剪纸添加特殊效果，如右图所示。

步骤 15 为橙色剪纸添加特殊效果，如下左图所示。

步骤 16 为“主题”素材添加特殊效果。至此，万圣节创意剪纸海报就完成了，效果如下右图所示。

> **提示：置入图片**
>
> 置入图片功能，可以快速在设计中添加图片。它可以在分辨率、文件格式、多页面PDF和颜色方面提供高级别的支持，这将在下一章节中作详细介绍。

4.4.4 清除效果

选取已应用效果的图像，在“效果”面板中单击“清除所有效果并使对象变为不透明”按钮，可以清除图像中已应用的效果。

在菜单栏中，执行“对象>效果>清除效果”命令，如右图所示，或单击“效果”面板右上方的图标，在弹出的菜单中选择“清除效果”选项，同样可以清除图像中已应用的效果。如果选择“清除全部透明度”选项，可以清除图像中已应用的所有效果。

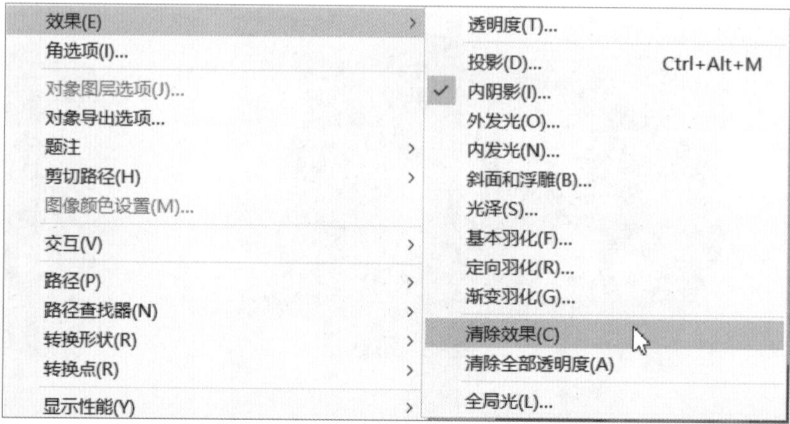

知识延伸：图像的种类

图像的种类繁多，根据来源、表现方式和应用领域等不同的分类标准，可以有多种划分方式。以下是一些常见的图像种类。

- **模拟图像**：通过某种物理量（如光、电等）的强弱变化来记录图像的亮度信息。例如，传统的模拟电视图像就是模拟图像的一种形式。
- **数字图像**：用计算机存储的数据来记录图像上各点的亮度信息。数字图像在现代社会中应用广泛，几乎所有的图像处理都是基于数字图像的。
- **静态图像**：主要是指那些不随时间改变的图像，如照片、绘画、插图等。它们通常用于展示一个固定的场景或对象，如下左图所示。
- **动态图像**：由一系列连续的静态图像组成，当以一定的速度播放时，就形成了动态的效果，如视频、电影、动画等。
- **矢量图像**：使用基于矢量的图形软件创建的图像，由数学公式表示图像中的线条和形状。在放大或缩小矢量图像时，不会影响清晰度。它常用于标志、图标等设计，如下右图所示。

- **位图图像（又称点阵图像）**：它是由像素点组成的图像，每个像素点都有特定的颜色和亮度信息。位图图像在放大到一定程度时，会出现锯齿状边缘，但能够呈现丰富的色彩和细节。
- **摄影图像**：通过相机拍摄得到的图像，可以是彩色或黑白色，能够记录现实世界的某个瞬间。
- **合成图像**：通过图像处理技术，将多个图像元素组合在一起而形成的图像，常用于广告、电影特效等领域。
- **三维图像**：通过三维建模和渲染技术创建的图像，具有立体感和空间感，常用于游戏、电影等领域。

此外，根据应用领域的不同，还有医学影像图像（如X光片、CT扫描图像等）、遥感图像、科学可视化图像等多种类型。这些图像在各自的应用领域中发挥着重要的作用，为人们的生活和工作提供了便利。

上机实训：绘制风景画

扫码看视频

学习完本章内容后，相信用户对InDesign的绘图工具的相关知识与操作技巧有了进一步的了解。下面以绘制一幅风景画为例，来巩固本章所学内容，具体操作如下。

步骤 01 打开InDesign，按下快捷键Ctrl＋N，在打开的“新建文档”对话框中，设置页面参数，单击该对话框右下角的“边距和分栏”按钮，如下左图所示。

步骤 02 在弹出的“新建边距和分栏”对话框中设置相应的参数，单击“确定”按钮，如下右图所示。

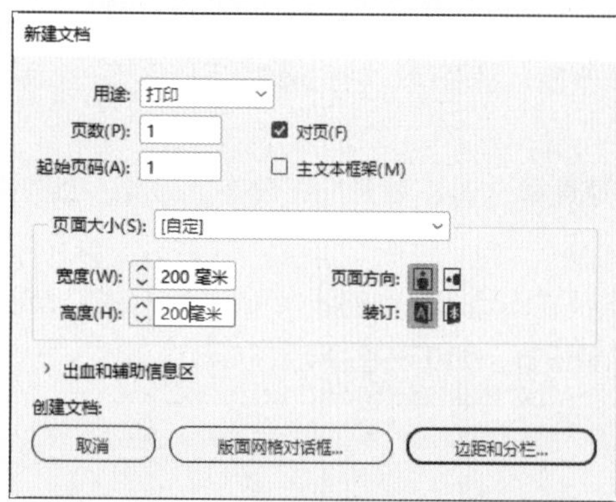

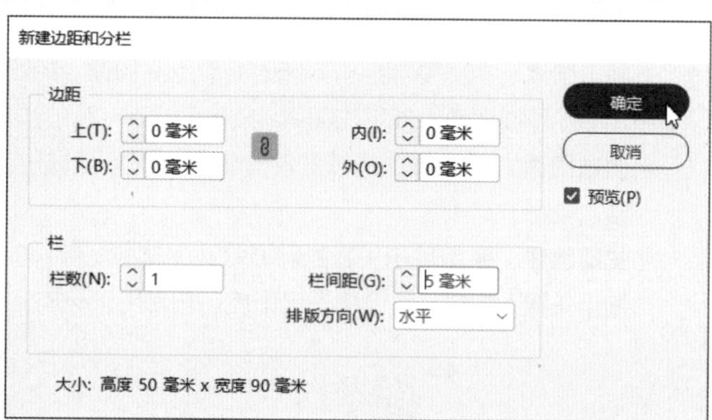

步骤 03 选择矩形工具，绘制一个与页面的大小和位置相同的矩形。双击渐变色板工具，弹出“渐变”面板，在“类型”下拉列表中选择“线性”渐变选项，填充渐变色，设置“角度”值为90°，效果如下左图所示。

步骤 04 选择钢笔工具，绘制出山的形状，并为其填充颜色，效果如下右图所示。

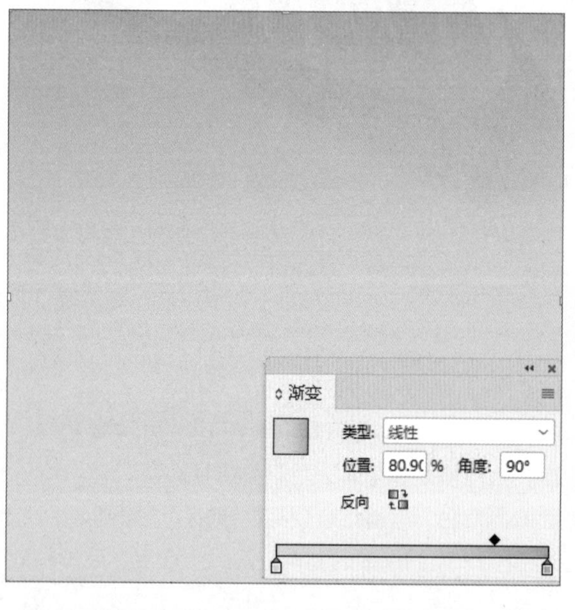

步骤 05 根据同样的方法，绘制出后面的山，并填充颜色。要注意图形的排列顺序，如下页左图所示。

步骤 06 根据同样的方法，继续绘制出小河、山，并为它们填充颜色。同样要注意图形的排列顺序，以形成错落感，如下页右图所示。

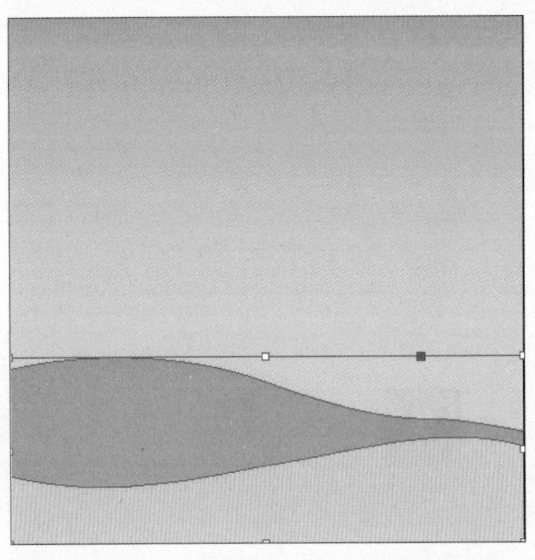

步骤 07 接下来，绘制出云朵。选择椭圆形工具，绘制出几个椭圆形，如下左图所示。

步骤 08 执行“窗口>对象和版面>路径查找器”命令，在打开的“路径查找器”面板中单击“相加”按钮，并为生成的云朵图形填充颜色。复制几个云朵，使用自由变换工具调整它们的大小和位置，效果如下右图所示。

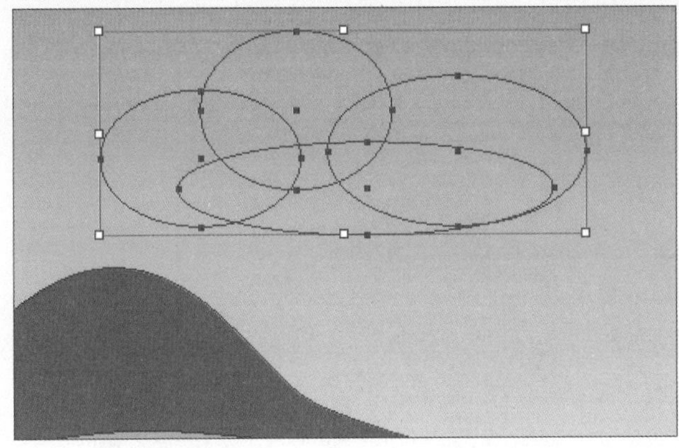

步骤 09 继续复制几个云朵，使用选择工具，按住Shift键选中新复制的云朵。执行“对象>效果>透明度”命令，在打开的“对象”对话框的“透明度”选项区域中，设置“不透明度”值为20%，如下左图所示。

步骤 10 设置完成后，单击“确定”按钮，返回绘图区查看图像效果，如下右图所示。

步骤 11 然后，绘制出太阳。选择椭圆形工具，按住Shift键，绘制出一个正圆形。使用矩形工具，绘制出一个与页面相同的矩形框。然后，使用选择工具选中正圆形与矩形，执行“窗口>对象和版面>路径查找器”命令。在打开的“路径查找器”面板中，单击“交叉”按钮，并为生成的太阳图形填充颜色，将它置于云朵下方，效果如下左图所示。

步骤 12 执行“文件>置入”命令，在打开的“置入”对话框中，按住Ctrl键，选中“树1”“树2”“树3”素材，单击“打开”按钮，如下右图所示。

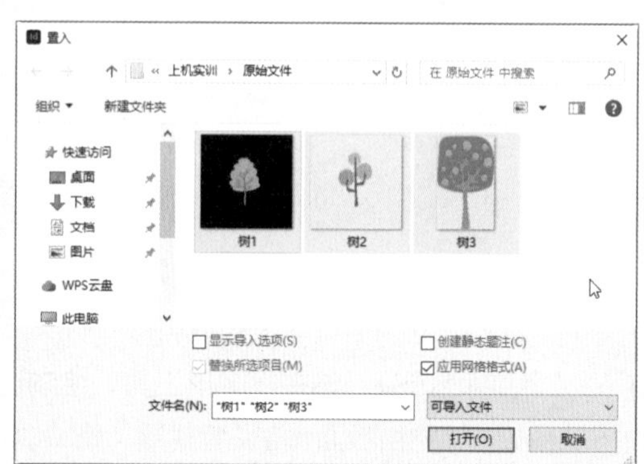

步骤 13 置入图像中的效果，如下左图所示。

步骤 14 复制一些树备用，使用自由变换工具调整它们的大小和位置，效果如下右图所示。

步骤 15 最后，使用选择工具选中太阳，执行“对象>效果>外发光”命令。在打开的“对象”对话框的“外发光”选项区域中，设置相应的参数，具体参照如下左图所示。

步骤 16 设置完成后，单击“确定”按钮。至此，风景画就绘制完成了，效果如下右图所示。

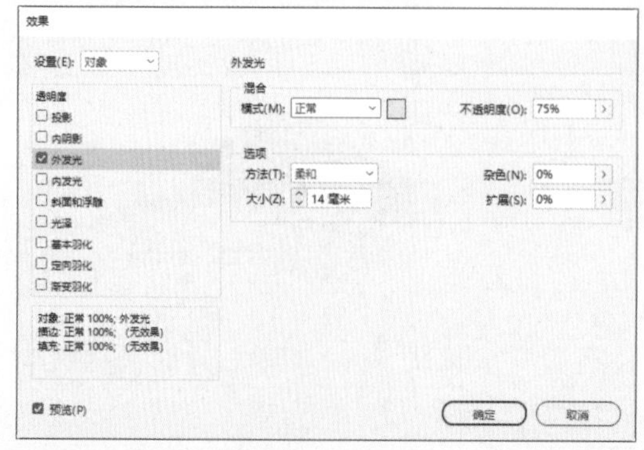

课后练习

一、选择题（部分多选）

（1）如果设计是用于印刷的，那么（　　）颜色模式可能更为合适。

A. CMYK　　B. RGB

C. Lab　　D. HSB

（2）InDesign中的颜色工具组包括（　　）。

A. 吸管工具　　B. 渐变色板

C. 渐变羽化工具　　D. 填色工具

（3）InDesign的“效果”面板中，可以使选中的图形降低透明度的是（　　）。

A. 正片叠底　　B. 透明度

C. 颜色减淡　　D. 滤色

二、填空题

（1）InDesign中，可以使图形产生立体效果的效果有________、________、________。

（2）按________组合键，可以弹出“效果”面板。

（3）InDesign中，渐变分为________和________两种类型。

三、上机题

根据本章所学内容，尝试进行简单的插画绘制，使最终的插画效果如下图所示。

操作提示

① 使用渐变工具，实现图形颜色更丰富的效果。

② 使用渐变工具，实现图形的虚实效果。

③ 使用混合模式与特殊效果功能，实现图像立体化或添加更加丰富的图像效果。

④ 选择合适的配色方案，实现统一和谐的画面效果。

第5章 图文结合

本章概述

这一章主要对图片与文字的共同编辑进行讲解，包括置入图片、文本绕排、从文本创建路径的基础操作及制作表格等，掌握图文结合的操作方法，可以进一步帮助用户使用InDesign进行创作。

核心知识点

❶ 了解图片置入的方法
❷ 熟悉在图片上插入字符的基本操作
❸ 学习从文本创建路径的操作
❹ 学习创建制表符和表格

5.1 置入图片

在InDesign中，置入图片功能是一种在设计中快速添加图片的方法。用户可以直接将图片拖入或导入InDesign软件，会自动调整图片的大小和格式，提高设计效率。使用“置入”命令，是将图片导入InDesign中的主要方法，因为它可以在分辨率、文件格式、多页面PDF和颜色方面提供高级别的支持。

5.1.1 直接置入图片

在页面区域中不选取任何内容，执行“文件>置入”命令或按下快捷键Ctrl＋D，在弹出的“置入”对话框中选择需要的文件，单击“打开”按钮，如下左图所示。在页面中单击鼠标左键，即已置入图像，效果如下右图所示。

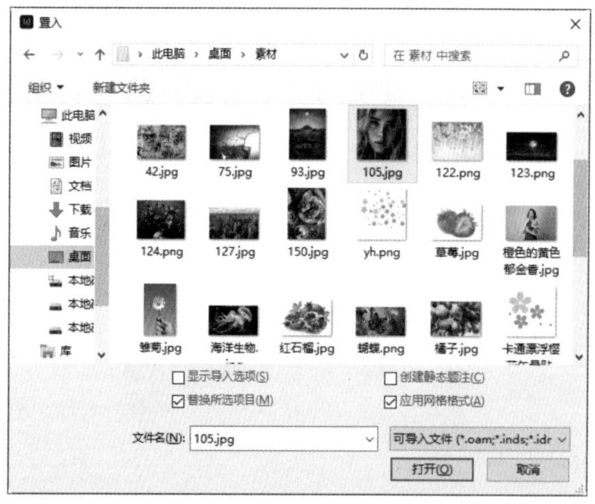

提示：为什么置入的图片会有“锯齿”

为了提高工作效率，InDesign默认的显示性能可能不是完整的。这会导致图片在软件中以较低的分辨率显示，从而产生“锯齿”。

我们可以通过调整显示性能设置来改善图片的显示效果。在图片上右击鼠标，选择“显示性能>高品质显示”命令，这样可以让图片以更高的分辨率显示出来，从而减少“锯齿”现象。

5.1.2 将图片置入形状中

选中框架工具☒绘制的图框，如下页左图所示。执行“文件>置入”命令，在弹出的“置入”对话框中选择需要的文件，单击“打开”按钮。然后，在页面中单击鼠标左键，即已置入图像，效果如下右图所示。

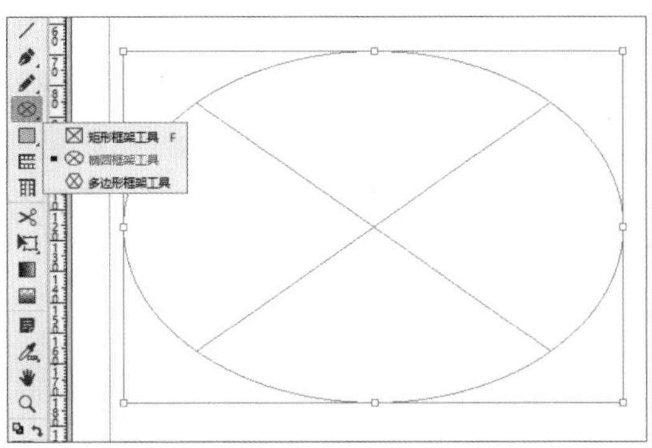

5.1.3 替换图片

使用选择工具▶，在页面区域中选取图像。执行“文件>置入”命令，在弹出的“置入”对话框中，选择需要替换的图片文件，勾选对话框下方的“替换所选项目”复选框，单击“打开”按钮，如下左图所示。置入并替换所选图像后，效果如下右图所示。

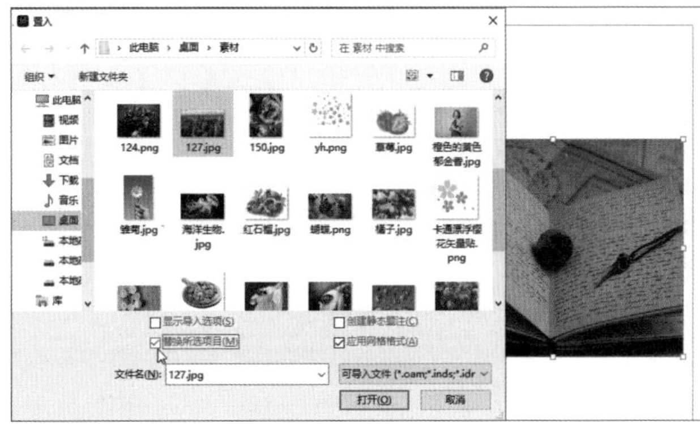

5.1.4 “链接”面板

将图像置入文档中，有链接图像和嵌入图像两种形式。当以链接图像的形式置入图像时，它的原始文件并没有真正复制到文档中，而是为原始文件创建了一个链接或文件路径。而在嵌入图像文件时，会增加文档中的文件大小，并断开指向原始文件的链接。

所有置入的文件都会被排列在“链接”面板中。执行“窗口>链接”命令或按下Ctrl＋Shift＋D组合键，如下左图所示。在弹出的“链接”面板中，图像缩略图的右侧依次为链接图像的文件名和它的所在页面，如下右图所示。

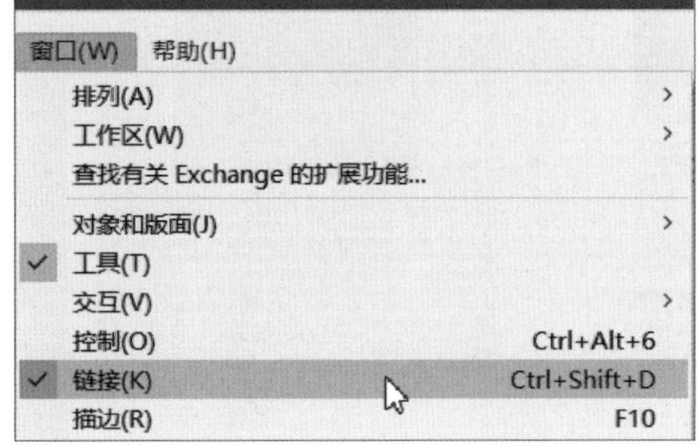

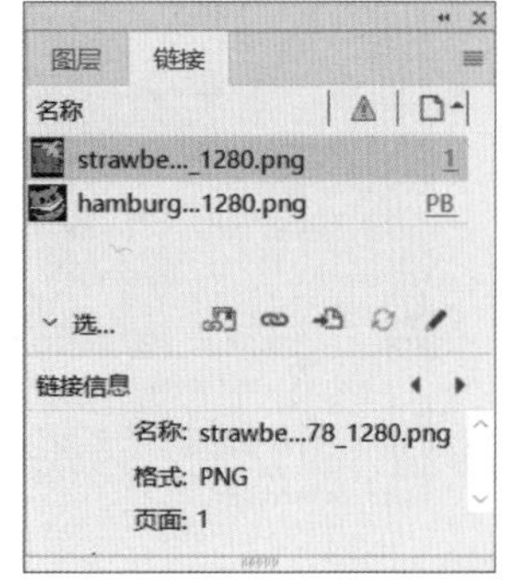

当“链接”面板中出现标志时，表示图像不再位于导入时的位置，而是存于其他位置了。如果在显示此图标的状态下打印或导出文档，文件可能无法以全分辨率打印或导出。

提示：嵌入图像的方式是怎样的

在“链接”面板中，选择由链接置入的图像。右击该图像，在弹出的快捷菜单中选择“嵌入链接”选项，即把图像嵌入到文档中，使其不再依赖于原始文件。嵌入图像会增加文档中的文件大小，因为图像数据将直接保存在文档中。

5.2 文本与图片

在InDesign中，支持图文混排功能，用户可以在文本中插入图片，实现图文并茂的排版效果。通过调整图片的位置、大小和环绕方式等属性，可以轻松创建出美观、易读的版面。

5.2.1 文本绕排

文本绕排也称为文本环绕，是指让文本围绕某个形状、图片或其他非文本元素流动。这种版面效果在印刷设计、网页设计和平面设计中都很常见。

使用文字工具创建文本，再在文本中置入图片，如下左图所示。使用选择工具，选中图像和文本，执行“窗口>文本绕排”命令，会弹出“文本绕排”面板，如下右图所示。

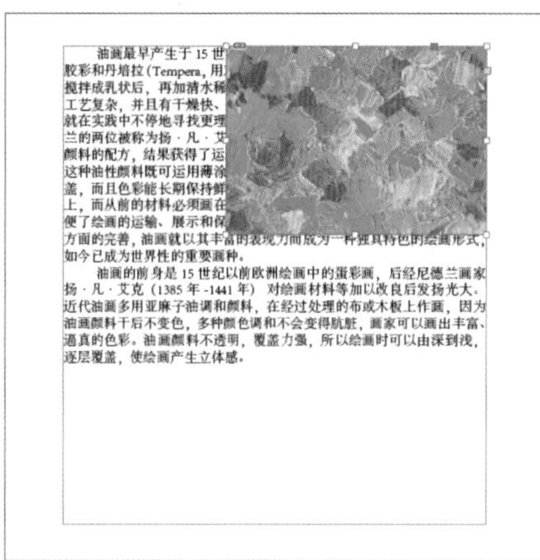

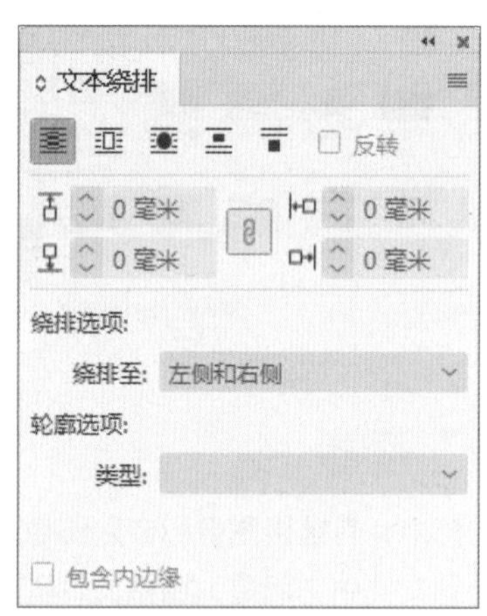

选择沿定界框绕排选项，会使文字围绕图形外的选框进行绕排，效果如下左图所示。选择沿对象形象绕排选项，会使文字围绕图形的形状进行绕排，效果如下右图所示。

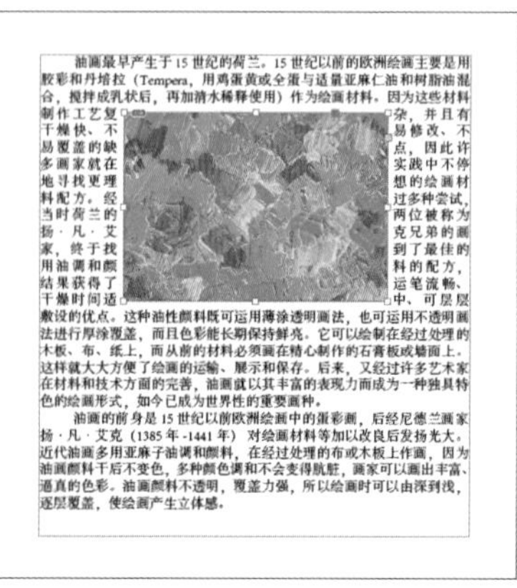

选择上下型绕排选项[图标]，会使文字只在图形上方与下方绕排，效果如下左图所示。选择下型绕排选项[图标]，会使文字只在图形上方绕排，效果如下右图所示。

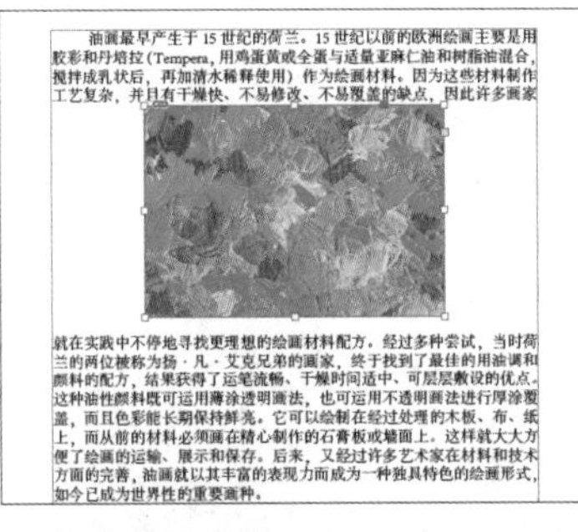
油画最早产生于15世纪的荷兰。15世纪以前的欧洲绘画主要是用胶彩和丹培拉（Tempera，用鸡蛋黄或全蛋与适量亚麻仁油和树脂油混合，搅拌成乳状后，再加清水稀释使用）作为绘画材料。因为这些材料制作工艺复杂，并且有干燥快、不易修改、不易覆盖的缺点，因此许多画家就在实践中不停地寻找更理想的绘画材料配方。经过多种尝试，当时荷兰的两位被称为扬·凡·艾克兄弟的画家，终于找到了最佳的用油调和颜料的配方，结果获得了运笔流畅、干燥时间适中、可层层敷设的优点。这种油性颜料既可运用薄涂透明画法，也可运用不透明画法进行厚涂覆盖，而且色彩能长期保持鲜亮。它可以绘制在经过处理的木板、布、纸上，而从前的材料必须画在精心制作的石膏板或墙面上。这样就大大方便了绘画的运输、展示和保存。后来，又经过许多艺术家在材料和技术方面的完善，油画就以其丰富的表现力而成为一种独具特色的绘画形式，如今已成为世界性的重要画种。

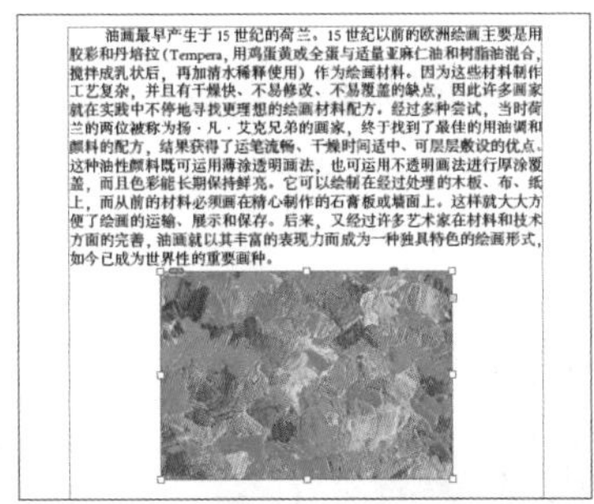
油画最早产生于15世纪的荷兰。15世纪以前的欧洲绘画主要是用胶彩和丹培拉（Tempera，用鸡蛋黄或全蛋与适量亚麻仁油和树脂油混合，搅拌成乳状后，再加清水稀释使用）作为绘画材料。因为这些材料制作工艺复杂，并且有干燥快、不易修改、不易覆盖的缺点，因此许多画家就在实践中不停地寻找更理想的绘画材料配方。经过多种尝试，当时荷兰的两位被称为扬·凡·艾克兄弟的画家，终于找到了最佳的用油调和颜料的配方，结果获得了运笔流畅、干燥时间适中、可层层敷设的优点。这种油性颜料既可运用薄涂透明画法，也可运用不透明画法进行厚涂覆盖，而且色彩能长期保持鲜亮。它可以绘制在经过处理的木板、布、纸上，而从前的材料必须画在精心制作的石膏板或墙面上。这样就大大方便了绘画的运输、展示和保存。后来，又经过许多艺术家在材料和技术方面的完善，油画就以其丰富的表现力而成为一种独具特色的绘画形式，如今已成为世界性的重要画种。

提示：如何准确控制绕排与图像的距离

在绕排位移参数框中输入正值，数值越大，绕排的文字将离图像的边缘越远；若输入负值，绕排的边界将位于框架边缘内部。

5.2.2 插入字形

在InDesign中，插入字形功能通常用于在文本中添加特殊的字符或字形样式，如不同宽度的空格、特定的符号或装饰元素。

在工具栏中单击选择文字工具[T]，创建文本，如下左图所示。执行“文字>字形”命令，会弹出“字形”面板，如下中图所示。在“字形”面板下方，设置需要的字体和字体风格，选取需要的字符。双击字符图标，即可在文本中插入字符，效果如下右图所示。

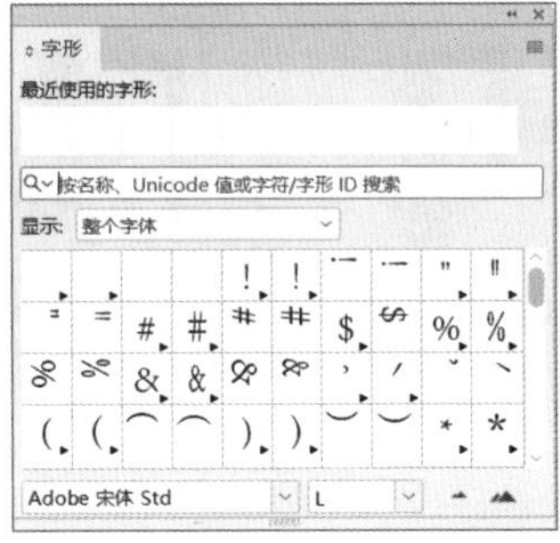

5.3 从文本创建路径

在InDesign中，将文本转换为轮廓后，可以像对其他图形对象一样进行编辑和操作。通过这种方式，可以创建多种特殊文字效果。

5.3.1 直接将文本转换为路径

使用直接选择工具[图标]，选取需要的文本框，执行“文字>创建轮廓”命令，或按下Ctrl+Shift+O组合键，文本便会转换为路径，效果如右图所示。

使用文字工具[T]，选取所需要的一个或多个字符，如下左图所示。将文本框中的部分或全部字符转换为路径，效果如下右图所示。

5.3.2 创建文本外框

在InDesign中，创建文本外框（也称为文本框或文本框架）是设计工作流程中的一个基本步骤。以下是关于如何在InDesign中创建和设置文本外框的介绍。

使用直接选择工具，选取已转换为路径后的文字，如下左图所示。将需要调整的锚点拖动到适当的位置，可创建不规则的文本外框，如下右图所示。

5.3.3 置入图片到文字路径中

在InDesign中，将图片置入文字路径中的功能，是一种类似Photoshop中“蒙版”效果的功能。以下是关于如何在InDesign中置入图片到文字路径中的介绍。

选择选择工具，选取一张需要置入的图片，并按下快捷键Ctrl＋X对其进行剪切，效果如右图所示。

使用选择工具▶，选取已转换为路径的文字，如下左图所示。执行“编辑>贴入内部”命令后，即将图片贴入转换后的文字中了，效果如下右图所示。

提示：为什么置入图片失败

如果图像的分辨率过低，可能无法支持在图像上添加文字或进行复杂的操作。用户在尝试将图片置入文字路径时，如果操作步骤不正确或遗漏了某些关键步骤，也会导致操作失败。因此，用户可以在检查图片分辨率的同时，检查操作是否有错误。

实例 制作图文混排海报

这里将对前面学习的内容进行温习，制作一个完整的文字与图像混排的海报，以下是详细讲解。

步骤 01 启动InDesign，执行“文件>新建>文档”命令，或按下快捷键Ctrl＋N，新建一个文档。在“新建文档”对话框中设置页面参数，单击“边距和分栏”按钮，如下左图所示。

步骤 02 在“新建边距和分栏”对话框中，设置“边距”和“栏”的参数，单击确定按钮，如下右图所示。

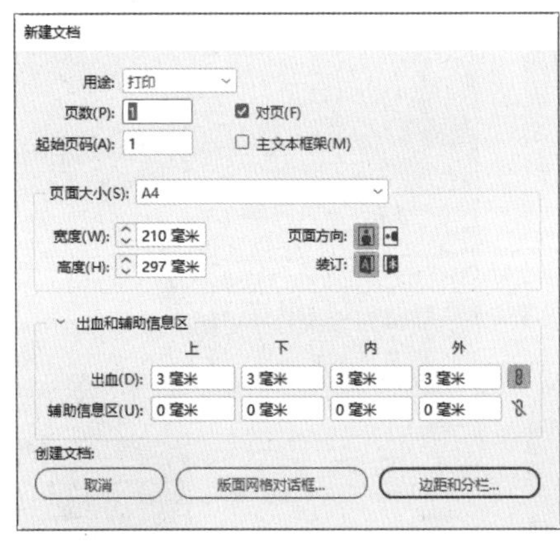

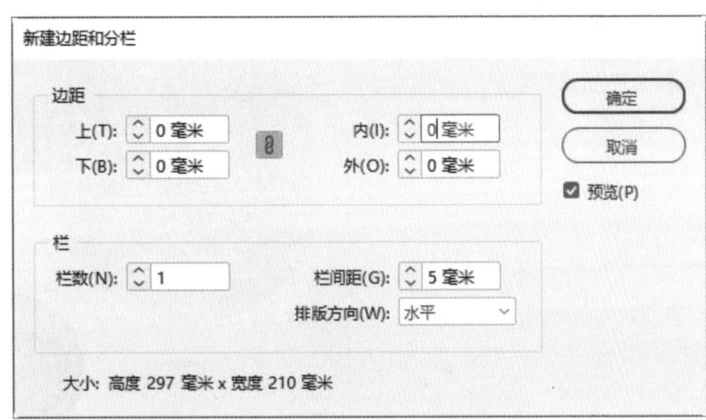

步骤 03 在工具栏中选择椭圆形工具，按住Shift键，绘制两个正圆形，如下页左图所示。

步骤 04 使用选择工具选中两个圆形，执行“对象>路径查找器>添加”命令，完成后的效果如下页中图所示。

步骤 05 接着，继续选择椭圆形工具，按住Shift键，绘制两个正圆形，并调整它们的大小和位置，完成后的效果如下页右图所示。

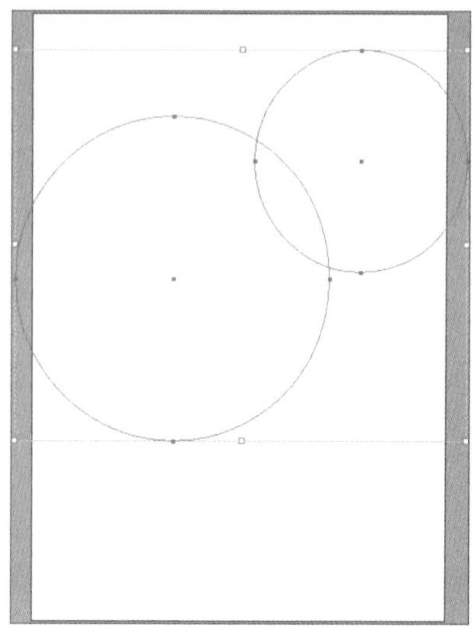

步骤 06 使用选择工具选中所有的圆形，执行“对象>路径>建立复合路径”命令，使所有的圆形组合为一个整体，如下左图所示。

步骤 07 执行“文件>置入”命令，在打开的“置入”对话框中，选择“油画”素材，将其调整到合适的大小和位置后，按下快捷键Ctrl＋X进行剪切。然后，使用选择工具选中建立了复合路径的圆形组，执行“编辑>贴入内部”命令，完成后的效果如下中图所示。

步骤 08 在工具栏中选择矩形工具，绘制一个与页面大小相同的矩形。然后，在工具栏中双击渐变色板工具，在打开的“渐变”面板中，设置三个渐变滑块的颜色，“类型”选择“线性”，“角度”为90°。单击鼠标右键，选择“排列>置为底层”命令，将矩形置于底层作为背景，效果如下右图所示。

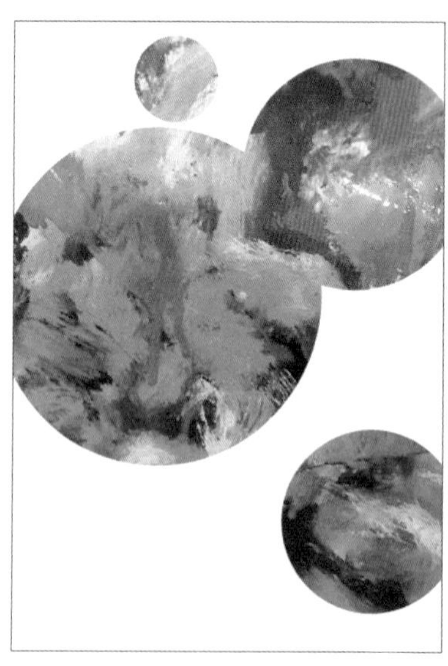

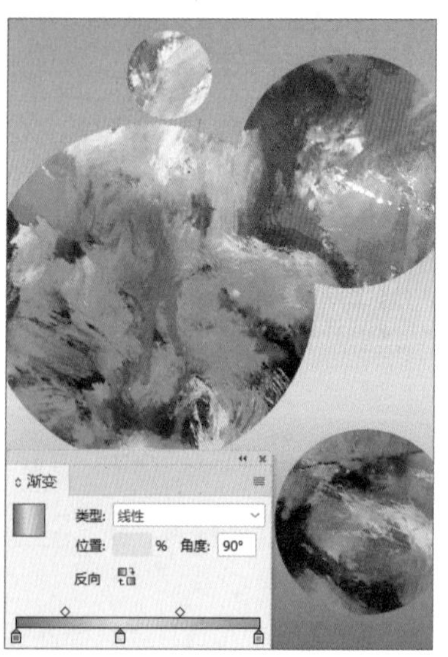

步骤 09 在工具栏中选择文字工具，创建文本框并输入文本。按下快捷键Ctrl＋T，在打开的“字符”面板中，设置“字体”为“微软雅黑”、“字体样式”为“Bold”、“字体大小”为66点、“字符间距”为100。最后，在“属性”面板中，将文字的“填色”设置为白色，完成后的效果如下页左图所示。

步骤 10 继续使用文字工具，创建文本框并输入文本。在“字符”面板中，设置“字体”为“微软雅黑”、“字体样式”为“Regular”、“字体大小”为20点。最后，在“属性”面板中，将文字的“填色”设置为白色，完成后的效果如下页中图所示。

步骤 11 继续使用文字工具，创建文本框并输入文本。在“字符”面板中，设置“字体”为“黑体”、“字体大小”为20点、“字符间距”为180。最后，在“属性”面板中，将文字的“填色”设置为白色，完成后的效果如下右图所示。

步骤 12 再次使用文字工具，创建两个文本框并输入文本。按下Ctrl + Alt + T组合键，在打开的“段落”面板中，单击“双齐末行齐右”按钮。然后，在“字符”面板中，设置“字体”为“黑体”，并将上面的中文文本的“字体大小”设置为24点，将下面的英文文本的“字体大小”设置为20点。最后，在“属性”面板中，将文字的“填色”设置为白色。至此，图文混排海报就制作完成了，效果如下左图所示。

步骤 13 将海报应用在实际场景中的效果，如下右图所示。

5.3.4 用文字填充文字路径

在InDesign中，使用文字填充文字路径（或称为文本路径）的功能，主要是指沿着自定义路径或形状排列文本。

使用选择工具，选取已转换为轮廓的文字。选择文字工具，单击鼠标左键，将光标置于文字路径中，如下左图所示。输入需要的文字，效果如下右图所示。

提示：为什么填充的文字会很分散

如果填充文字时，没有设置好输入文本的大小，就可能导致文字显示异常。要确保在置入文字之前，已经设置好了足够大的文字路径。如果文字路径的大小与输入的文字内容不匹配，文字可能会显得比较分散或溢出框架。用户可以通过拖动路径的锚点来调整其大小，以适应文字内容。

5.4 制表符

在InDesign中，制表符是一种用于文本对齐和排列的工具。它允许用户在不使用表格的情况下，按照指定的列和间距对齐文本。

使用选择工具，选取需要的文本框，如下左图所示。执行“文字>制表符”命令，或按下Ctrl＋Shift＋T组合键，即可弹出“制表符”面板，如下右图所示。

在“制表符”面板中，有左对齐制表符、居中对齐制表符、右对齐制表符、对齐小数位（或其他指定字符）制表符四种对齐方式。

（1）设置制表符

在标尺上方的白条处单击，设置制表符，如下页左图所示。使用文字工具，在文本中需要添加制表符的位置单击，插入光标。按下Tab键，调整文本的位置，效果如下右图所示。

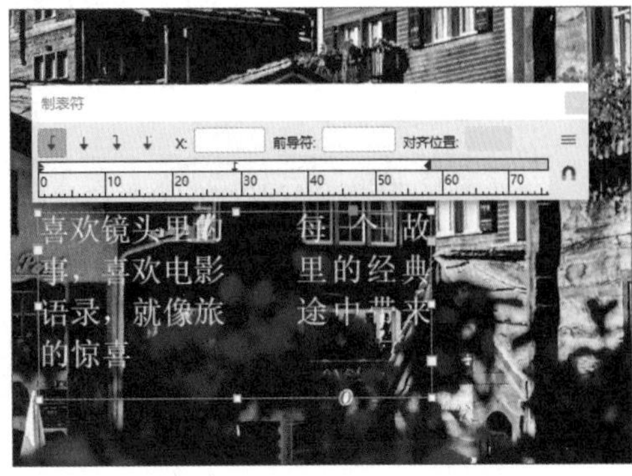

（2）添加前导符

选中所有文字，在标尺上选取一个已有的制表符，如下左图所示。在标尺上方的“前导符”文本框中输入需要的字符，要注意所输入的字符不能超过8个，然后按Enter或Return键。拖动选中的制表符，即可出现前导符。在制表符的宽度范围内，将重复显示所输入的字符，效果如下右图所示。

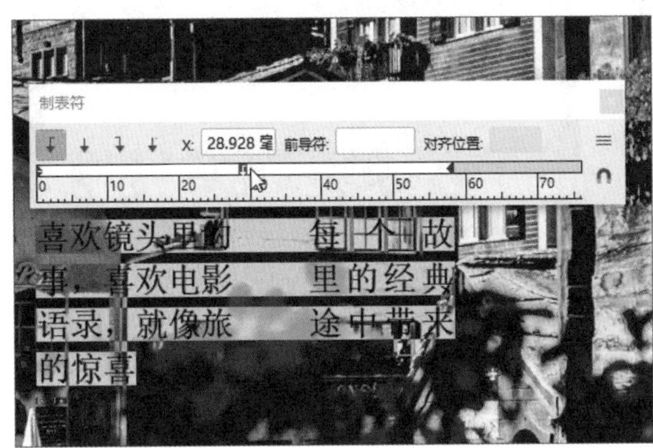

（3）更改制表符的对齐方式

在标尺上选取一个已有的制表符，以右对齐制表符为例，单击标尺上方的“右对齐”按钮，如下左图所示。可以看到制表符的对齐方式已经切换为“右对齐”，如下右图所示。

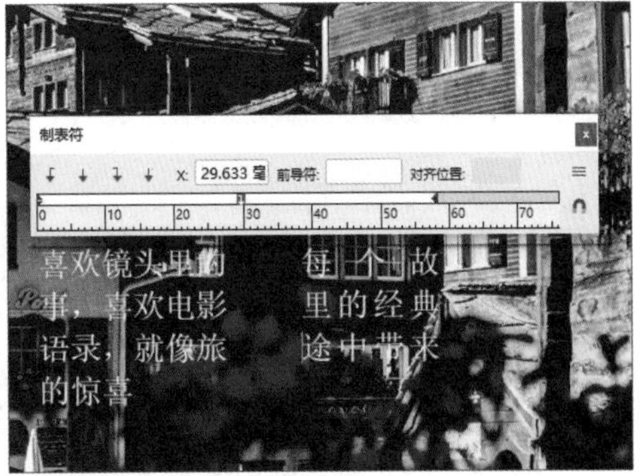

（4）移动制表符的位置

在标尺上选取一个已有的制表符，如下页左图所示。在标尺上直接将其拖动到新位置或在“X”文本框中输入需要的数值，可以看到制表符的位置已经移动了，效果如下页右图所示。

（5）重复制表符

“重复制表符”命令可以根据制表符与左缩进，或与前一个制表符定位点之间的距离，创建多个制表符。在标尺上选取一个已有的制表符，如下左图所示。单击右上角的下拉按钮☰，在弹出的面板菜单中选择“重复制表符”选项，可以看到标尺上已经重复了当前的制表符设置，如下右图所示。

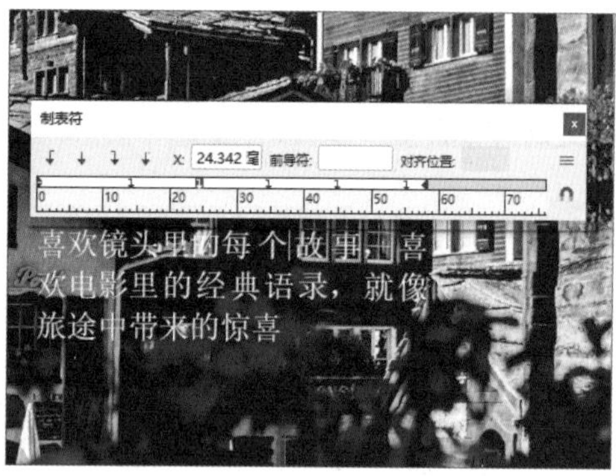

（6）删除制表符

在标尺上选取一个已有的制表符，直接将其拖离标尺；或单击标尺右上方的☰按钮，在弹出的面板菜单中，单击“删除制表符”选项，如下左图所示。删除所选取的制表符后，当前界面如下右图所示。

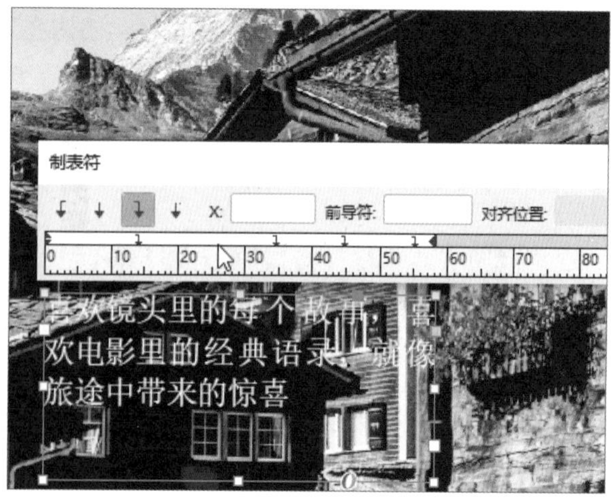

（7）清除所有制表符

单击标尺右上方的按钮，在弹出的面板菜单中，选择“清除全部”命令，如下页左图所示。恢复为默认的制表符后，当前界面如下页右图所示。

提示：为什么添加前导符时会出现缺失问题

如果制表符的位置设置的不正确，或者没有在标尺上选择一个制表位，那么在输入前导符时可能会出现问题。所以，需要确保正确设置制表符的位置。在“前导符”文本框中输入的字符不能超过8个，如果输入的字符数超过这个限制，或者输入了不支持的字符，可能会导致前导符显示不全或缺失。如果更改了前导符的字体或其他格式，但所使用的字体不支持前导符的显示，或者格式设置不当，可能会影响前导符的显示效果。

5.5 表格

在InDesign中，表格功能允许用户将复杂的数据以表格的形式直观地呈现出来，使数据更加易于阅读和理解。无论是数字、文本还是其他类型的信息，都可以通过表格进行有序排列。用户可以对表格进行各种操作，如添加或删除行（列）、调整单元格大小等，从而方便地对数据进行整理和编辑。InDesign还提供了丰富的表格样式选项，包括边框颜色、线条粗细、填充颜色等。用户可以根据设计需求对表格进行美化，使其与整体设计风格保持一致。通过合理的表格设计，可以提升文档的视觉效果和阅读体验。同时，表格能够将复杂的数据按照一定的结构进行组织和排列，使读者能够快速地抓住信息要点并理解数据之间的逻辑关系。这种结构清晰的特点，有助于提升文档的可读性和易读性。

5.5.1 创建表格

通过创建表格，用户可以将复杂的数据按照行和列进行有序排列，使得数据更加清晰、易于管理。这种整理方式有助于用户快速找到所需信息，提高数据处理效率。

执行“表>创建表”命令，或按下Ctrl＋Shift＋Alt＋T组合键，在弹出的“创建表”对话框中设置相关数值，如左图所示。其中，“正文行”“列”数值框用于指定“正文行”中的水平单元格数及“列”中的垂直单元格数。“表头行”“表尾行”数值框用于表中内容跨多个列或多个框架时，指定要在其中重复信息的表头行或表尾行的数量。单击“确定”按钮后，按住鼠标左键并进行拖动，创建表的大小和形状。释放鼠标后，表格创建完成，效果如右图所示。

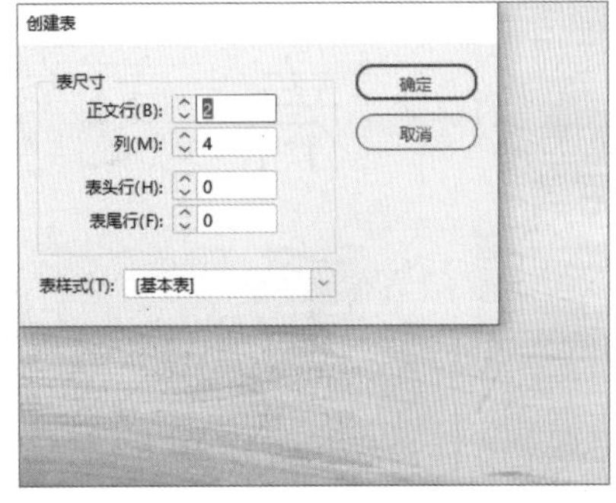

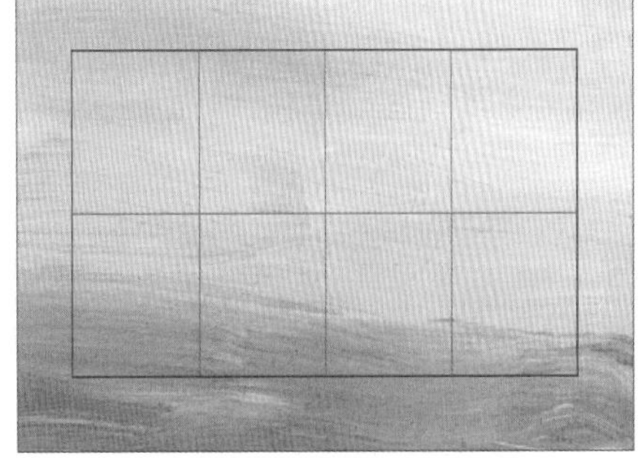

（1）在表格中添加文本和图形

选择文字工具[T]，在单元格中插入光标，输入需要的文本，如下左图所示。再次选择文字工具[T]，在单元格中插入光标。执行“文件>置入”命令，在弹出的“置入”对话框中，选择需要的图形，单击“打开”按钮。置入图形后的表格效果，如下右图所示。

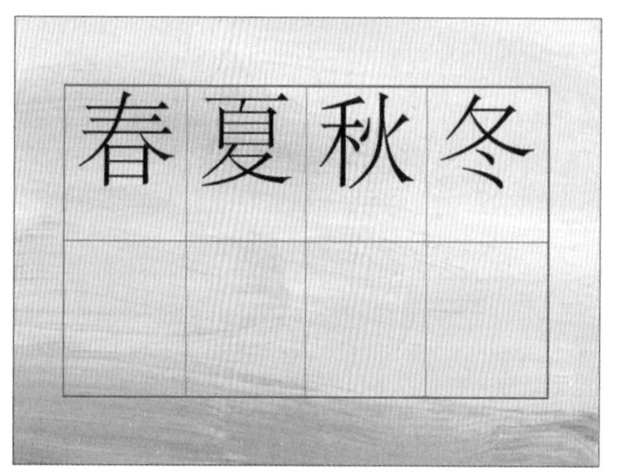

（2）在表格中准确选择

以将光标插入到“夏”单元格中为例，按下Tab键，光标将后移并选定后面一个单元格，如下左图所示。按下Shift + Tab组合键，光标将前移并选定前面一个单元格，如下右图所示。

当光标位于直排表中某行的最后一个单元格的末尾时，按下下方向键，光标会移至同一行中第一个单元格的起始位置。同样，当光标位于直排表中某列的最后一个单元格的末尾时，按下左方向键，光标会移至同一列中第一个单元格的起始位置。

选择文字工具[T]，在表中插入光标。选择“表>转至行”命令，弹出“转至行”对话框，如下左图所示。指定要转到的行，单击“确定”按钮，效果如下右图所示。

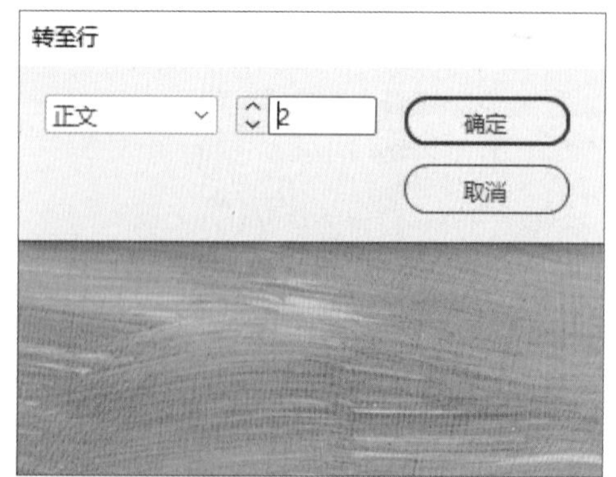

5.5.2 编辑表格

在编辑表格时，用户可以轻松调整行高、列宽和单元格大小，以适应不同的数据和布局需求。还可以应用不同的字体、颜色和样式，来增强表格的可读性。

(1) 选择表单元格

选择文字工具T，在要选取的单元格内单击，或选取单元格中的文本。执行“表>选择>单元格”命令，选取单元格，如下左图所示。或选择文字工具T，通过拖动光标选取需要的单元格，如下右图所示。但注意不要拖动行线或列线，否则会改变表的大小。

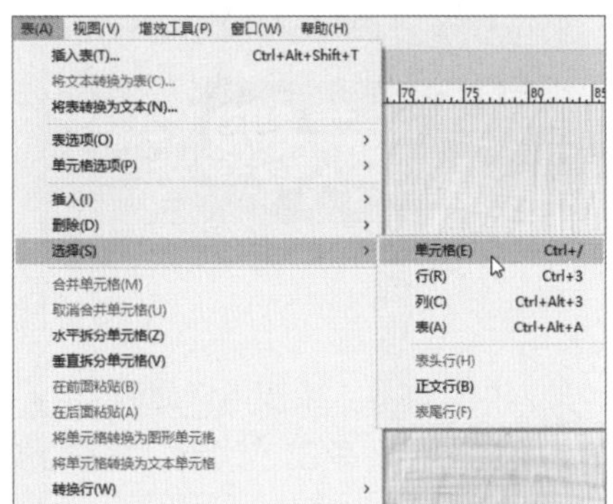

(2) 选择行和列

选择文字工具T，在需要选取的单元格内单击，或选定单元格中的文本。执行“表>选择>行或列”命令，以选取表的整行或整列。

选择文字工具T，将光标移至表中需要选取的列的上边缘，当光标变为↓图标时，单击鼠标左键，选取整列，如下左图所示。将光标移至表中需要选取的行的边缘，当光标变为→图标时，单击鼠标左键，选取整行，如下右图所示。

(3) 选择整个表

选择文字工具T，在需要选取的单元格内单击。或直接选定单元格中的文本执行“表>选择>表”命令，或按下Ctrl+Alt+A组合键，选取整个表。或将鼠标光标移至表的左上方，当光标变为↘图标时，单击鼠标左键，选取整个表，如右图所示。

（4）插入行

选择文字工具[T]，将光标置于单元格内。执行“表>插入行”命令，或按下快捷键Ctrl＋9，在打开的“插入行”对话框中，设置插入的行数及方位，如下左图所示。单击“确定”按钮，效果如下右图所示。

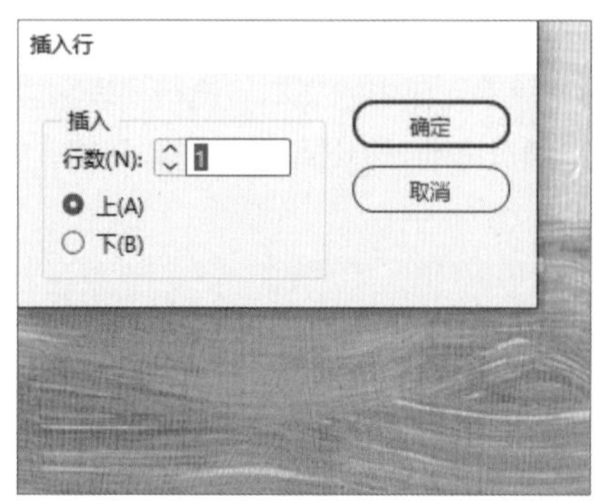

（5）插入列

选择文字工具[T]，将光标置于单元格内。执行“表>插入列”命令，或按下快捷键Ctrl＋Alt＋9，在打开的“插入列”对话框中，设置插入的列数及方位，如下左图所示。单击“确定”按钮，效果如下右图所示。

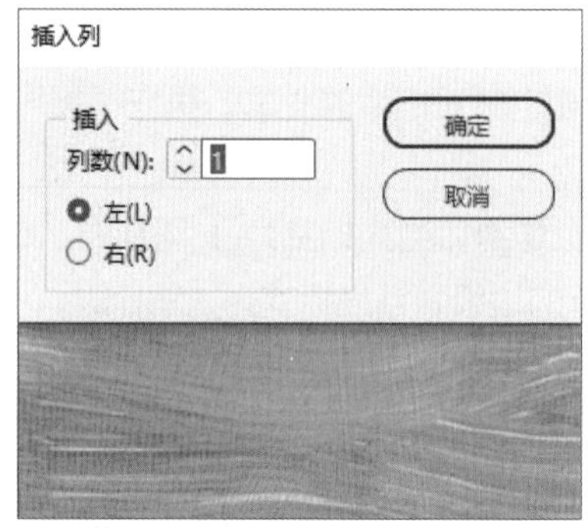

（6）“表选项”对话框

选择文字工具[T]，在表中任一位置单击鼠标左键，插入光标。执行“表>表选项”命令，弹出“表选项”对话框，如右图所示。

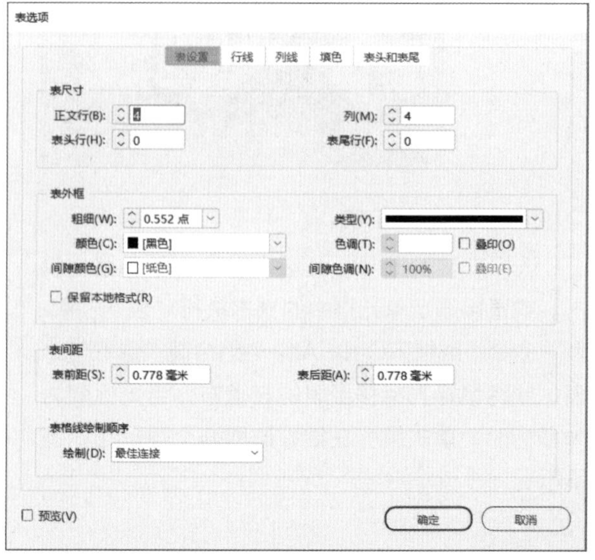

“表选项”对话框中主要选项的功能如下：

- **表外框：** 用于指定表格外框的粗细、类型、颜色、色调和间隙颜色。
- **保留本地格式：** 用于设置个别单元格的描边格式不被覆盖。

（7）插入多行和多列

选择文字工具T，在现有表中的任一位置单击鼠标左键，插入光标。打开“表选项”对话框，设置“正文行”值为8、“列”值为8，单击“确定”按钮，如下左图所示。可以看到表中已经增加了相应的行数和列数，效果如下右图所示。

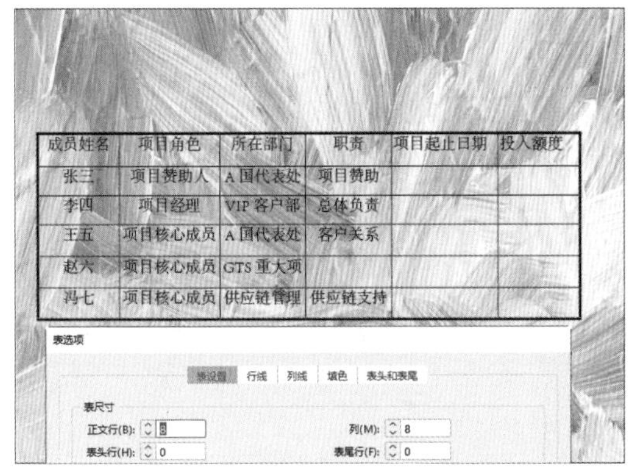

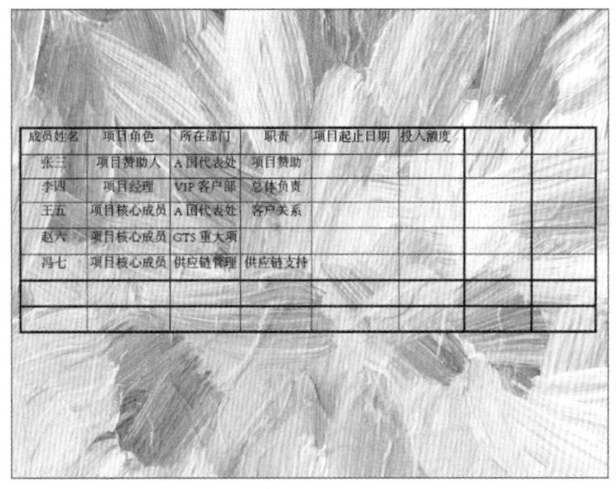

若在“表尺寸”选项组中，设置“表头行”值为1、“表尾行”值为1，单击“确定”按钮，如下左图所示。可以看到表中已经添加了表头行和表尾行，效果如下右图所示。

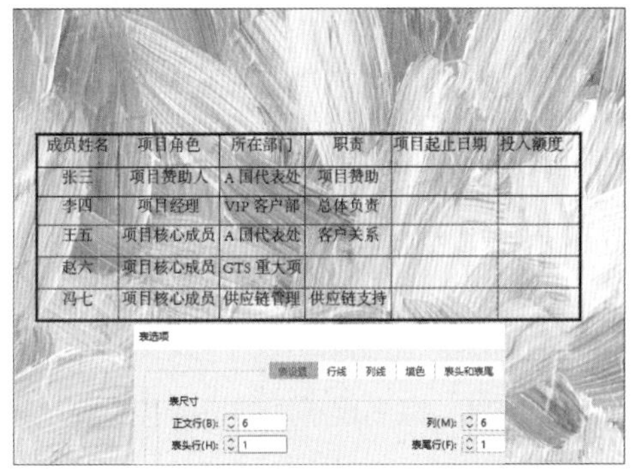

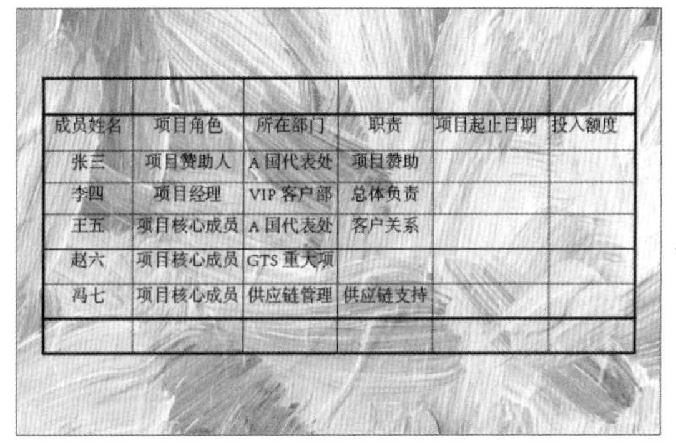

选择文字工具T，在表中任一位置单击鼠标左键，插入光标。执行“窗口>文字和表>表”命令，或按下快捷键Shift + F9，在弹出的“表”面板中，设置“行数”和“列数”的数值，如下左图所示。设置完成后的效果，如下右图所示。

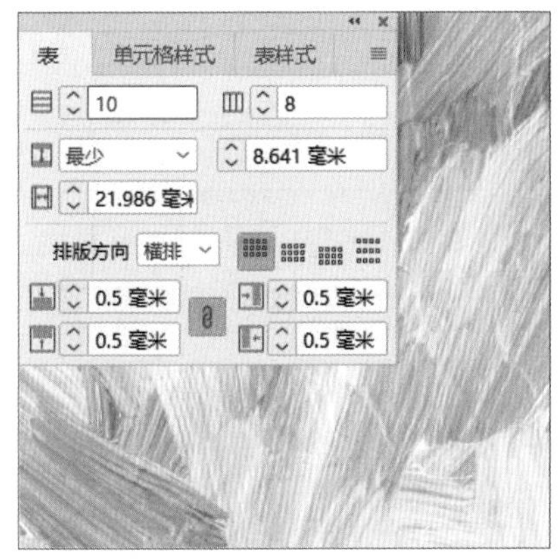

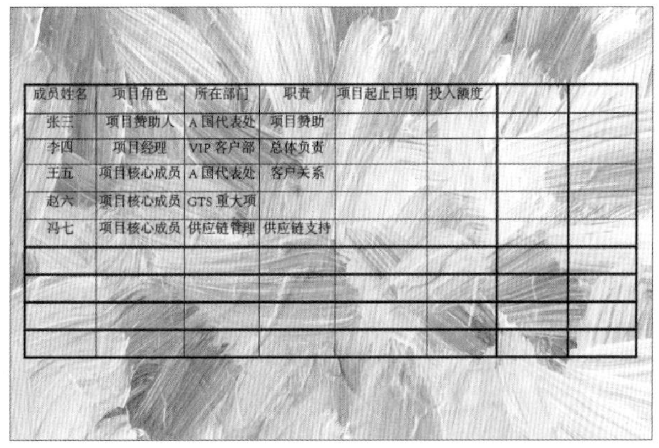

（8）通过拖动的方式插入行或列

选择文字工具T，将光标放在需要插入列的前一列的边框上，当光标变为↔图标时，按住Alt键并向右拖动鼠标。释放鼠标后，效果如下左图所示。

选择文字工具[T]，将光标放在需要插入行的前一行的边框上，当光标变为[↕]图标时，按住Alt键并向下拖动鼠标。释放鼠标后，效果如下右图所示。

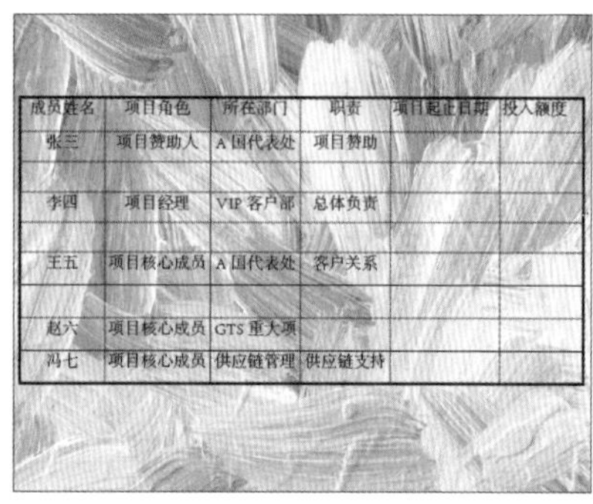

（9）删除行、列或表

选择文字工具[T]，在所要删除的行、列或表中单击鼠标，或直接选定表中的文本。执行“表>删除>行、列或表”命令，即可删除行、列或表。

选择文字工具[T]，在表中任一位置单击鼠标左键，插入光标。执行“表>表选项”命令，弹出的“表选项”对话框的“表尺寸”选项组中，输入新的行数和列数，单击“确定”按钮，即可删除行、列或表。行将从表的底部开始被删除，列将从表的左侧开始被删除。

选择文字工具[T]，将光标放在表的下边框或右边框上，当光标变为[↕]或[↔]图标时，按住Alt键，同时按住鼠标左键并向上或向左拖动，可分别删除行或列。

5.5.3 设置表格

除了基本的编辑功能，InDesign还提供了许多高级表格设置功能，如调整表格、均匀分布行和列、设置表格中的文字等。这些功能可以帮助用户创建出专业、精美的表格，以满足不同的设计和排版需求。

（1）调整行、列或表的大小

选择文字工具[T]，在需要调整的行或列的任一单元格中单击鼠标左键，插入光标。执行“表>单元格选项”命令，在弹出的“单元格选项”对话框的“行和列”面板中，设置“行高”和“列宽”的数值分别为25毫米、38毫米，单击“确定”按钮，如下左图所示。可以看到调整后的单元格的行高与列宽都增加了，效果如下右图所示。

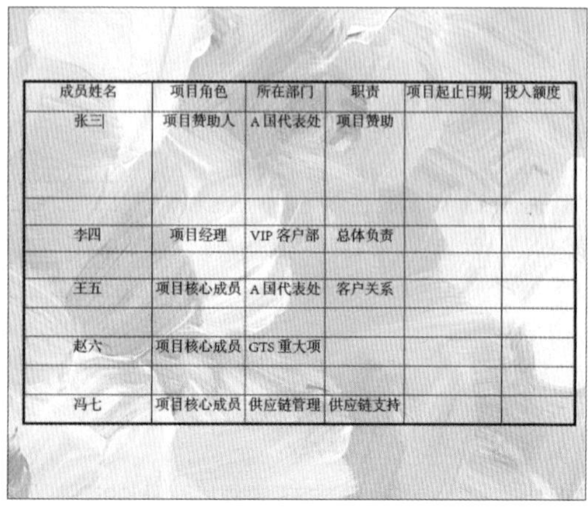

选择文字工具T，在行或列的任一单元格中单击鼠标左键，插入光标。执行“窗口>文字和表”命令，或按下快捷键Shift＋F9，在弹出的“表”面板中，设置“行高”和“列宽”的数值分别为26毫米、46毫米，如下左图所示。可以看到调整后的单元格的行高与列高都增加了，效果如下右图所示。

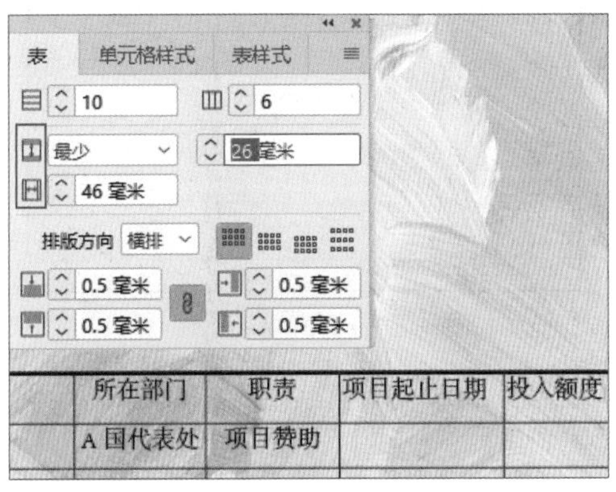

所在部门	职责	项目起止日期	投入额度
A国代表处	项目赞助		

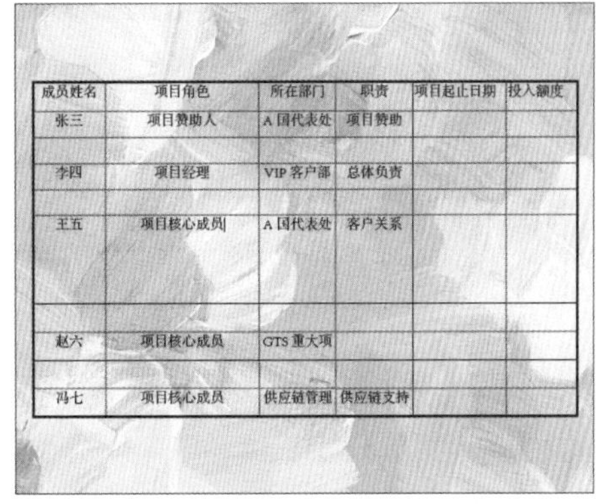

成员姓名	项目角色	所在部门	职责	项目起止日期	投入额度
张三	项目赞助人	A国代表处	项目赞助		
李四	项目经理	VIP客户部	总体负责		
王五	项目核心成员	A国代表处	客户关系		
赵六	项目核心成员	GTS重大项			
冯七	项目核心成员	供应链管理	供应链支持		

（2）在不改变表宽与表高的情况下，调整行高和列宽

选择文字工具T，将光标放在需要调整行高的行的边框上，当光标变为↕图标时，用相同的方法上下拖动鼠标，可以在不改变整体表高的情况下改变行高，效果如下右图所示。选择文字工具T，将光标放在需要调整列宽的列的边框上，当光标变为↔图标时，按住Shift键并向右或向左拖动光标，可增大或减小列宽，但是表的整体宽度不会受到影响，效果如下左图所示。

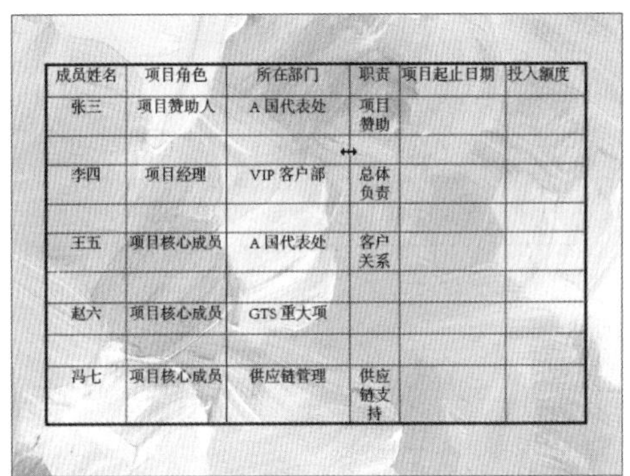

成员姓名	项目角色	所在部门	职责	项目起止日期	投入额度
张三	项目赞助人	A国代表处	项目赞助		
李四	项目经理	VIP客户部	总体负责		
王五	项目核心成员	A国代表处	客户关系		
赵六	项目核心成员	GTS重大项			
冯七	项目核心成员	供应链管理	供应链支持		

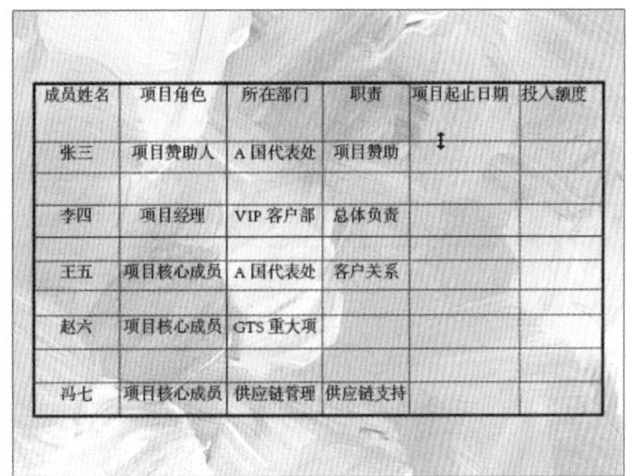

成员姓名	项目角色	所在部门	职责	项目起止日期	投入额度
张三	项目赞助人	A国代表处	项目赞助		
李四	项目经理	VIP客户部	总体负责		
王五	项目核心成员	A国代表处	客户关系		
赵六	项目核心成员	GTS重大项			
冯七	项目核心成员	供应链管理	供应链支持		

（3）均匀分布行和列

选择文字工具T，选取需要均匀分布的行，可以不用选取整个行，如下左图所示。执行“表>均匀分布行”命令，取消文字的选定状态，可以看到选取的行已经均匀分布了，效果如下右图所示。

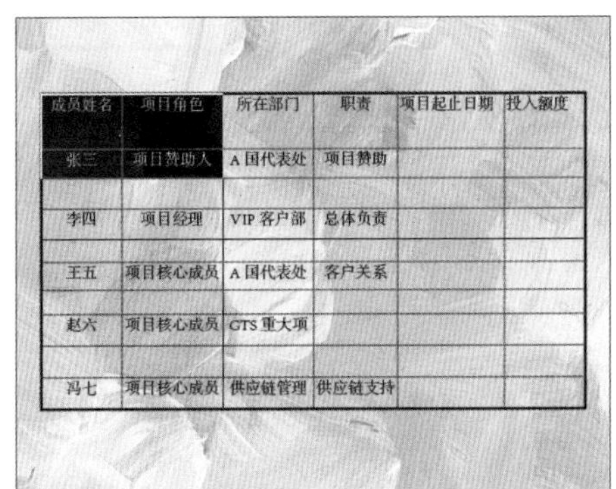

成员姓名	项目角色	所在部门	职责	项目起止日期	投入额度
张三	项目赞助人	A国代表处	项目赞助		
李四	项目经理	VIP客户部	总体负责		
王五	项目核心成员	A国代表处	客户关系		
赵六	项目核心成员	GTS重大项			
冯七	项目核心成员	供应链管理	供应链支持		

成员姓名	项目角色	所在部门	职责	项目起止日期	投入额度
张三	项目赞助人	A国代表处	项目赞助		
李四	项目经理	VIP客户部	总体负责		
王五	项目核心成员	A国代表处	客户关系		
赵六	项目核心成员	GTS重大项			
冯七	项目核心成员	供应链管理	供应链支持		

选择文字工具T，选取需要均匀分布的列，如下页左图所示。执行“表>均匀分布列”命令，取消文

字的选定状态，可以看到选取的列已经均匀分布了，效果如下右图所示。

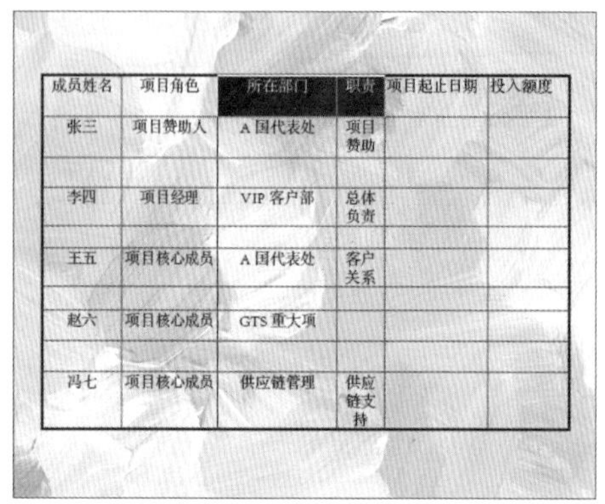

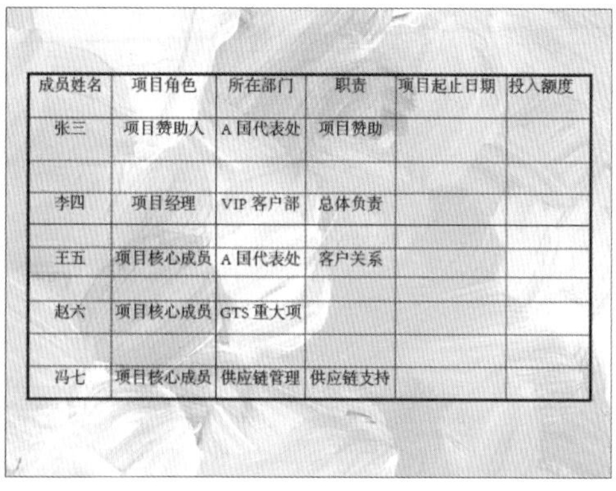

（4）设置表中文本的格式

选择文字工具T，选取需要更改文字对齐方式的单元格，如下左图所示。执行“表>单元格选项”命令，弹出“单元格选项”对话框。在文本面板的“垂直对齐”选项组中，设置对齐方式，单击“确定”按钮，效果如下右图所示。

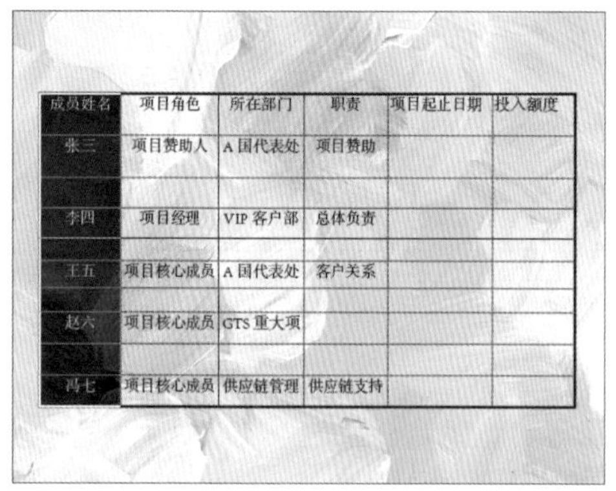

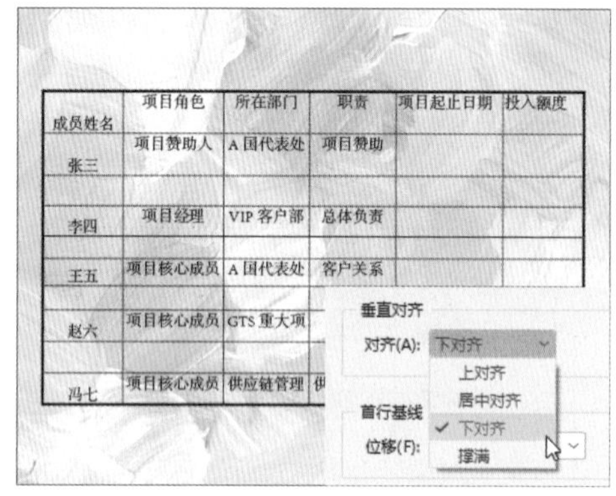

（5）旋转单元格中的文本

选择文字工具T，选取需要旋转文字的单元格，如下左图所示。执行“表>单元格选项”命令，弹出“单元格选项”对话框。在“文本”面板的“文本旋转”选项组中，设置“旋转”的角度，单击“确定”按钮，效果如下右图所示。

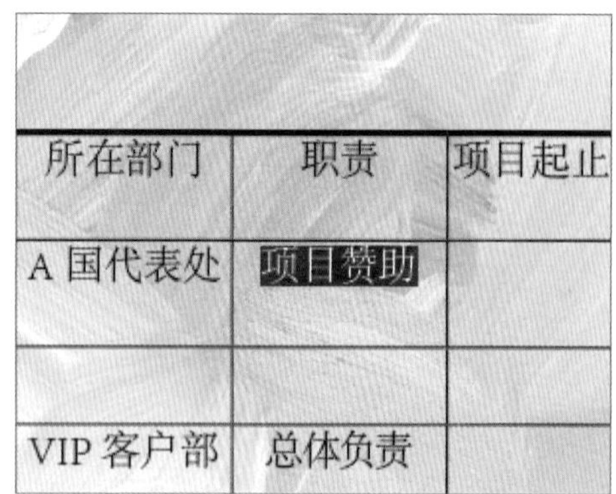

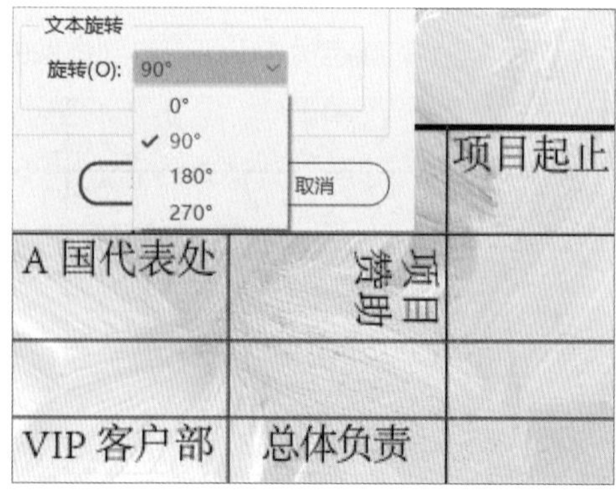

（6）合并单元格

选择文字工具T，选取需要合并的单元格，如下页左图所示。执行“表>合并单元格”命令，取消单元格的选定状态后，效果如下右图所示。

选择文字工具T，在合并后的单元格中单击鼠标左键，插入光标，或直接选中合并后的单元格，如下左图所示。执行“表>取消合并单元格”命令，取消单元格的选定状态后，效果如下右图所示。

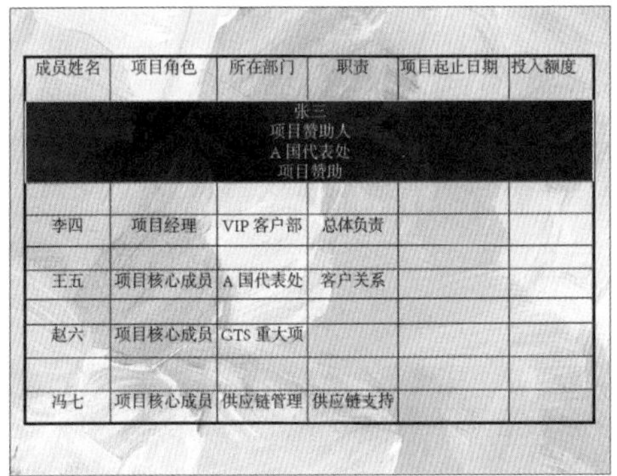

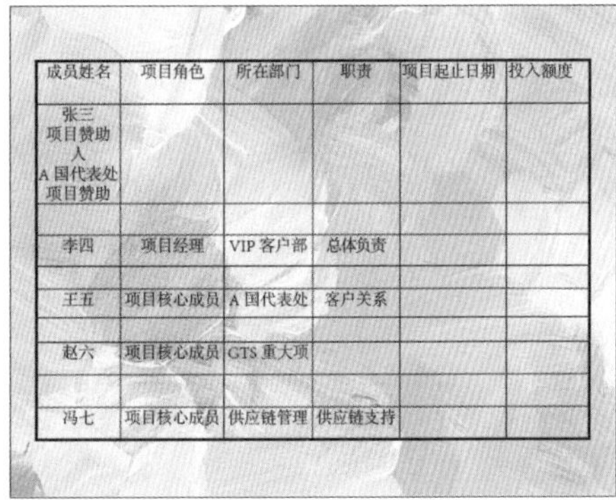

（7）拆分单元格

选择文字工具T，选取需要拆分的单元格，如下左图所示。执行“表>水平拆分单元格”命令，取消单元格的选定状态后，效果如下右图所示。

选择文字工具T，选取需要拆分的单元格，如下左图所示。执行“表>垂直拆分单元格”命令，取消单元格的选定状态后，效果如下右图所示。

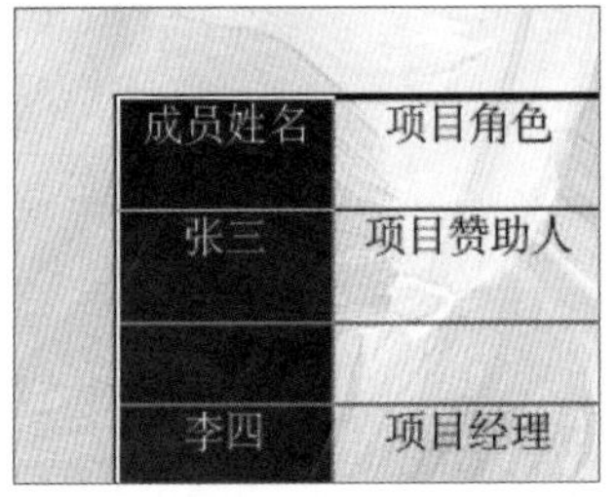

5.5.4 对表格进行描边和填色

在InDesign中，对表格进行描边和填色的功能非常直观且强大，使用户能够快速地定制表格的外观，使其与整体设计风格适配，同时能够使表格更加丰富，数据内容更加清晰明了。

● **设置表格边框的描边和填色**

选择文字工具T，在表中任一位置单击鼠标左键，插入光标。执行“表>表选项”命令，弹出“表选项”对话框。在“表外框”面板中，设置相应的参数，如下左图所示。单击“确定”按钮，效果如下右图所示。

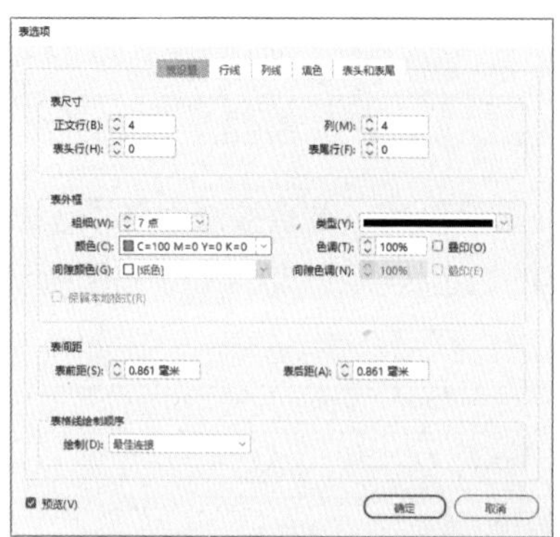

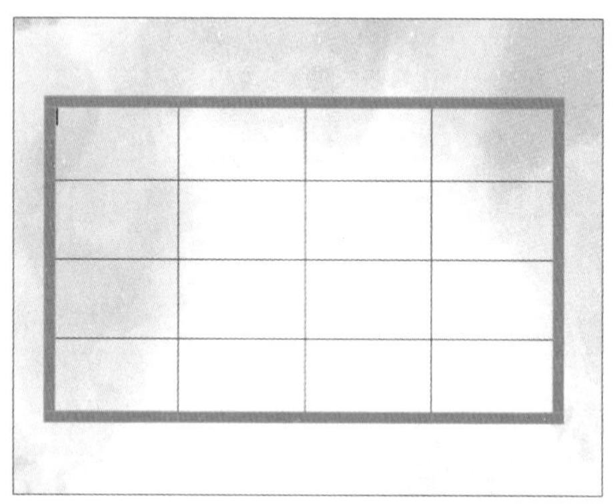

选择文字工具T，在表中任一位置单击鼠标左键，插入光标。执行“表>表选项”命令，弹出“表选项”对话框。在“填色”面板中设置相应的参数，如下左图所示。单击“确定”按钮，效果如下右图所示。

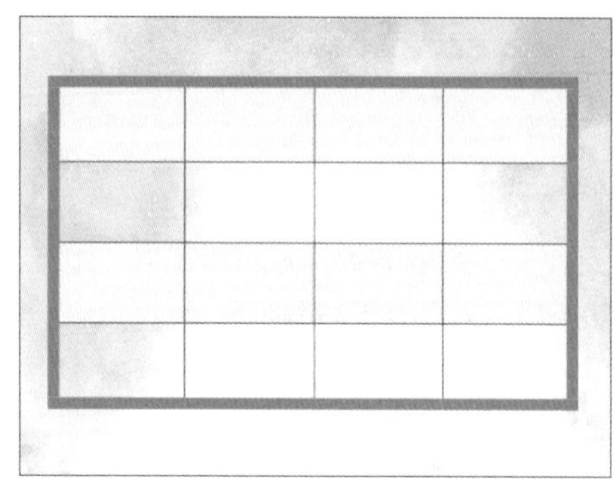

● **设置单元格的描边和填色**

选择文字工具T，在表中选取需要的单元格。执行“表>单元格选项”命令，弹出“单元格选项”对话框。在“描边和填色”面板中，设置相应的数值，如下左图所示。单击“确定”按钮，取消单元格的选定状态后，效果如下右图所示。在“单元格填色”选项组中，可以指定单元格所需要的颜色和色调。

除了以上方法，用户还可以选择文字工具，在表中选取需要的单元格。执行“窗口>描边”命令，或按下F10功能键，弹出“描边”面板。在预览区域中，取消不需要添加描边的线条。参数设置如下左图所示，效果如下右图所示。

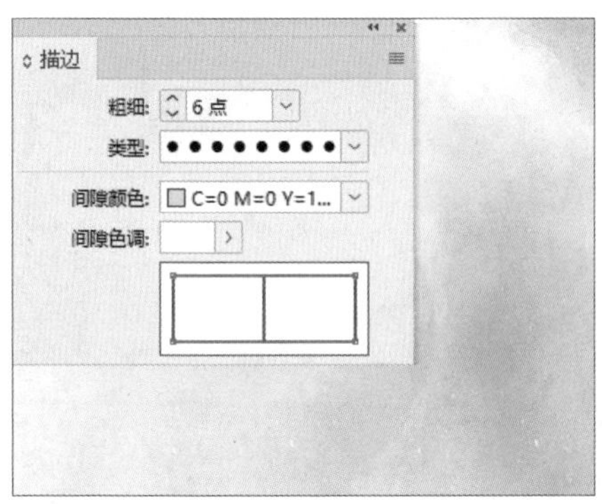

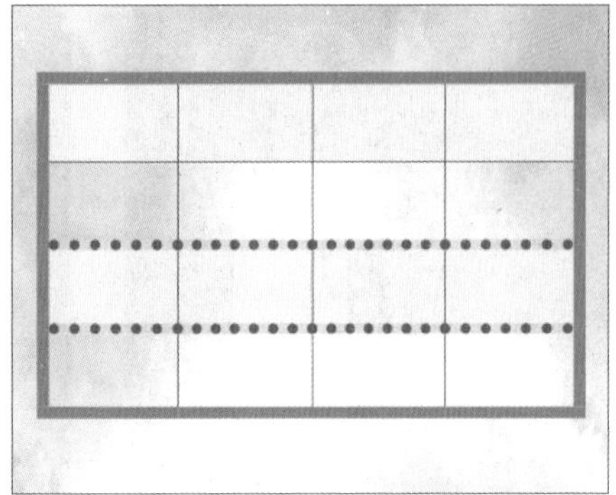

● **添加对角线**

选择文字工具，在需要添加对角线的单元格中单击鼠标左键，插入光标。执行“表>单元格选项”命令，弹出“单元格选项”对话框。在“对角线”面板中，上面的4个按钮分别为：“无对角线”按钮、“从左上角到右下角的对角线”按钮、“从右上角到左下角的对角线”按钮、“交叉对角线”按钮。选择需要的对角线类型，并设置相应的参数，如下左图所示。单击“确定”按钮，效果如下右图所示。

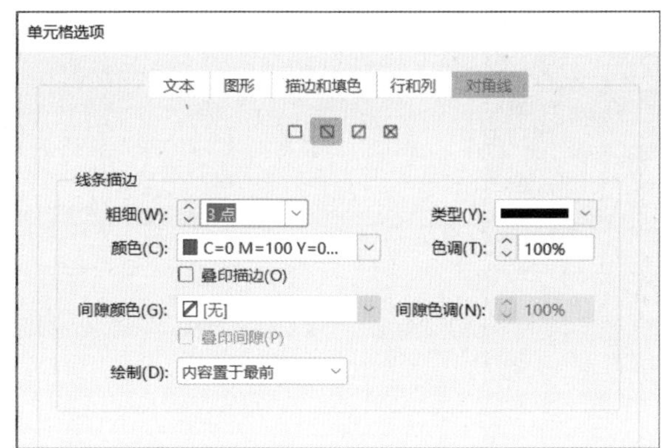

知识延伸：图文占比

图文占比，通常指的是在文档、页面设计或数据可视化中，图片和文字各自所占的比例。然而，图文占比的最优比例并没有一个固定的标准，因为它取决于多种因素，如设计目标、内容类型、受众偏好、发布平台等。不过，基于常见的设计经验和用户反馈，可以归纳出几种常见的图文占比类型，以及它们在不同场景下的适用性。

● **1∶1图文占比**

1∶1为正方形构图，图片占比较大，容易吸引用户的注意力，能够突出展示图片中主体内容的适用性，适用于产品特写展示、头像等。因此，在电商类应用或网站中经常将其用于产品介绍图展示。在某些电商网站中，产品主图的尺寸通常被设置为接近1∶1的比例，以确保图片能够完整地展示产品，如下页左图所示。

● 2：3图文占比

2：3的图文占比接近黄金比例，在视觉上较为舒适，适合横图展示，如横幅广告、产品列表等。由于相机中的全画幅尺寸也是2：3，所以这种比例的图片通常被认为是比较专业的，如下右图所示。

● 4：3图文占比

4：3图文占比，会使内容更加紧凑，适合展示丰富的图片信息。多用于以图片为主的设计应用或网站中，如摄影类网站、画廊等。这种比例也常见于横幅图或产品列表中。手机等小型移动设备拍摄的图片，通常默认采用4：3的比例，如下图所示。

● 16：9图文占比

16：9是符合视频画面的标准比例，给人一种视野宽广的感觉。多用于视频类应用或网页中的视频和背景图，也适用于需要展现宽阔视野的场景，如风景图等。而且，随着移动设备的发展，16：9的比例在视频和图片中的应用会越来越广，如下图所示。

- **3：4图文占比**

3：4图文比例，适合竖屏显示。预览状态下，即可体现图片的大体内容。在手机屏幕上的展示效果较好，常见于以图片分享为主的社交平台，如小红书、Instagram等。这种比例的图片也很适合展示人像和风景。根据社交媒体平台的用户反馈和数据分析，3：4的图片比例在这些平台上往往能够获得更高的互动率，如下图所示。

除了上述几种常见的比例外，还有其他如16：10、5：4等比例。它们在不同的设计场景中，也有着各自的优势和适用性。在实际应用中，可以根据具体需求和设计目标选择合适的图文占比比例。同时，也需要注意不同设备的屏幕尺寸和分辨率差异，以确保图文在不同设备上都能呈现出最佳的效果。

上机实训：制作一张花卉海报

学习完本章内容后，相信用户对InDesign的图文结合的相关知识与操作技巧有了一定的了解。下面以制作一张花卉海报为例，来巩固本章所学内容，具体操作如下。

扫码看视频

步骤01 打开InDesign，执行“文件>新建文档”命令，或按下快捷键Ctrl＋N，在打开的“新建文档”对话框中设置页面参数，单击“边距和分栏”按钮，如下左图所示。

步骤02 在“新建边距和分栏”对话框中，设置“边距”和“栏”的参数，单击“确定”按钮，如下右图所示。

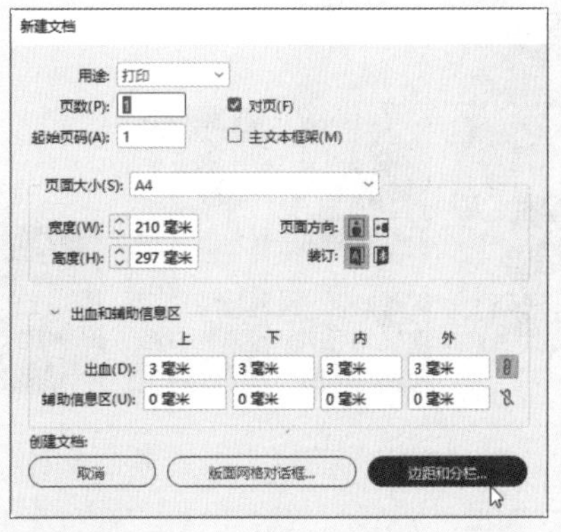

步骤03 选择矩形工具，绘制出4个矩形，如下页左图所示。

步骤04 使用选择工具选中所有矩形，执行“对象>路径>建立复合路径”命令，然后执行“文件>置入”命令。在“置入”对话框中，选择“花朵”图像素材，单击“打开”按钮，并将其调整至适合矩形框架组的位置。按下快捷键Ctrl＋X剪切图片，随后执行“编辑>贴入内部”命令，即可将图片置入矩形框架组内，效果如下右图所示。

步骤 05 执行“对象>效果>投影”命令，在打开的“效果”对话框的“投影”面板中，将“混合”选项区域中的“模式”设置为“正片叠底”、“颜色”为黑色、“不透明度”为75%；将“位置”选项区域中的“距离”设置为4毫米、“角度”为133°；将“选项”选项区域中的“大小”“扩展”“杂色”分别设置为6毫米、0%、0%，单击“确定”按钮，如下左图所示。

步骤 06 选择矩形工具，绘制一个矩形。在“属性”面板中，将它的“宽度”“高度”分别设置为142毫米、30毫米，将“填色”的RGB值分别设置为250、206、0。完成后的效果，如下右图所示。

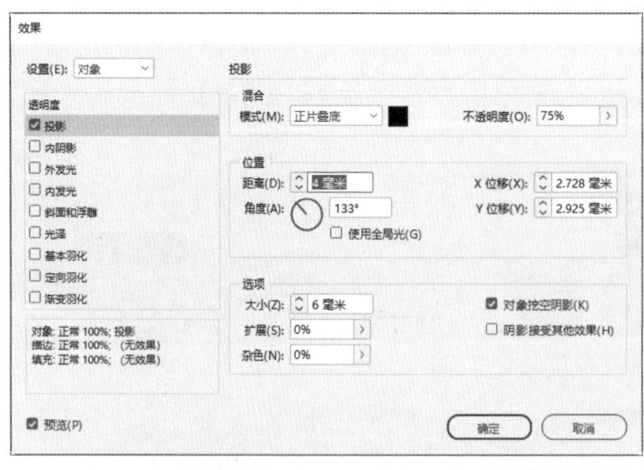

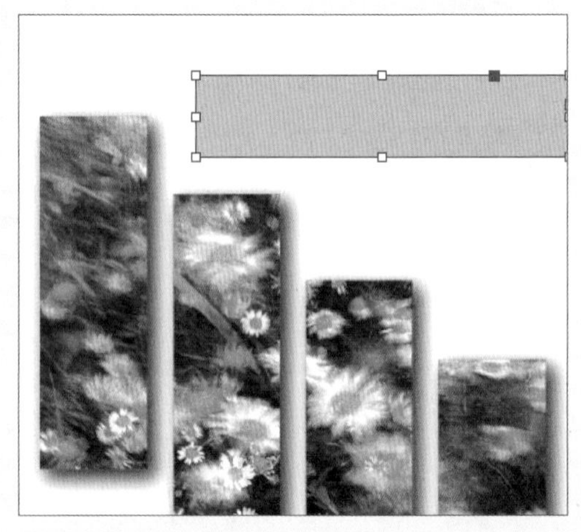

步骤 07 在工具栏中，选择文字工具，创建文本框并输入文本。在“字符”面板中，设置“字体”为“思源宋体”、“字体样式”为“Bold”、“字体大小”为63点、“字符间距”为220。最后，在“属性”面板中，将文字的“填色”设置为白色，如下页左图所示。

步骤 08 在工具栏中，选择文字工具，创建文本框并输入文本。在“字符”面板中，设置“字体”为

"思源宋体"、"字体样式"为"Bold"、"字体大小"为63点。最后，在"属性"面板中，将文字"填色"的RGB值分别设置为250、174、3，完成后的效果，如下右图所示。

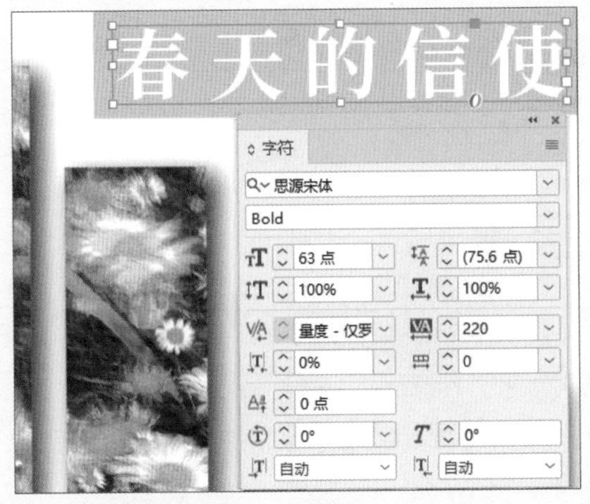

步骤 09 在工具栏中，选择矩形工具，绘制两个矩形。在"属性"面板中，设置"填色"的RGB值分别为250、206、0，"描边"为无，效果如下左图所示。

步骤 10 使用选择工具，选中上一步绘制的两个矩形，单击鼠标右键，在快捷菜单中选择"效果>透明度"命令。在打开的"效果"对话框的"透明度"面板中，将"不透明度"值设置为20%，单击"确定"按钮，如下右图所示。

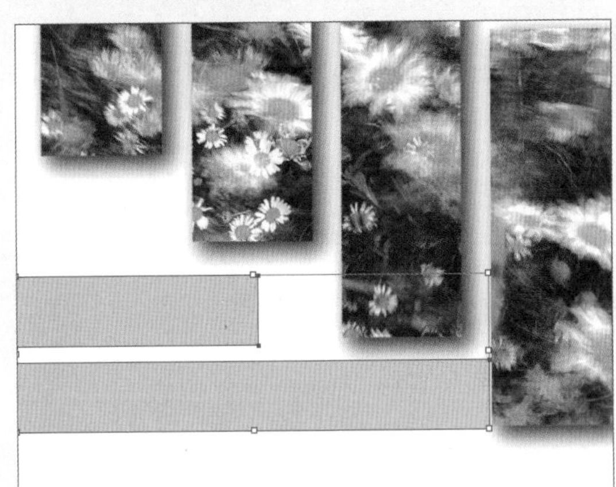

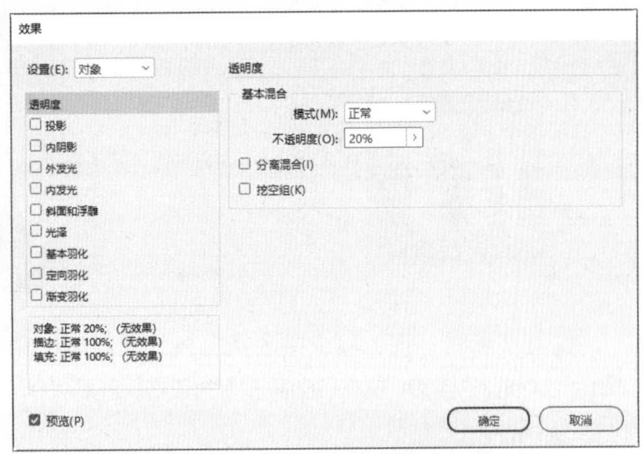

步骤 11 在工具栏中，选择文字工具，创建两个文本框并输入文本。在"字符"面板中，将"字体"设置为"思源宋体"、"字体样式"为"Bold"、"字体大小"为48点，如右图所示。

步骤 12 使用选择工具，选中上一步创建的两个文本框，单击鼠标右键，在快捷菜单中选择“效果>透明度”命令。在打开的“效果”对话框的“透明度”面板中，将“不透明度”设置为50%，单击“确定”按钮，如右图所示。

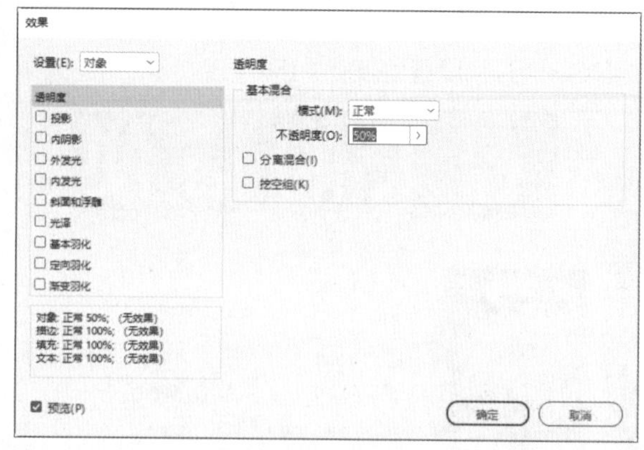

步骤 13 在工具栏中，选择文字工具，创建文本框并输入文本。在“字符”面板中，设置“字体”为“思源宋体”、“字体样式”为“Bold”、“字符间距”为180、“字体大小”为26点，如下左图所示。最后，在“属性”面板中，将文字“填色”的RGB值分别设置为250、174、3。

步骤 14 继续使用文字工具，创建两个文本框并输入文本。在“段落”面板中，单击“双齐末行齐右”按钮，接着在“字符”面板中设置“字体”为“Adobe 宋体 Std”、“字体大小”为22点，如下右图所示。

步骤 15 最后，在工具栏中选择直线工具，按住Shift键，绘制两条直线。在“属性”面板中，设置“填色”为无，“描边”的RGB值分别为250、206、0，“粗细”为4点。至此，花朵海报就制作完成了，如下左图所示。

步骤 16 将海报应用于实际场景的效果，如下右图所示。

课后练习

一、选择题（部分多选）

（1）InDesign中，可以置入的图像分为（　　）两种形式。

A. 置入链接图像　　B. 嵌入图像

C. 载入图像　　D. 嵌入链接图像

（2）InDesign中，制表符是一种用于（　　）的功能。

A. 文本对齐　　B. 文本排序

C. 文本排列　　D. 符号排列

（3）在InDesign的“表选项”对话框中，主要选项的功能有（　　）。

A.“表外框”选项组　　B.“保留本地格式”

C. 表格填色　　D. 表格大小

二、填空题

（1）InDesign中，用于设置个别单元格的描边格式不被覆盖的功能是“____________”。

（2）所有置入的文件都会在____________面板中展示。

（3）在“表”面板中，“行高”和“列宽” 设置完成后，按____________即可完成设置。

三、上机题

根据本章学习内容，请制作一张三月的日历。其中，需要导入适合季节的图片作为背景，并注意日期与星期的对应，效果如下图所示。

操作提示

① 使用置入图片功能，实现内容更丰富的效果。

② 灵活使用制表符功能，实现文字排列整齐的效果。

第6章 认识页面

本章概述

这一章主要对页面排版的综合应用进行讲解，包括页面的布局、创建主页、使用主页。掌握这些方法，有助于排出更好看的页面效果。

核心知识点

❶ 了解版面的精确布局
❷ 熟悉制作主页的基本操作
❸ 熟悉主页的应用
❹ 熟悉跨页的制作及应用

6.1 主页

主页相当于一个可以快速应用到多个页面的背景页。主页上的对象将显示在应用该主页的所有页面上，且将显示在文档页面中同一图层的对象之后。对主页进行的更改，将自动应用到关联的页面上。

6.1.1 创建主页

可以从头开始创建新的主页，也可以利用现有主页或跨页创建主页。当将主页应用于其他页面后，对原主页所做的任何更改，都会自动反映到所有基于它所创建的主页和文档页面中。

（1）从头创建主页

执行“窗口>页面”命令，弹出“页面”面板。单击面板右上方的图标，在弹出的菜单中选择“新建主页”命令，如下左图所示。弹出“新建主页”对话框，如下右图所示。

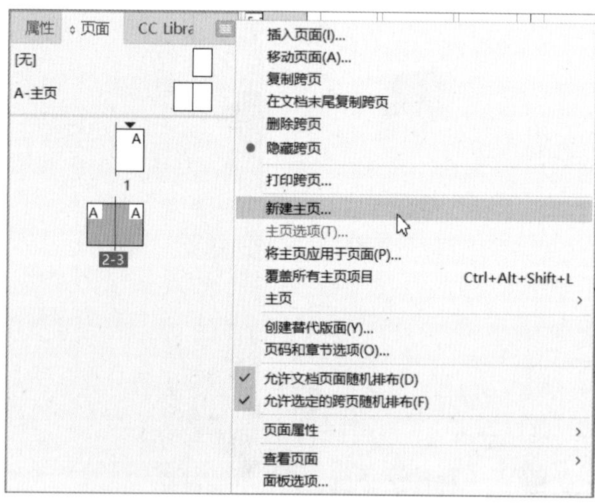

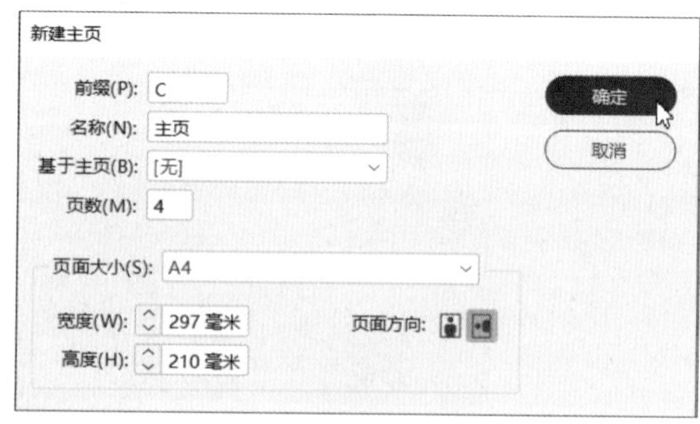

“新建主页”对话框的主要功能有：

- **前缀：** 用于标识“页面”面板中各个页面所应用的主页，最多可以输入4个字符。
- **名称：** 用于输入主页跨页的名称。
- **基于主页：** 用于选择一个以此主页跨页为基础的现有的主页跨页，或选择“无”。
- **页数：** 可以在该选项的文本框中输入一个数值，并以该数值作为主页跨页中要包含的页数，最多10页。
- **页面大小：** 用于设置新建主页的页面大小和页面方向。

在“新建主页”对话框中，设置“页数”为4，单击“确定”按钮。新建的主页效果，如下图所示。

（2）从现有页面或跨页创建主页

在“页面”面板中，单击选取需要的跨页或页面图标，如下左图所示。按住鼠标左键，将其从“页面”部分拖动到“主页”部分，如下右图所示。释放鼠标后，即以现有跨页为基础创建了主页。

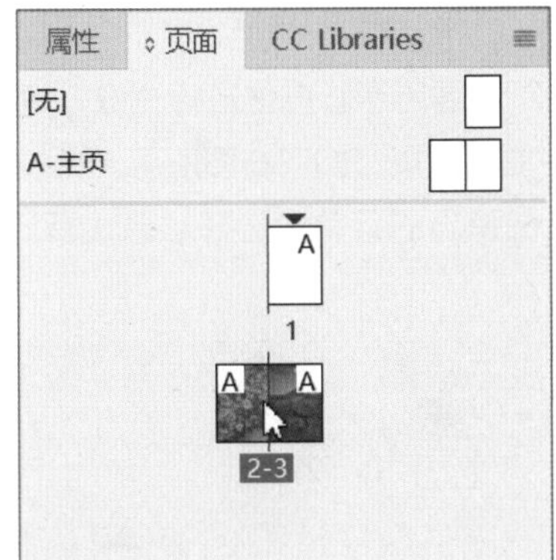

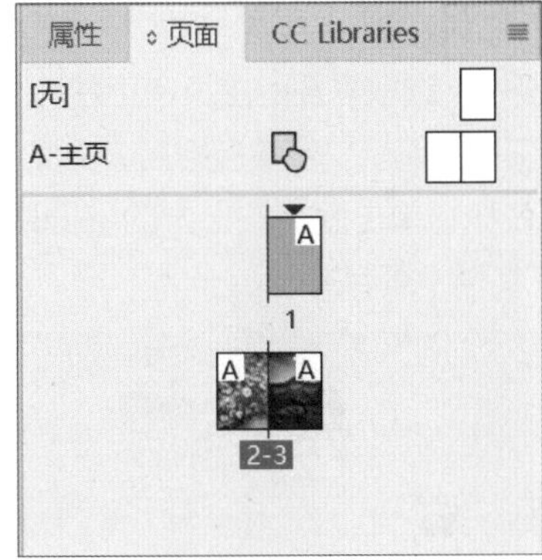

6.1.2 基于其他主页

在InDesign中，基于其他主页的功能，允许用户从源文档导入并共享主页，以确保多项目布局和风格统一。更新源文档时，所有相关页面会自动同步更新，能够提高设计效率。此功能同时支持主页的重命名和替换操作。

在“页面”面板中，选取需要的主页图标，如下左图所示。单击面板右上方的≡图标，在弹出的快捷菜单中选择“C-主页”中的“主页选项”，会弹出“主页选项”对话框。在“基于主页”选项中选取需要的主页，如下中图所示。单击“确定”按钮，“C-主页”将基于“B-主页”创建主页样式，如下右图所示。

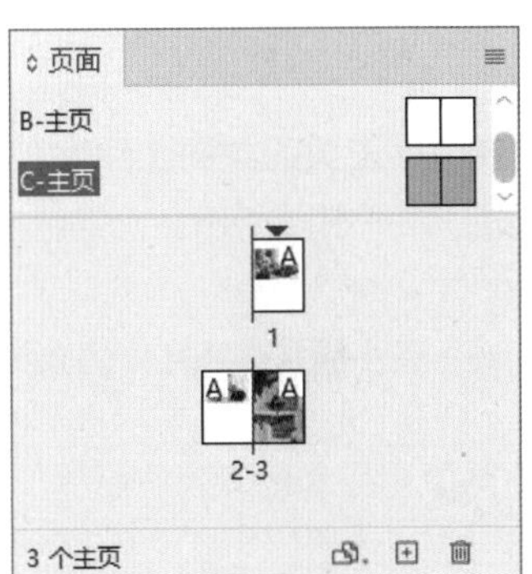

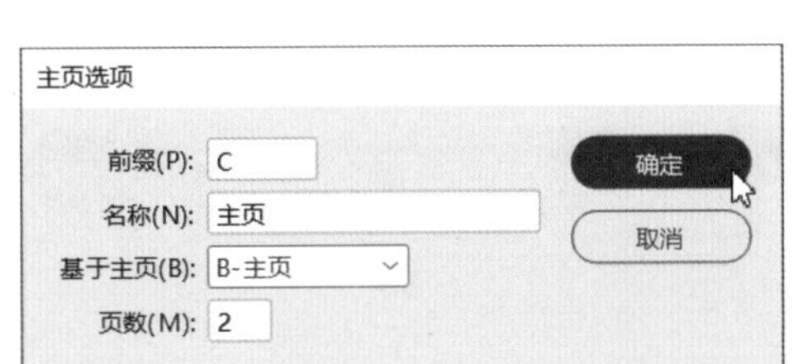

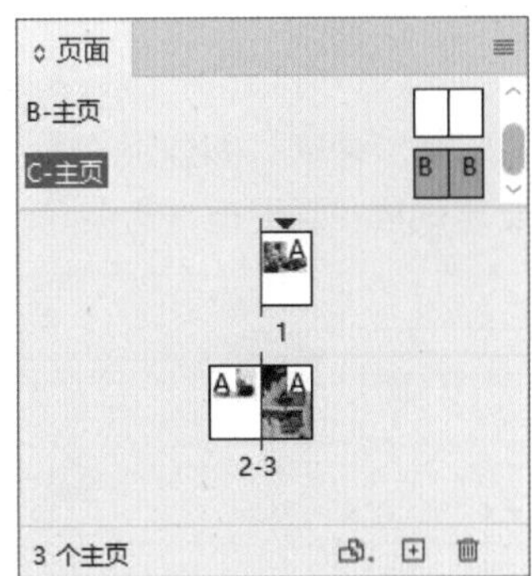

在“页面”面板中，选取需要的主页跨页名称，如下页左图所示。按住鼠标左键，将其拖动到应用该主页的另一个主页名称上，如下页中图所示。释放鼠标后，“B-主页”将基于“C-主页”创建主页样式，如下页右图所示。

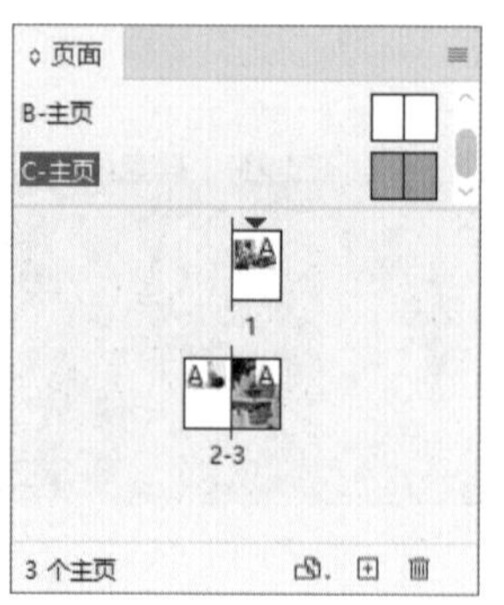

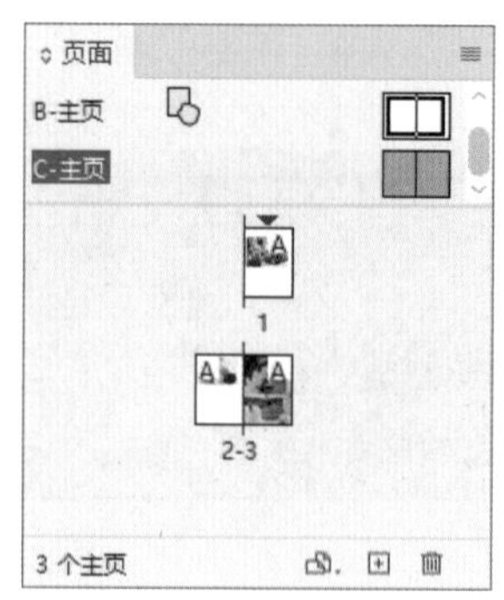

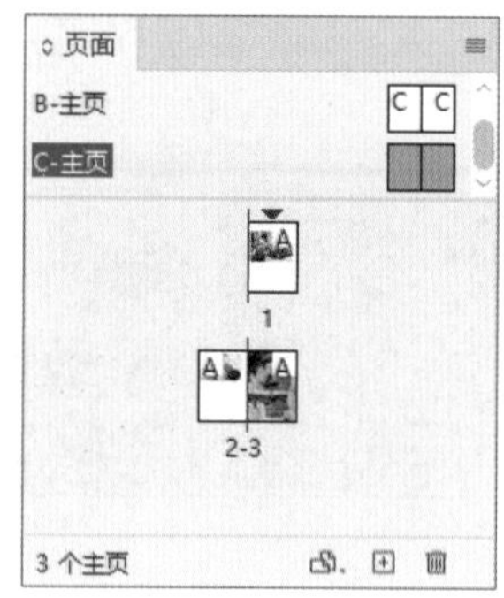

6.1.3 复制主页

在InDesign中，复制主页可以将内容全复制，保持其样式布局不变，并可以确保交互元素同步更新，保留其响应式适配特性。

在“页面”面板中，选取需要的主页跨页名称，如下左图所示。按住鼠标左键，将其拖动到“新建页面”按钮上，如下中图所示。释放鼠标后，在文档中复制主页，如下右图所示。在“页面”面板中，选取需要的主页跨页名称，单击面板右上方的图标，在弹出的菜单中选择“直接复制主页跨页‘B-主页’”命令，可以在文档中复制主页。

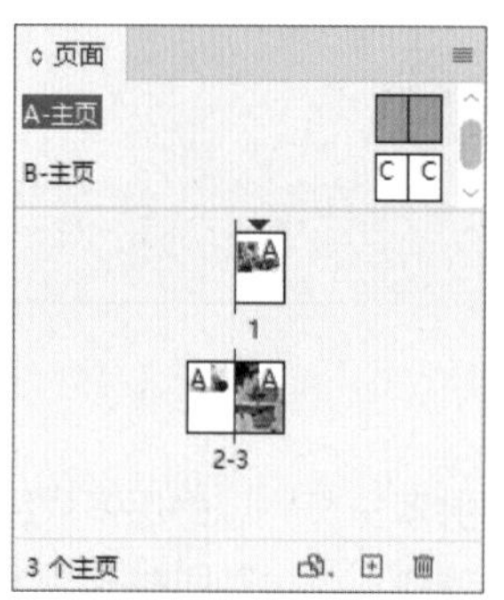

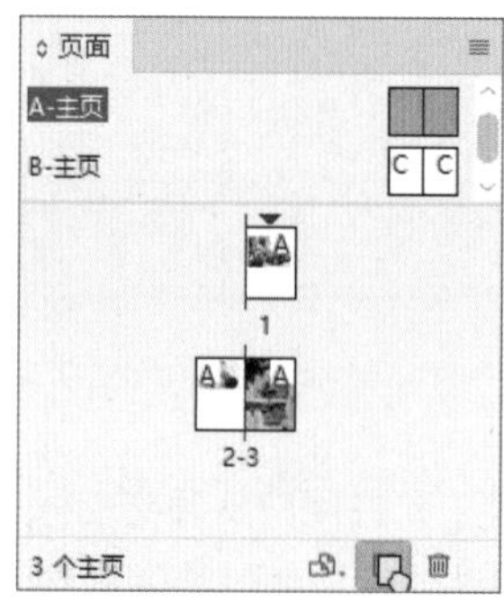

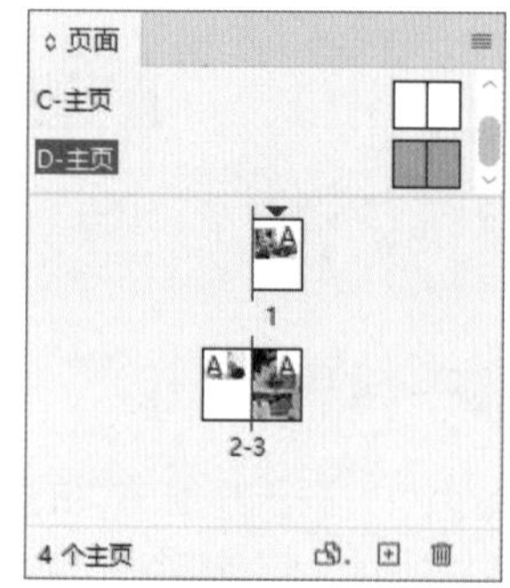

6.1.4 应用主页

在InDesign中，应用主页功能允许用户为文档创建统一的页眉、页脚等元素，而无需在每个页面重复设计。

（1）将主页应用于页面或跨页

在“页面”面板中，选取需要的主页图标，如下左图所示。将其拖动到需要应用主页的页面图标上，当出现黑色矩形框框选页面时，如下中图所示，松开鼠标，即已为页面应用主页，如下右图所示。

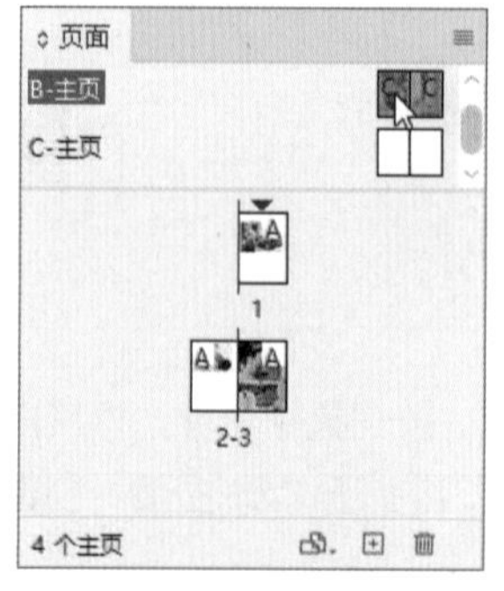

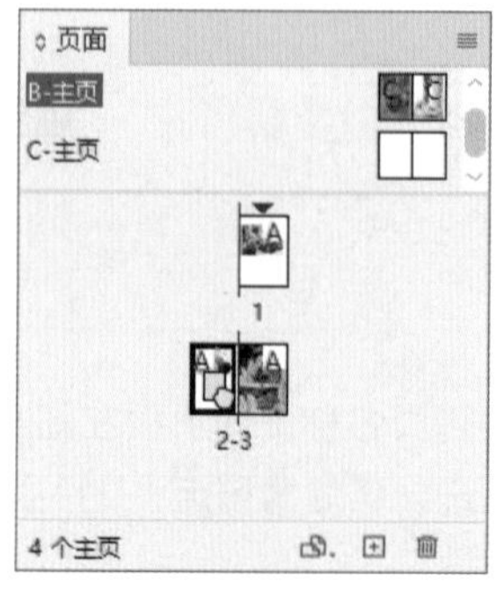

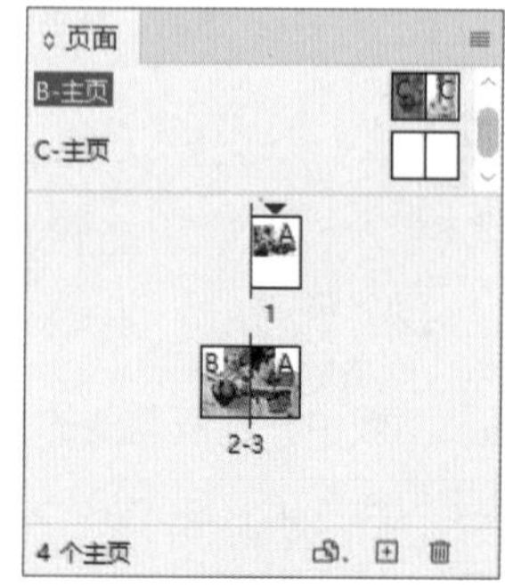

在“页面”面板中，选取需要的主页跨页图标，如下左图所示。将其拖动到跨页的角点上，如下中图所示，当出现黑色矩形框框选页面时，松开鼠标，即已为跨页应用主页，如下右图所示。

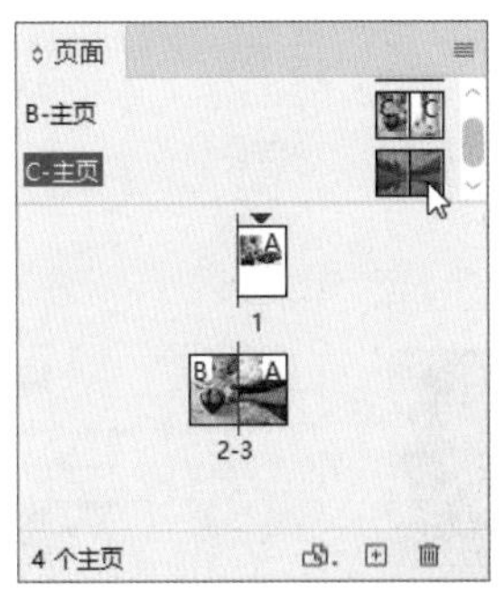

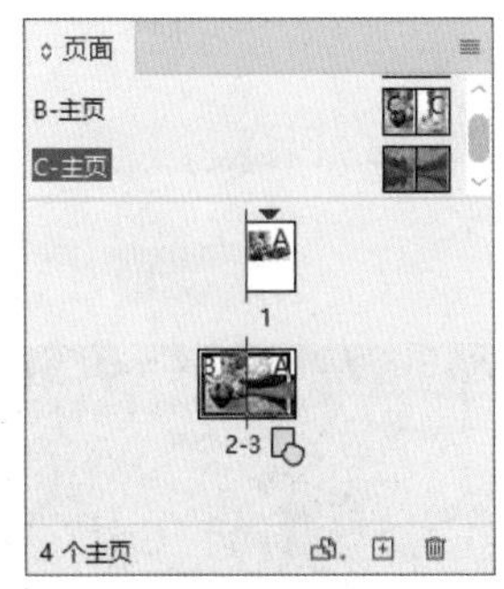

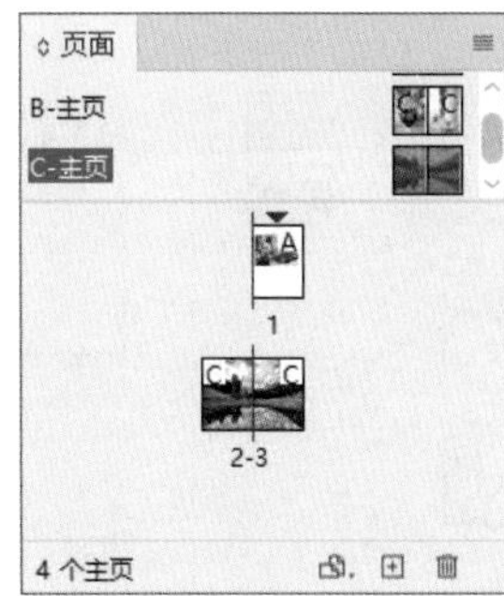

（2）将主页应用于多个页面

在“页面”面板中，选取需要的主页跨页名称，如下左图所示。单击面板右上方的图标，在弹出的快捷菜单中选择“将主页应用于页面”命令。弹出“应用主页”对话框后，在“应用主页”选项中指定需要应用的主页，在“于页面”选项中指定需要应用主页的页面，单击“确定”按钮，即已将主页应用于选定的页面，效果如下右图所示。

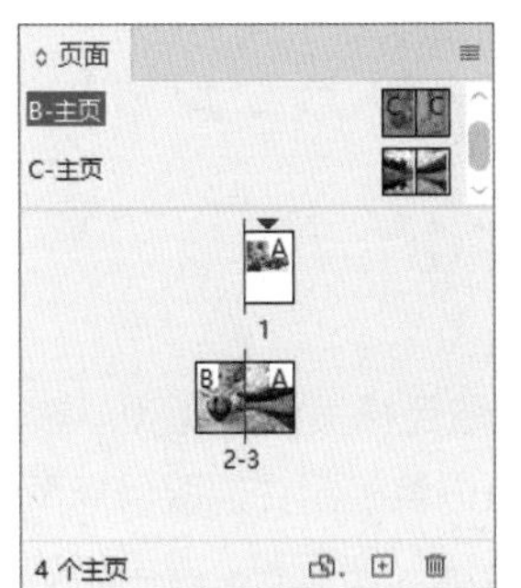

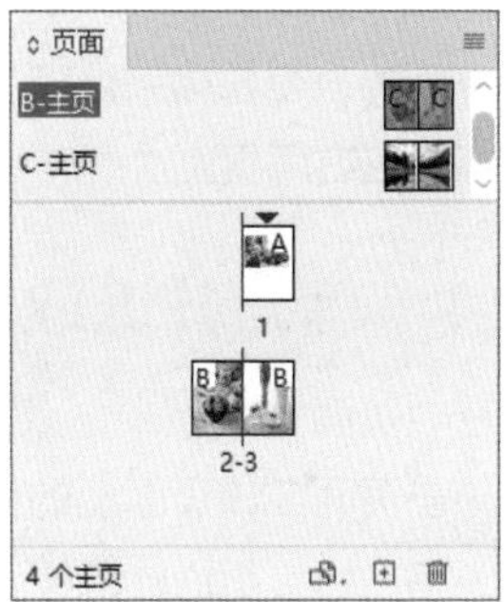

6.1.5 取消指定主页

在“页面”面板中，选取需要取消主页的页面图标，如下左图所示。单击“[无]”页面图标，将取消指定的主页，效果如下右图所示。

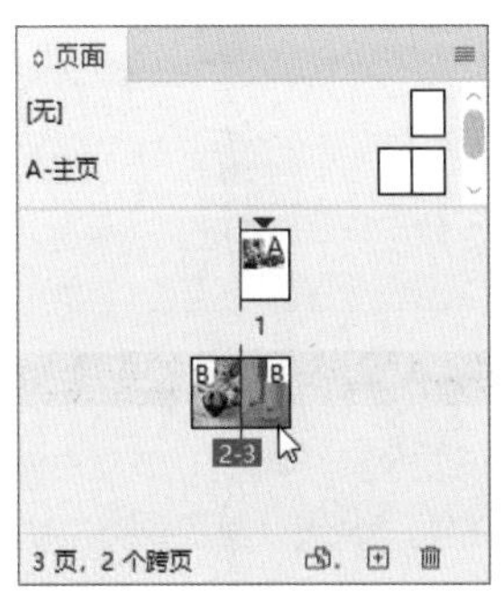

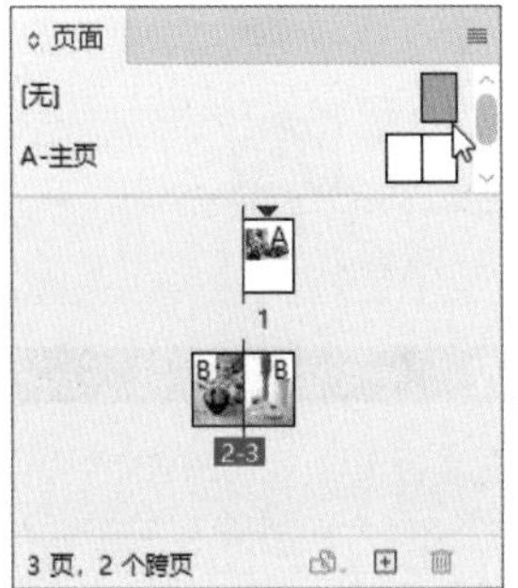

6.1.6 删除主页

删除主页功能主要用于快速删除文档中已应用的主页设置。

在“页面”面板中，选取需要删除的主页，如下页左图所示。在“页面”面板中，单击“删除选中页面”按钮，弹出提示对话框，如下页中图所示。单击“确定”按钮，主页即已删除，如下页右图所示。

将选取的主页直接拖曳到“删除选中页面”按钮上，或单击面板右上方的图标，在弹出的菜单中选择“删除主页跨页‘1-主页’”命令，也可以删除主页。

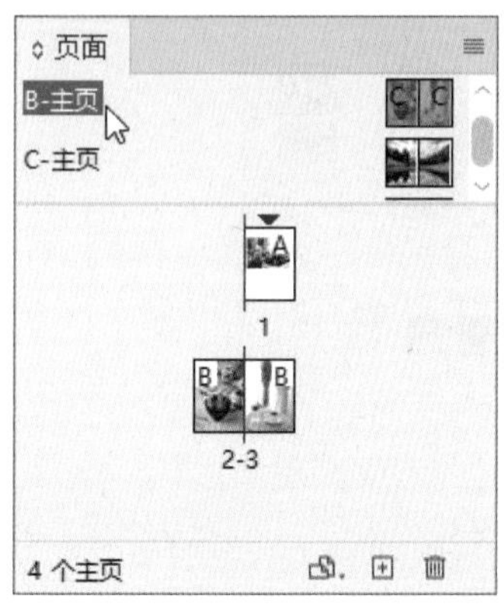

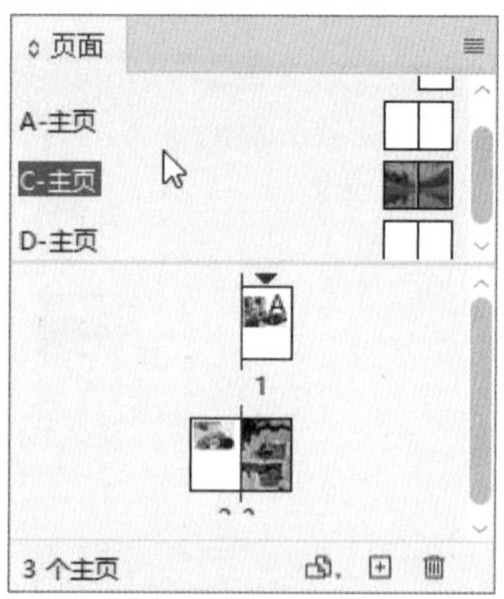

6.2 跨页

在InDesign中，跨页是一个重要的概念，它指的是将两个连续的页面（通常是奇数页和紧随其后的偶数页）视为一个整体来处理。跨页的概念主要源于书籍、杂志等出版物的排版需求，这些出版物通常需要将内容在左右两页上协调布局，以达到最佳的视觉效果和阅读体验。

6.2.1 确定并选取目标页面和跨页

在“页面”面板中，双击页面图标或位于图标下的页码，可以确定并选取目标页面或跨页。在文档中，单击页面或该页面上的任何对象，或是文档窗口中该页面的粘贴板，也可以将确定并选取目标页面和跨页。单击目标页面的图标，可以在“页面”面板中选取该页面。如下左图所示。在视图文档中所确定的页面为第1页，如果需要选取目标跨页，单击图标下的页码即可，如下右图所示。

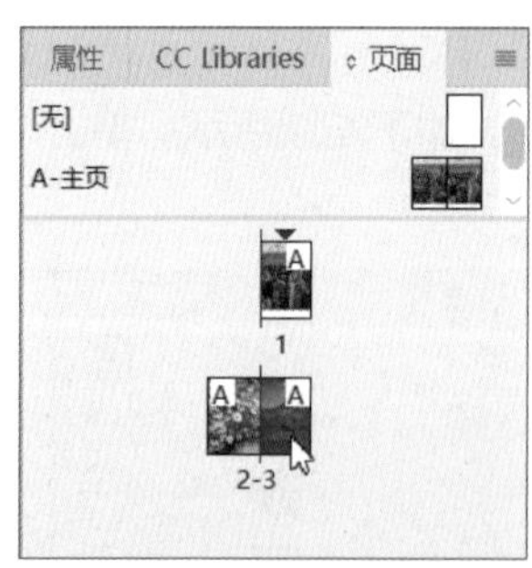

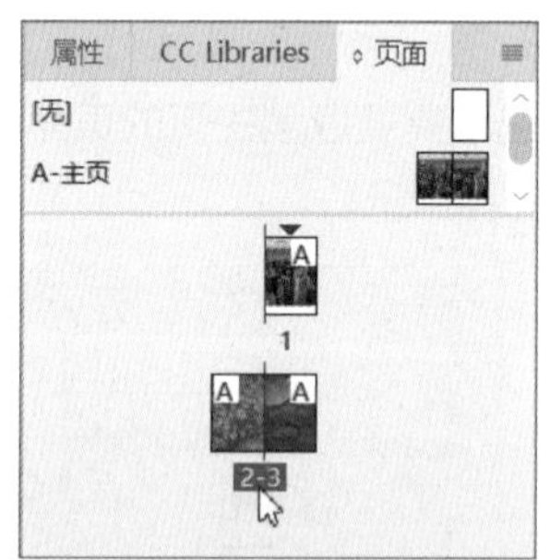

提示：为何会选取跨页失败

检查页面大小、边距等设置是否正确，不正确的页面设置可能会导致跨页无法正常选择或显示。还要确保文档视图设置要正确，例如，要确保是在“页面”视图模式下工作，而不是在“跨页”或“单页”视图模式下工作。如果文档中有隐藏的图层或锁定的图层，也可能会影响跨页的选择。

6.2.2 以两页跨页作为文档起点

以两页跨页作为文档起点的功能，主要用于制作特殊版面的作品。

确保文档中至少有3个页面，并且在新建文档时，已勾选“对页”复选框。执行“文件>文档设置”

命令，单击“确定”按钮后，效果如下左图所示。设置文档的第1页为空，在按住Shift键的同时，在“页面”面板中选取除第1页外的其他页面，如下右图所示。

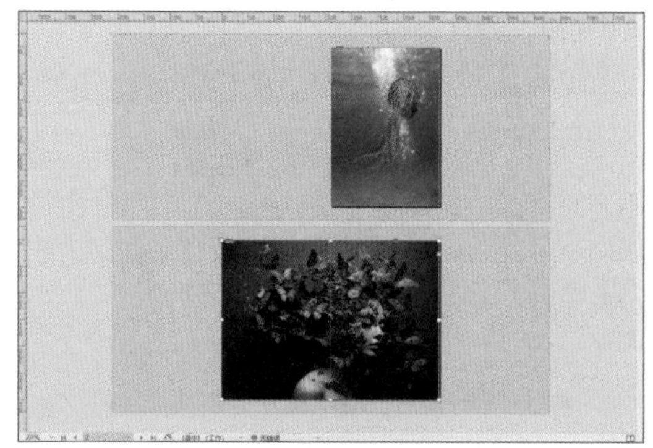

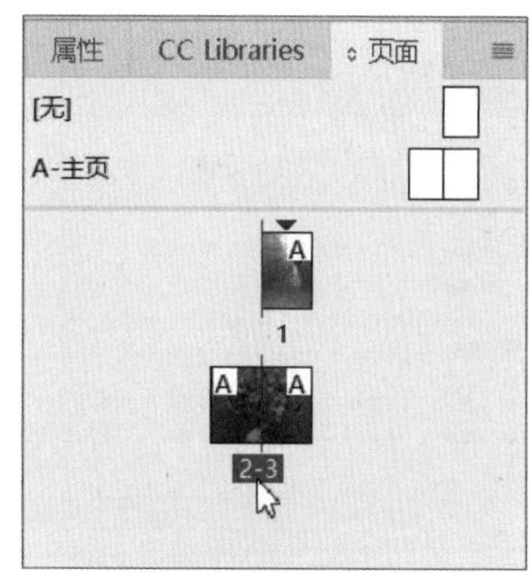

单击面板右上方的图标，在弹出的菜单中，取消选择“允许选定的跨页随机排布”选项，如右图所示。

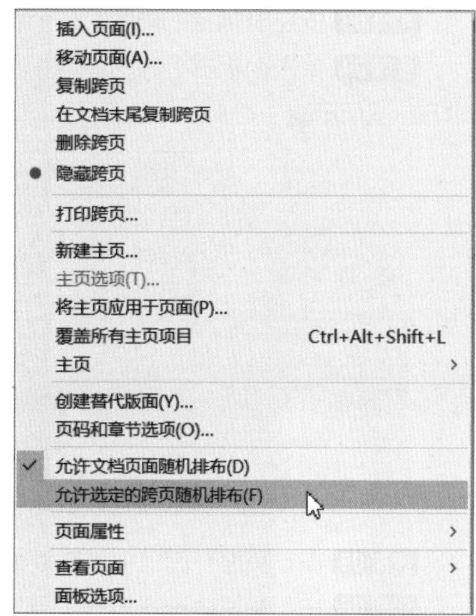

在“页面”面板中，选取第1页，单击“删除选中页面”按钮。当前“页面”面板如下左图所示，页面区域如下右图所示。

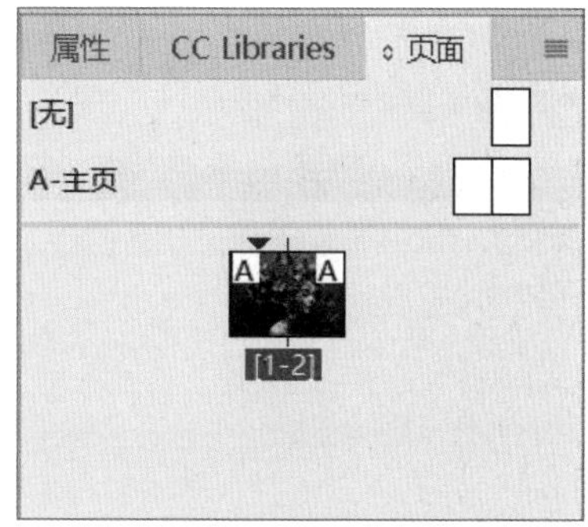

实例 制作一页跨页图册内页

这里将对前面学习的内容进行温习，制作跨页图册的内页，以下是详细讲解。

步骤 01 打开InDesign，按下快捷键Ctrl + N新建文档。在打开的“新建文档”对话框中，设置“页数”值为3，勾选“对页”复选框，设置页面相关参数后，单击“边距和分栏”按钮，如下页左图所示。

步骤 02 在弹出的“新建边距和分栏”对话框中，设置“边距”均为20毫米，单击“确定”按钮，如下右图所示。

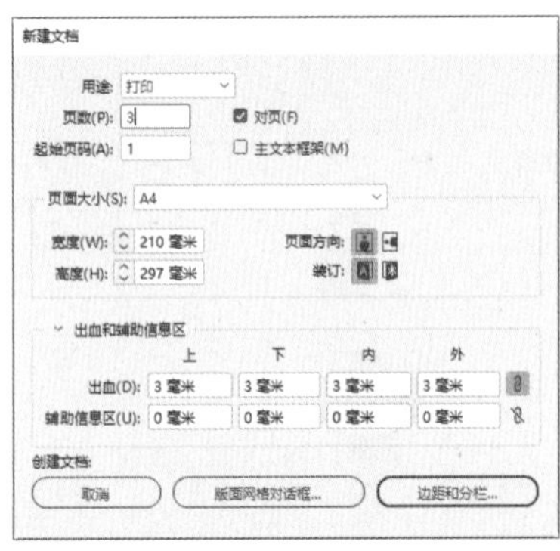
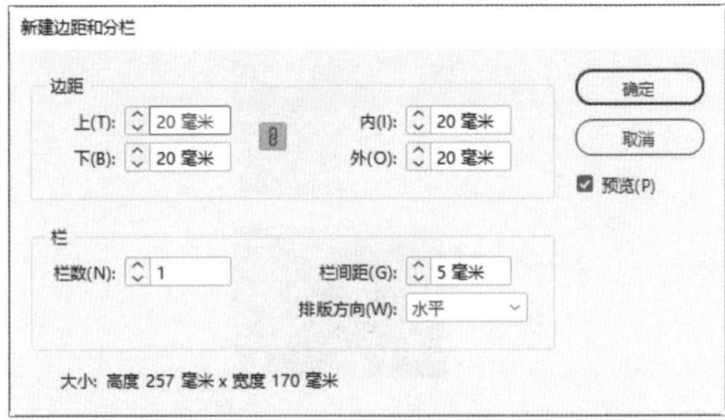

步骤 03 按住Shift键的同时，在“页面”面板中选取除第1页外的其他页面，如下左图所示。

步骤 04 单击面板右上方的▤图标，在弹出的菜单中，取消选择“允许选定的跨页随机排布”选项，如下右图所示。

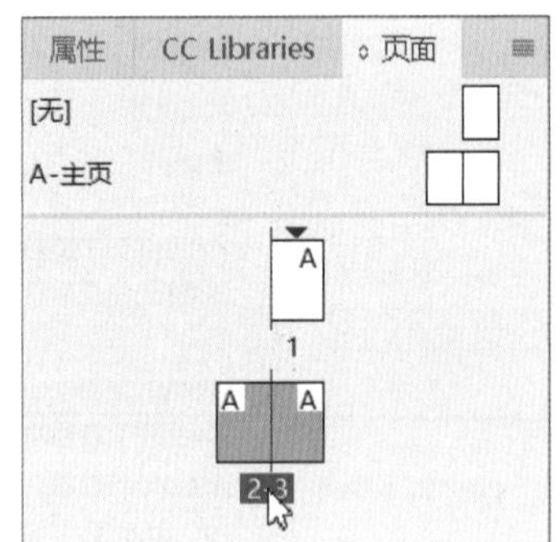

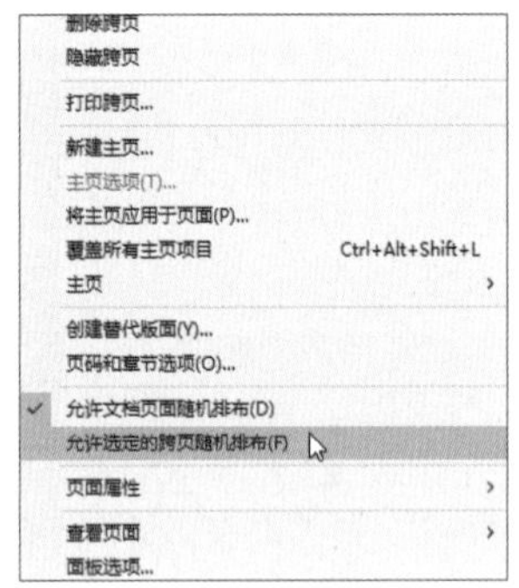

步骤 05 在“页面”面板中，选取第1页，单击“删除选中页面”按钮🗑，页面区域如下左图所示。

步骤 06 在工具栏中选择矩形工具，绘制两个矩形，执行“文件>置入”命令。在“置入”对话框中，选择“夕阳1”素材，单击“打开”按钮。将打开的图像素材调整至合适的大小和位置，按下Ctrl + X快捷键进行剪切，接着选中长矩形，执行“编辑>贴入内部”命令。完成后的效果，如下右图所示。

步骤 07 使用相同的方法，将“夕阳2”素材贴入另一个矩形中，使用预览功能查看效果，如下页左图所示。

步骤 08 在工具栏中选择矩形工具，绘制几个矩形，并在工具栏中双击渐变色板工具，为矩形填充渐变颜色，如下右图所示。

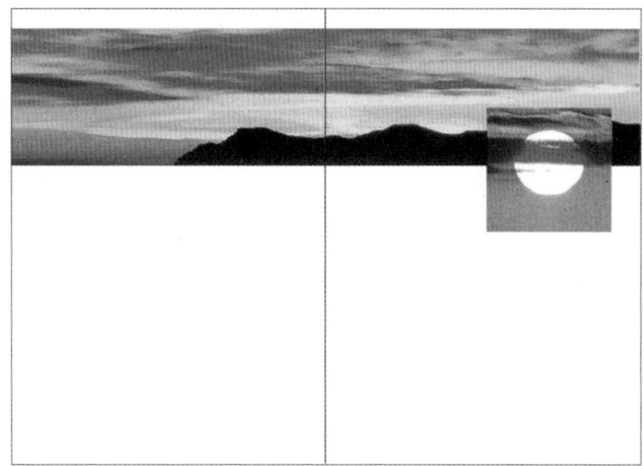

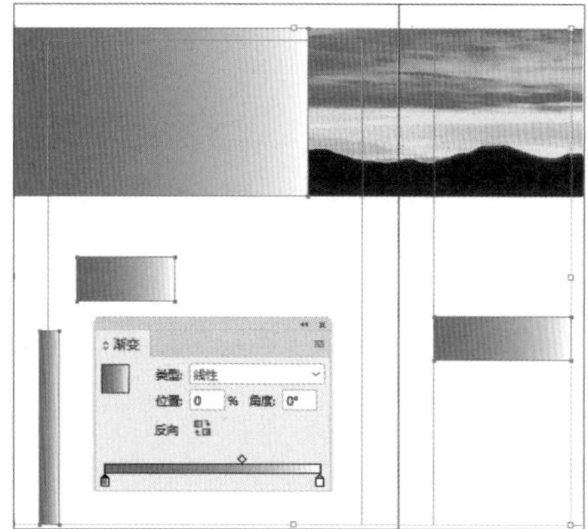

步骤 09 在工具栏中选择文字工具，创建文本框并输入文本。在“字符”面板中，设置“字体”为“Adobe 宋体 Std”、“字体大小”为60点。在“属性”面板中，将文字的“填色”设置为白色，如下左图所示。

步骤 10 继续使用文字工具，创建文本框并输入文本。在“字符”面板中，设置“字体”为“思源宋体”、“字体样式”为“Bold”、“字体大小”为50点，如下右图所示。

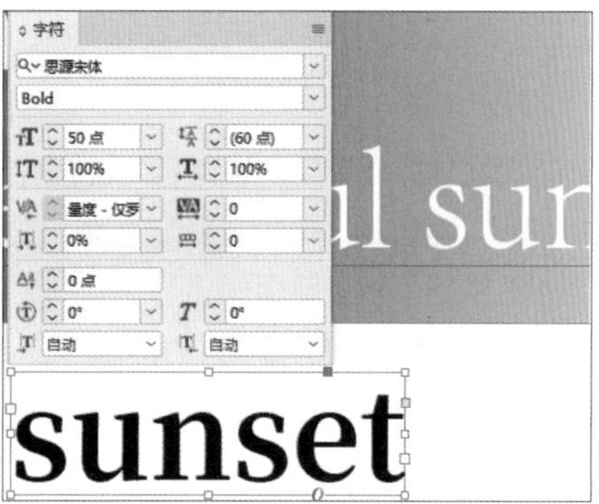

步骤 11 继续使用文字工具，创建文本框并输入文本。在“字符”面板中，设置“字体”为“思源宋体”、“字体样式”为“Regular”、“字体大小”为16点、“行距”为23点。在“段落”面板中，设置“首行左缩进”为10毫米，如下左图所示。

步骤 12 继续使用文字工具，创建两个文本框并输入文本。在“字符”面板中，设置文本“夕阳”的“字体”为“思源宋体”、“字体样式”为“Bold”、“字体大小”为50点。设置另一个文本段落的“字体”为“思源宋体”、“字体样式”为“Regular”、“行距”为23点、“字符间距”为130。在“段落”面板中，设置“首行左缩进”为15毫米。完成后的文本效果如下右图所示。

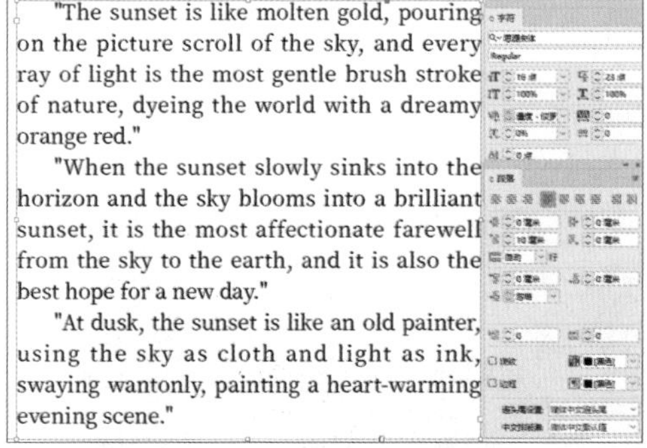

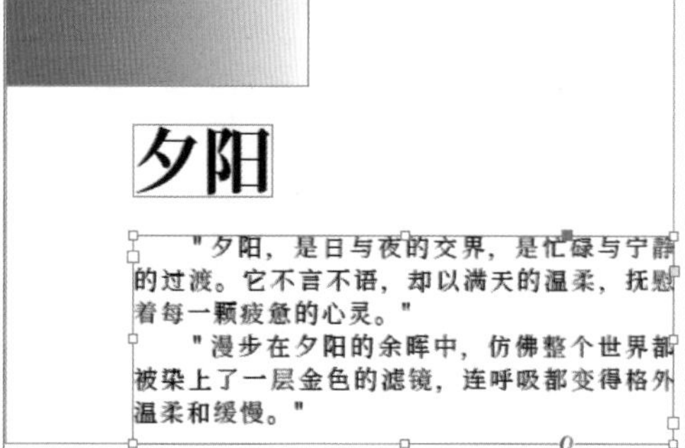

步骤 13 至此，跨页图册的内页就制作完成了，效果如右图所示。

6.3 页面的编辑

在使用InDesign进行排版设计时，掌握页面的编辑方法，可以极大地提高排版效率和灵活性。页面的编辑包括新页面的添加、页面的移动、复制页面或跨页、删除页面或跨页等。

6.3.1 添加新页面

添加新页面功能允许用户在文档中的指定位置插入一个或多个新页面，从而扩展文档的内容或布局。

在“页面”面板中，单击“新建页面”按钮，如下左图所示。在活动页面或跨页之后，将添加一个新页面，如下中图所示。新页面将与现有的活动页面使用相同的主页，页面区域如下右图所示。

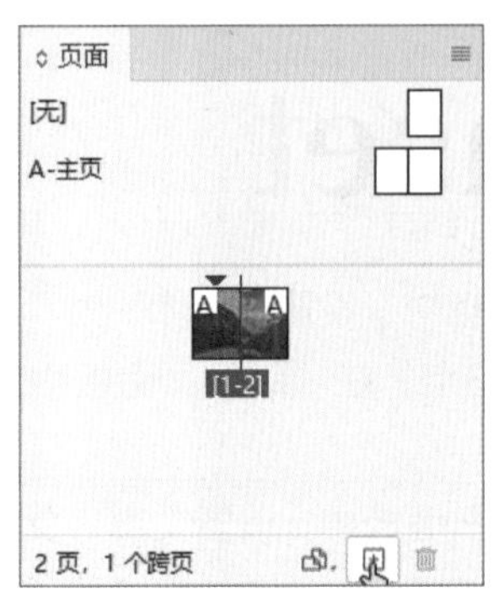

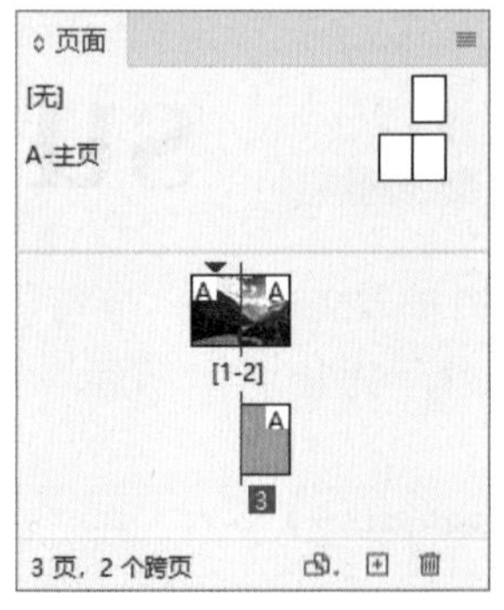

另一种方法是执行“版面>页面>插入页面”命令，或单击“页面”面板右上方的图标，在弹出的菜单中选择“插入页面”命令，如下左图所示。弹出“插入页面”对话框，如下右图所示。

“插入页面”对话框中主要选项的功能如下：

- **页数**：用于指定需要添加的页数。
- **插入**：用于设置插入页面的位置，并可以根据需要指定页面。
- **主页**：用于设置添加的页面所要应用的主页。

设置相应的参数，如下左图所示。单击“确定”按钮，效果如下右图所示。

提示：页数该如何合理规划

一般所创建的第1页会作为“封面”使用，因此通常为单数页；而接下来的页面为对页，因此是偶数页；封底作为最后一页，因此也应为单数页。

6.3.2 移动页面

移动页面的功能允许用户重新排列和调整文档中页面的位置，为设计排版提供了十分便捷的操作，下面进行详细讲解。

执行“版面>页面>移动页面”命令，或单击“页面”面板右上方的▤图标，在弹出的菜单中选择“移动页面”命令，如下左图所示。弹出“移动页面”对话框，如下右图所示。

“移动页面”对话框中主要选项的功能如下：

- **移动页面**：用于指定需要移动的一个或多个页面。
- **目标**：用于指定移动的目标位置，并可以根据需要指定页面。
- **移至**：用于指定移动的目标文档。

下面以设置移动页面[1-2]为例，在“移动页面”的对话框中设置相关参数，如下页左图所示。单击

“确定”按钮，可以看到原本的页面[1-2]已经变成了页面[2-3]，效果如下右图所示。

在“页面”面板中，单击选取需要的页面图标，如下左图所示。按住鼠标左键，将其拖动至适当的位置，如下中图所示。释放鼠标后，效果如下右图所示。

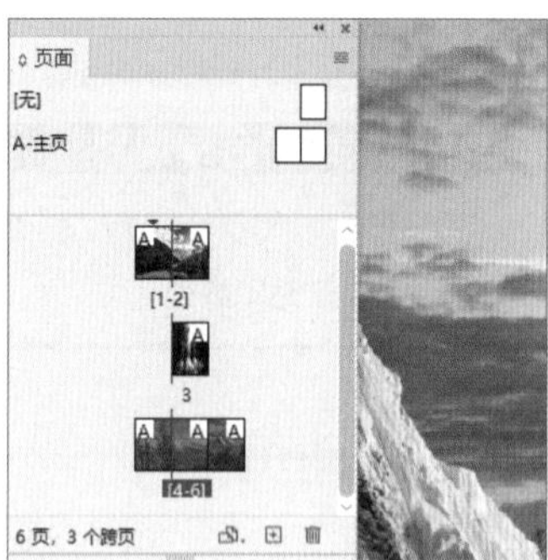

6.3.3 复制页面或跨页

在InDesign中，复制页面或跨页的功能提高了设计排版的灵活性和便捷性。它允许用户快速创建与现有页面或跨页相同的新的页面或跨页。

在“页面”面板中，单击选取需要的页面图标。按住鼠标左键，并将其拖动到面板下方的“新建页面”按钮上，即可复制页面。单击面板右上方的图标，在弹出的菜单中选择“直接复制页面”命令，也可以复制页面。

另一种方法，在按住Alt键的同时，在“页面”面板中单击选取需要的页面图标或页面范围号码，如下左图所示。按住鼠标左键，并将其拖动到目标位置，当光标变为如下中图所示的样式时，将会在光标所拖动到的页面后面出现复制的页面，如下右图所示。

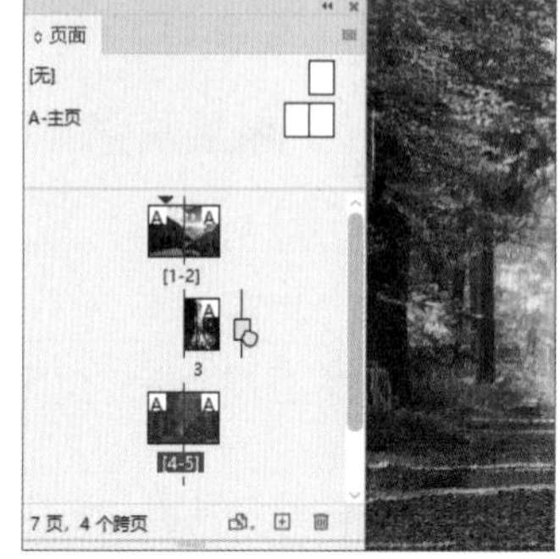

当在拖动需要被复制的页面，光标变为如下左图所示的样式时，被复制的页面将会出现在所有页面之后，如下右图所示。

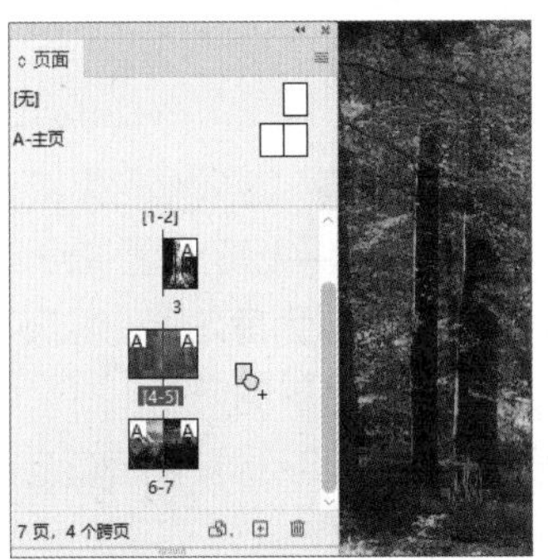

提示：页面或跨页被复制后页面上的内容会怎样

复制页面或跨页时，也将复制页面或跨页上的所有对象。其上方的文本串接将被打断，但复制的跨页内的所有文本串接仍会完整无缺，与原始跨页中的所有文本串接一致。

6.3.4 删除页面或跨页

在InDesign中，删除页面或跨页的功能允许用户轻松管理文档结构，删去不再需要的页面或跨页。

在“页面”面板中，拖动一个或多个页面图标或页面范围号码，如下左图所示。将其拖动到“页面”面板下方的“删除选中页面”按钮上，将会删除页面或跨页，如下右图所示。在“页面”面板中，选取一个或多个页面图标，单击“删除选中页面”按钮，也能删除页面或跨页。

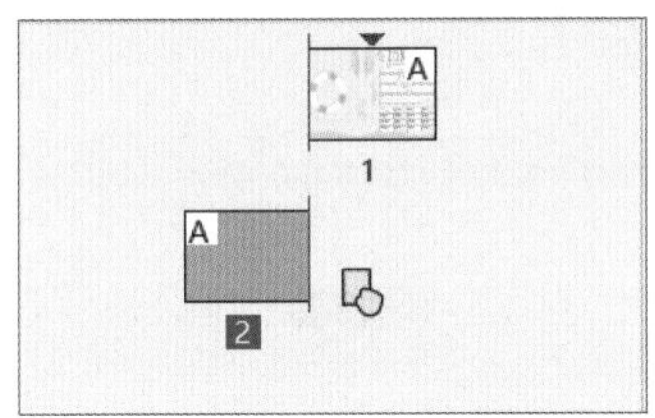

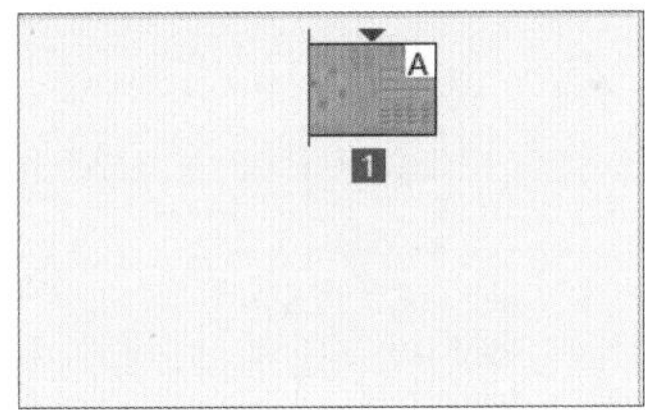

在“页面”面板中，选取一个或多个页面图标，单击面板右上方的图标，在弹出的菜单中执行“删除页面>删除跨页”命令，将会删除页面或跨页。如下图所示。

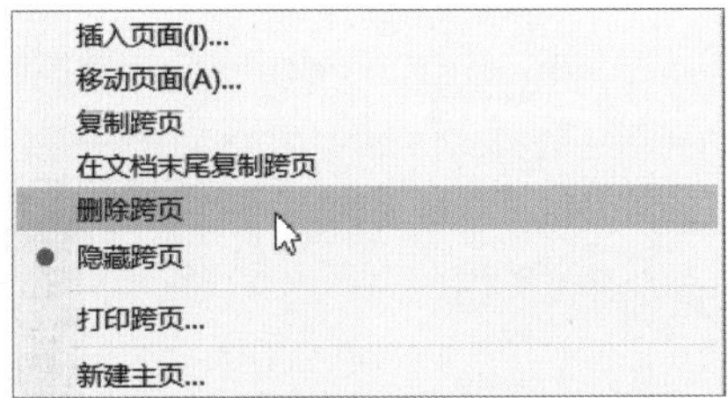

6.4 页面精确布局

在InDesign中，需要学习编排页面的方法，了解页面、跨页和主页的概念，以及页码、章节页码的设置和“页面”面板的使用方法。通过本章内容的学习，用户可以快捷地编排页面，减少不必要的重复工作，使排版工作变得更加高效。

6.4.1 标尺与网格

无论是绘制复杂的图形，还是进行严谨地排版，标尺和网格都能帮助用户精确把握元素的位置和比例，从而提高设计的效率。

（1）标尺和度量单位

用户可以为水平标尺和垂直标尺设置不同的度量系统。为水平标尺设置的度量系统可以应用于制表符、边距和缩进等度量。标尺的默认度量单位是毫米。用户也可以为屏幕上的标尺及面板和对话框设置度量单位。执行“编辑>首选项”命令，弹出“首选项”对话框，如下图所示。在“单位和增量”面板中，设置需要的度量单位，单击“确定”按钮即可，如下图所示。在水平标尺和垂直标尺的交叉点处单击鼠标右键，可以为两个标尺更改标尺单位。

（2）网格工具

执行“视图>网格和参考线”命令，在弹出的菜单中选择相应的选项，可以显示或隐藏文档网格，如下左图所示。如果选择“显示文档网格”选项，效果如下右图所示。

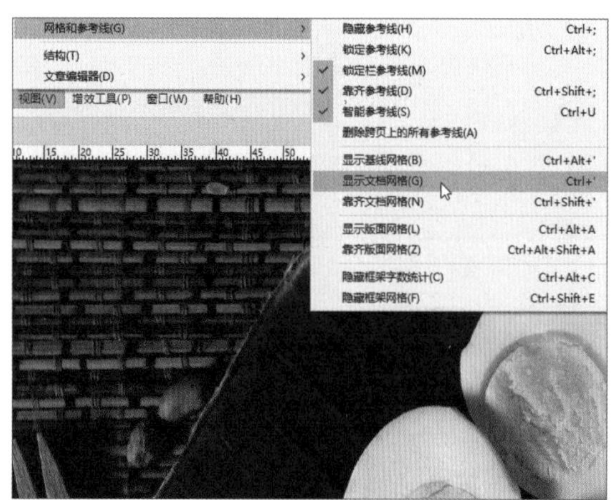

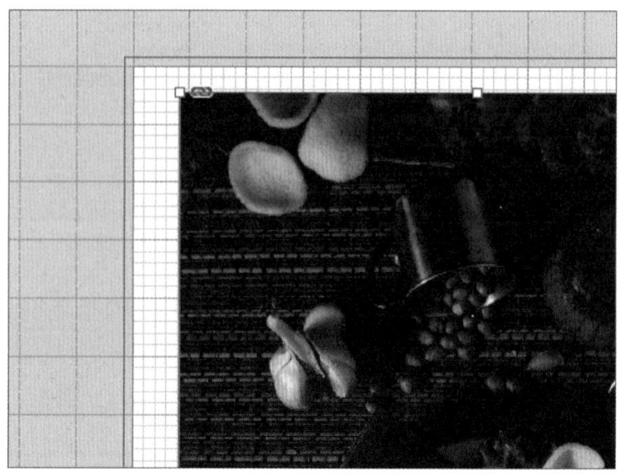

执行“编辑>首选项”命令，如下页左图所示。在弹出的“首选项”对话框中，选择“网格”选项，

单击“确定”按钮，如下右图所示。

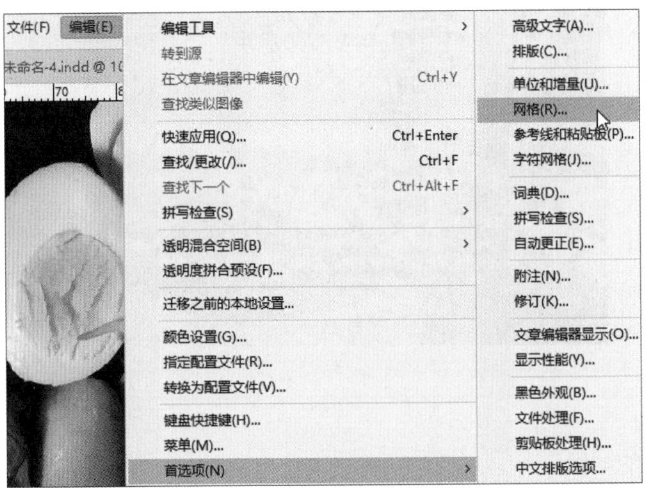

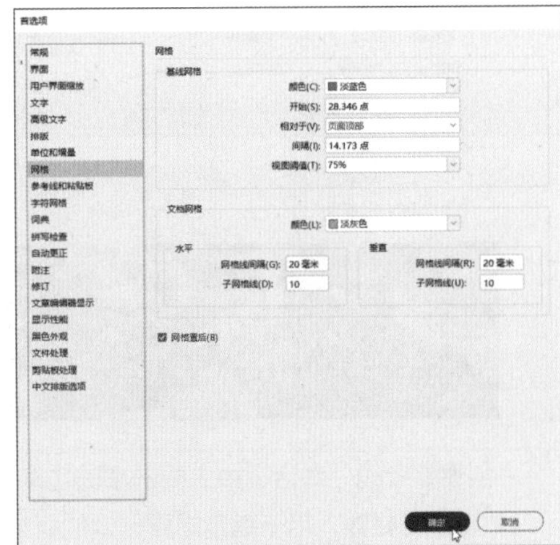

提示：如何将图像与网格对齐

执行“视图>网格和参考线>靠齐文档网格”命令，将图像拖向网格，使图像的一角与网格4个角点中的一个靠齐，便可自动使图像与网格对齐。在按住Ctrl键的同时，可以靠齐网格网眼的9个特殊位置。

6.4.2 参考线设置

与标尺相比，参考线更偏重于元素的对齐和风格统一。通过添加参考线，用户可以确保页面上的各个元素在视觉上保持平衡，从而避免杂乱无章。

将鼠标指针定位到水平或垂直标尺上，按住鼠标左键，将光标移动到目标跨页上需要的位置，释放鼠标后，创建的标尺参考线如下左图所示。如果将参考线拖曳到粘贴板上，它将跨越该粘贴板和跨页，如下右图所示；如果将参考线拖曳到页面上，它将变为页面参考线。在按住Ctrl键的同时，将参考线从水平或垂直标尺上拖动到目标跨页，可以在粘贴板不可见时创建跨页参考线。双击水平或垂直标尺上的特定位置，可以在不拖动参考线的情况下创建跨页参考线。如果要将参考线与最近的刻度线对齐，可以在双击标尺时按住Shift键。

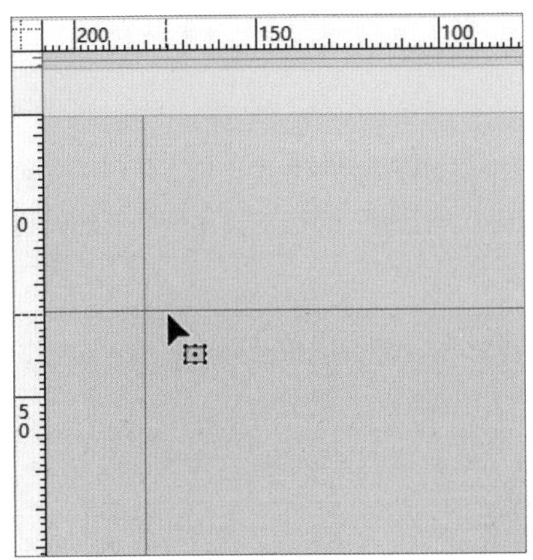

执行“版面>创建参考线”命令，在弹出的“创建参考线”对话框中，设置相应的选项，如下页左图所示。单击“确定”按钮，效果如下页右图所示。

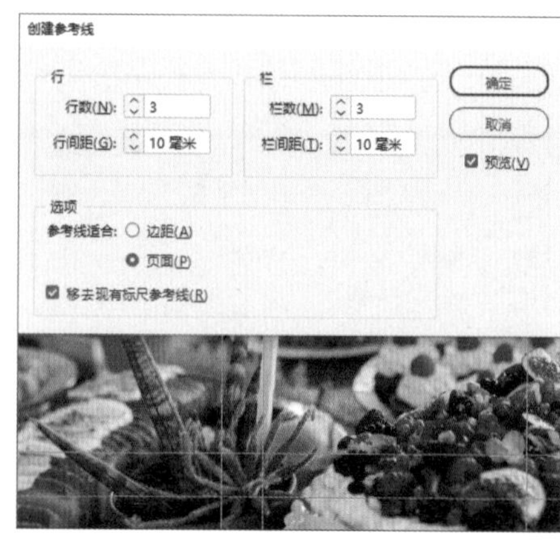

“创建参考线”对话框中主要选项的功能为：

- **行数和栏数：** 用于指定需要创建的行或栏的数目。
- **行间距和栏间距：** 用于指定行或栏的间距。
- **参考线适合：** 选择“边距”单选按钮，将在页边距内的版心区域创建参考线，选择“页面”单选按钮，将在页面边缘内创建参考线。
- **移去现有标尺参考线：** 用于删除任何现有的参考线，包括锁定或隐藏图层上的参考线。

（3）编辑参考线

执行“视图>网格和参考线>显示>隐藏参考线”命令，可以显示或隐藏所有边距、栏、标尺参考线。执行“视图>网格和参考线>锁定参考线”命令，可以锁定参考线。

按下Ctrl＋Alt＋G组合键，可以选择目标跨页上的所有标尺参考线。选定一个或多个标尺参考线，按下Delete键，即可将其删除。

6.5 添加页码和章节编号

可以通过在页面上添加页码标记，指定页码的位置和外观。由于页码标记会自动更新，所以，在文档内增加、移除或排列页面时，它所显示的页码总是正确的。页码标记与文本一样，可以为其设置格式和样式。

（1）添加自动页码

选择文字工具，在需要添加页码的页面中拖动光标，创建一个文本框，如下左图所示。执行“文字>插入特殊字符>标志符>当前页码”命令，或按下Ctrl＋Alt＋Shift＋N组合键，可以在文本框中添加自动页码。页码会以该主页的前缀显示，如下右图所示。

（2）添加章节编号

选择文字工具T，在需要显示章节编号的位置拖动光标，创建一个文本框，如下左图所示。执行“文字>文本变量>插入变量>章节编号”命令，可以在文本框中添加自动的章节编号，如下右图所示。

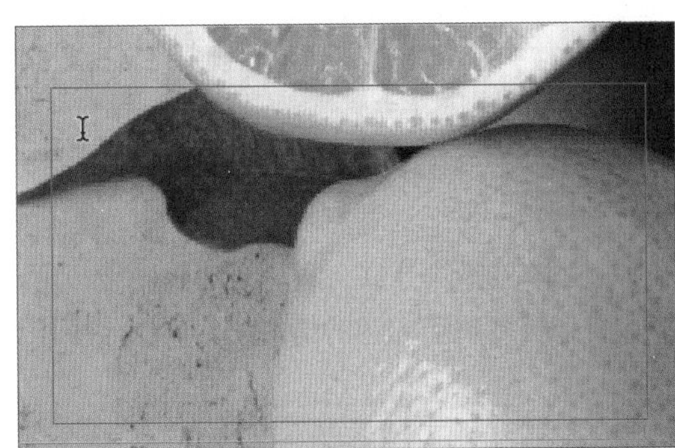

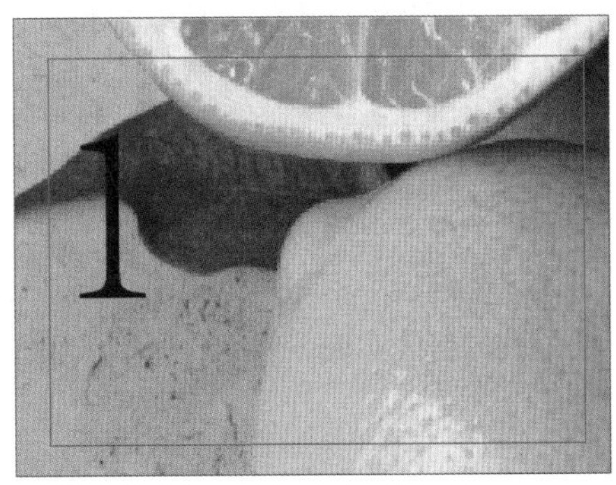

（3）更改页码和章节编号的格式

执行“版面>页码和章节选项”命令，弹出“新建章节”对话框，如下图所示。设置需要的选项，单击“确定”按钮，可以更改页码和章节编号的格式。

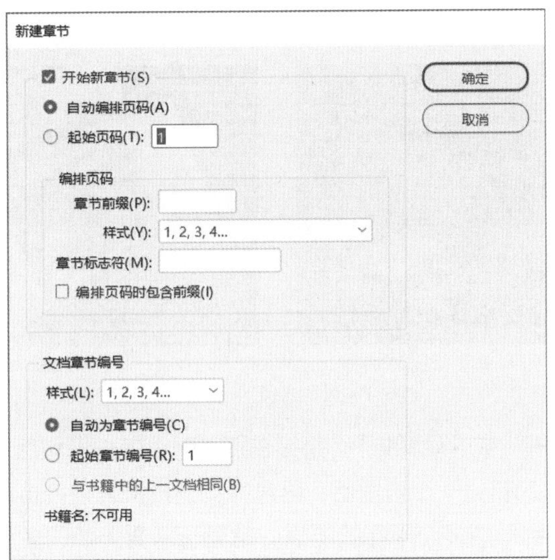

“新建章节”对话框中主要选项的功能为：

- **自动编排页码：**用于使当前章节的页码自动跟随前一章节的页码。例如，当在当前页码前面添加页面时，文档或章节中的页码会自动更新。
- **起始页码：**用于输入文档或当前章节第1页的起始页码。
- **章节前缀：**用于为章节输入一个标签，该标签包括要在前缀和页码之间显示的空格或标点符号。前缀的长度不能大于8个字符，不能为空，也不能为输入的空格，但可以是从文档窗口中复制和粘贴的空格字符。
- **样式：**用于从菜单中选择一种页码样式，该样式仅应用于本章节中的所有页面。
- **章节标志符：**在该文本框中输入一个标签，InDesign会将其插入页面中。
- **编排页码时包含前缀：**该功能用于在生成目录或索引时，以及在打印包含自动页码的页面时，显示章节前缀。取消选择此选项，将在InDesign中显示章节前缀，但在打印的文档、索引和目录中，会隐藏该前缀。

知识延伸：了解折页类型

折页方式在印刷和设计中扮演着重要的角色，它们不仅会影响产品的外观，还决定了信息的展示方式和用户体验。下面将详细介绍一些常见的折页种类。

（1）单页折叠

单页折叠是一种常见的印刷品折叠方式，它通常指的是将一张纸沿着其长度方向或宽度方向进行一次折叠，形成两个相连但不相同的页面或面。单页折叠是最基本的折页方式，适用于将一张纸折叠成多个区域来展示不同的内容或实现信息的隐藏，广泛应用于需要分区域展示内容的情况，如产品目录、菜单等，如下左图所示。

（2）荷包折

荷包折，是最简单的由内向外的折叠法，也就是通常所说的三折页，是折页设计中的一种常见形式。具体来说，荷包折是按照纸张的三等分比例，将两边往中间折叠的折法。这种折法简单而有效，能够赋予印刷品较强的立体感和视觉吸引力，因此广泛应用于邀请函、贺卡、宣传册等，能够为其增添一份独特的艺术气息，如下右图所示。

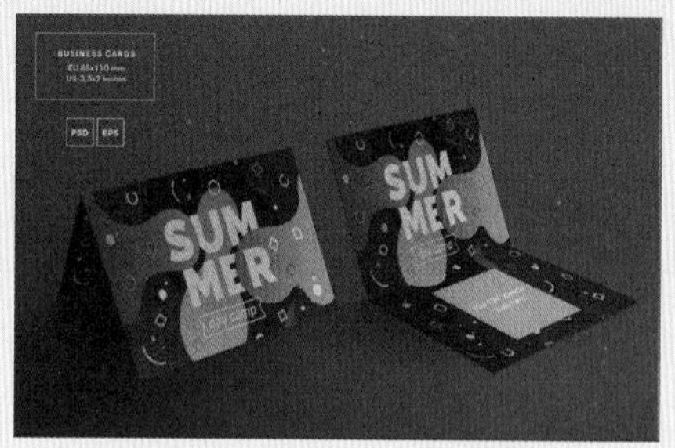

（3）垂直交叉折

垂直交叉折，又称“Z形折”或“风琴折”，是指在折页时，前一折和后一折的折缝呈相互垂直状态。操作时，页张需要按顺时针方向转过一个直角后，再对齐页码及折边进行折叠。这种折页方式需要将纸张按照“Z”字形进行折叠，并会形成多个平行的折痕，常见于需要折叠成多页的小册子、传单等，如下左图所示。

（4）双对折

双对折常见于宣传册、传单、小册子等印刷材料中。这种折页方式的特点是将一张纸沿着其长度方向进行两次对折，最终形成四页（或八个面板，如果考虑内外页）的结构。每次对折都会使整体的厚度加倍，如下右图所示。

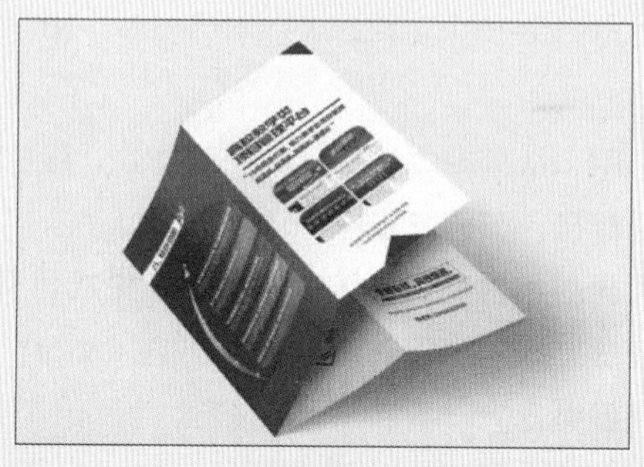

（5）关门折

关门折是一种常见的折页方式，尤其在宣传册、书籍和杂志等印刷品的制作中较为常见。这种折页方式的具体操作方法是将纸张按照四等分的比例，由左右两边向内折叠，类似于两扇门关闭的样子。关门折不仅适用于较薄的纸张，其简单易行的特点，还使它成为制作宣传册时的首选折法，如下左图所示。

（6）关门再对折

关门再对折这种折页方式需要先进行关门折，即将纸张沿着四分之一的对折线，由左右两边向内折叠，形成两扇门的形状，此时纸张上会有两条折线。接着，在此基础上再次进行对折，这样就会在原来的基础上再增加一条折线，总共形成了三条折线。展开后，折页会呈现出更加丰富的层次感和结构感，如下右图所示。

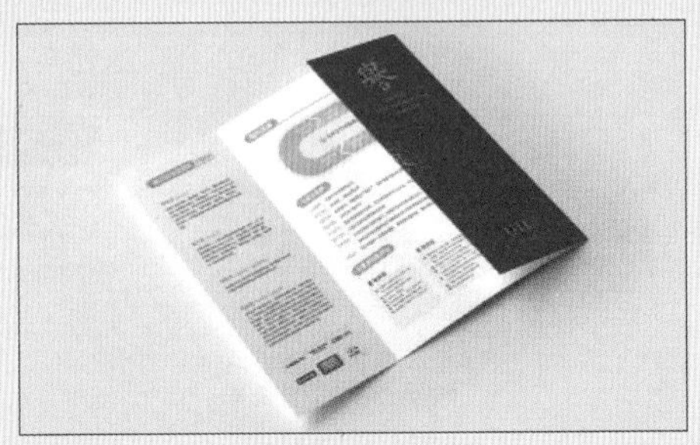

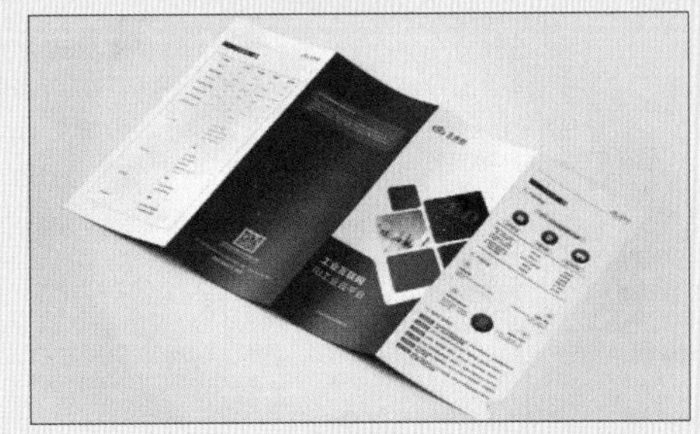

（7）青蛙折

青蛙折页的折叠方式是将纸张按三等分的比例，左右两边均向内折一次，再各向外折一次，形成类似青蛙跳跃或蝴蝶展翅的形状。这种折叠方式不仅增加了页面的层次感和立体感，还使折页在展开后能够呈现出更多的内容，提高了信息的传达效率，如下左图所示。

（8）十字折

十字折的特点在于纸张的折叠形状最终呈现为一个十字形。具体来说，这种折页方式通常是先将纸张沿着中心线进行左右对折，然后再进行垂直对折，最终形成一个十字形折线。当展开折页时，可以清晰地看到中间形成的十字折线。十字折页的设计具有一定的独特性和视觉冲击力，因此在某些特定的宣传材料中较为常见，如企业的宣传折页手册、书籍装帧等。通过十字折页的设计，可以使折页内容更加有条理地进行展示，同时也能够增加折页的吸引力和趣味性，如下右图所示。

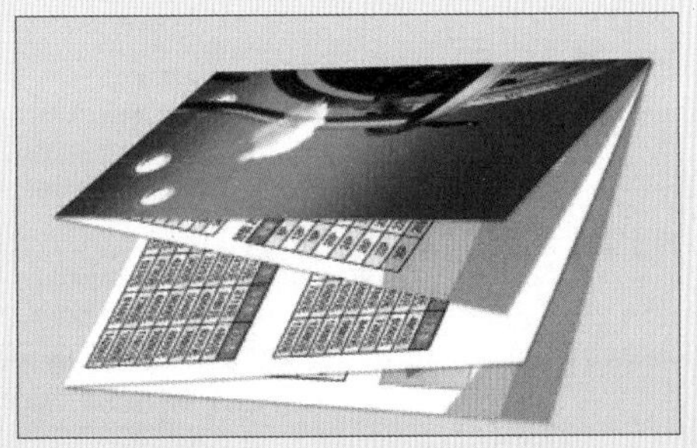

在选择折页方式时，需要考虑产品的设计需求、内容的复杂性及用户的阅读习惯。例如，如果内容较为简单，可以采用单页折叠或简单的平行折叠方式；如果内容复杂且需要展示多个区域的信息，可以采用垂直交叉折或混合折叠方式。此外，随着印刷技术的发展和数字化设计工具的普及，现代折页设计越来越注重创意和用户体验。设计师可以通过尝试不同的折页方式和创新的设计元素来提升产品的吸引力和价值。同时，随着对折页设备创新性需求的提高，折页的花色和样式也在不断增加，以满足市场的多样化需求。

上机实训：制作旅游杂志内页

扫码看视频

学习完本章内容后，相信用户对InDesign的页面排版的相关知识与操作技巧有了更加深入的了解。下面以制作一个杂志封面为例，来巩固本章所学内容，具体操作如下。

步骤 01 打开InDesign，执行“文件>新建文档”命令，或按下快捷键Ctrl＋N，在打开的“新建文档”对话框中，设置“页数”为2，勾选“对页”复选框，单击“边距和分栏”按钮，如下左图所示。

步骤 02 在“新建边距和分栏”对话框中，设置“边距”和“栏”的参数，单击“确定”按钮，如下右图所示。

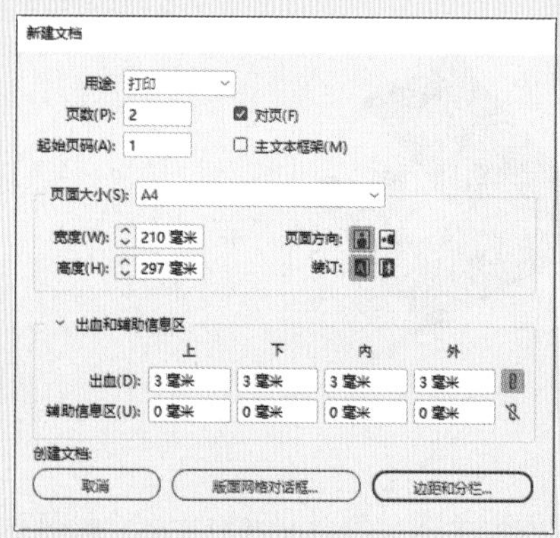

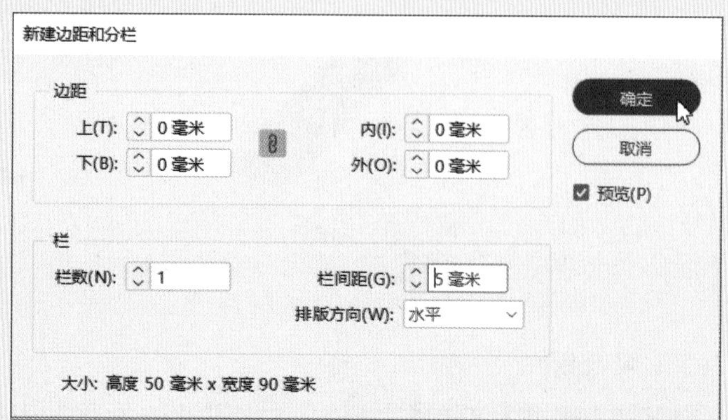

步骤 03 新建页面后，在“页面”面板中单击右上角的按钮☰，在弹出的菜单中取消选择“允许文档页面随机排布”选项和“允许选定的跨页随机排布”选项，如下左图所示。

步骤 04 在“页面”面板中，单击第2页，并将它拖动到第1页的右侧，完成后的“页面”面板如下右图所示。

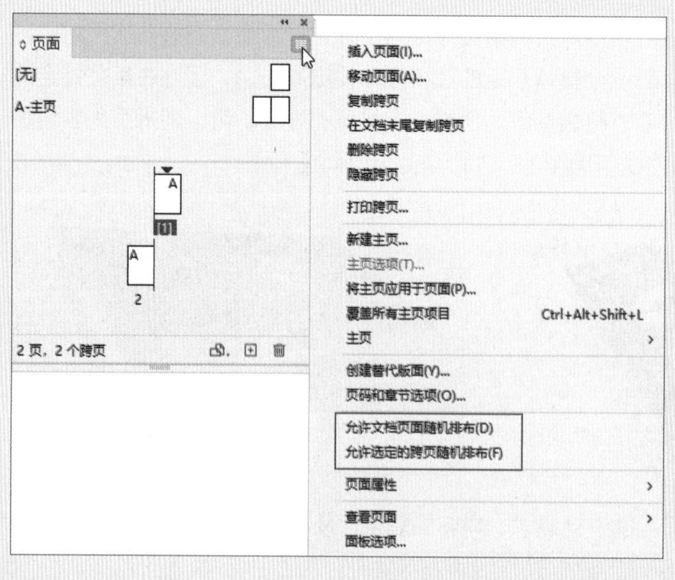

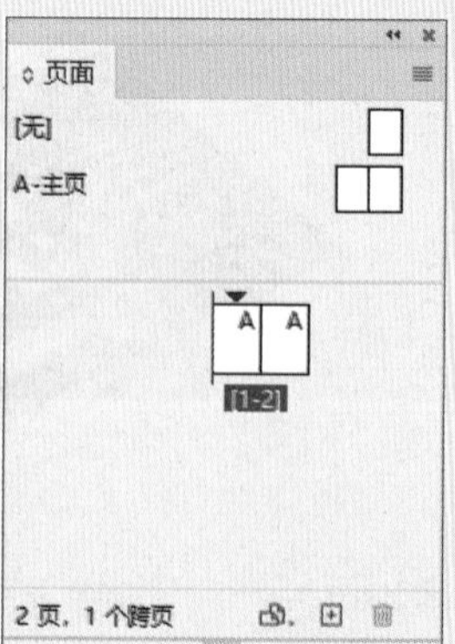

步骤 05 在菜单栏中执行“文件>置入”命令，在弹出的“置入”对话框中，选择“扬州”素材图像，单击“打开”按钮。然后使用自由变换工具调整图像的大小和位置，效果如下页左图所示。

步骤 06 在工具栏中，选择矩形框架工具，在页面中绘制一个矩形框架，如下页右图所示。

步骤 07 使用选择工具选中图像，按下快捷键Ctrl+X进行剪切，接着使用选择工具选中矩形框架，执行“编辑>贴入内部”命令。操作完成后，可以看到图像已经置入矩形框架中了，效果如下左图所示。

步骤 08 此时，可以看到矩形框架内的图像占页面面积过大，因此，我们可以使用选择工具选中图片，接着按住鼠标左键拖动控制点将图片修整一下，效果如下右图所示。

步骤 09 在工具栏中选择文字工具，创建文本框并输入文本“YANG ZHOU”。选中该文本，在“属性”面板中设置文本颜色为白色、“字体大小”为140点、“字符间距”为310、“字体”为“Times New Roman”，并为文本调整位置。设置完成后的效果，如下左图所示。

步骤 10 在工具栏中选择矩形工具，绘制一个矩形。选择渐变色板工具，使用白色和红色为矩形填充渐变色。然后使用椭圆形工具，按住Shift键，绘制出正圆形，并将其填充为红色。最后，调整正圆形和矩形的大小和位置，效果如下右图所示。

步骤 11 使用选择工具选中圆形和矩形，单击鼠标右键，在菜单中选择“编组”选项。按住Alt键并拖动鼠标，复制出三组圆形与矩形，调整它们的位置，效果如下左图所示。

步骤 12 选择文字工具，创建文本框并输入文本“01 瘦西湖”。在“属性”面板中，设置“字体大小”为25点、“字体”为“微软雅黑”，填充字体颜色为白色。调整位置后，将文本置于相应的矩形上面，效果如下右图所示。

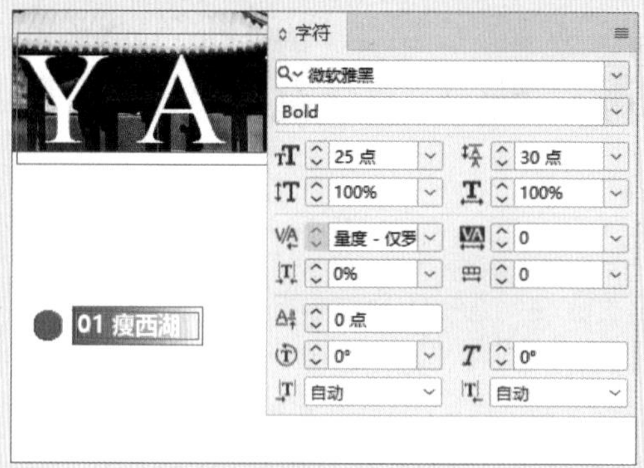

步骤 13 使用同样的方法，完成其他三个文本的创建和排版。也可以直接进行复制，然后修改文本内容即可。完成后的效果，如下左图所示。

步骤 14 接下来，继续使用文字工具创建文本框并输入文本，设置“字体大小”为16点、“字体”为“Adobe 宋体 Std”，如下右图所示。

步骤 15 执行“文字>段落”命令，使用选择工具选中段落文本。在“段落”面板中，设置“首行缩进”值为12，如下左图所示。

步骤 16 使用相同的方法，完成其他三个景点的文本介绍的排版。至此，旅游杂志内页就完成了，如下右图所示。

课后练习

一、选择题（部分多选）

（1）如果要将参考线与最近的刻度线对齐，可在双击标尺时按住（　　）键。

A. 双击　　B. 单击

C. Shift　　D. Ctrl

（2）在InDesign中添加自动页码，页码会以该主页的（　　）显示。

A. 后缀　　B. 前缀

C. 首字母　　D. 数字

（3）在InDesign的“插入页面”对话框中，主要选项的功能包括（　　）。

A. 页数　　B. 插入

C. 主页　　D. 添加页面

二、填空题

（1）InDesign中，可以为__________和__________设置不同的度量系统。

（2）按________________________组合键，可以添加自动页码。

（3）InDesign中，主页相当于一个可以快速应用到__________ 中的背景。

三、上机题

根据本章所学内容，尝试进行简单的图文结合排版，使最终的排版效果如下图所示。

鹦鹉
parrot

Among the colorful feathers, there is a natural rhythm jumping; In the crisp chirping, the song of life flows. Parrots, the masters of imitation in nature, are not only a feast of color, but also the embodiment of wisdom, adding an irreproducible vividness and fun to our lives in their unique ways.

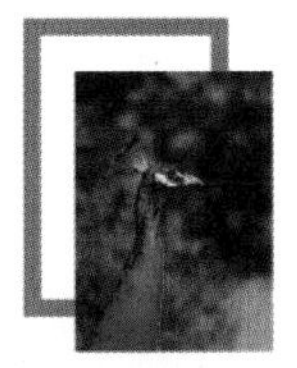

孔雀
peacock

In the lush forest, under the brilliant sunshine, the peacock slowly unfolds its gorgeous tail feathers like brocade, and in an instant, the whole world seems to be lit up. Peacock, the elegant aristocrat of nature, with its incomparable beauty, interprets the glorious chapter of life.

矢车菊
cornflower

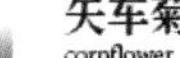

Under the gentle summer sun, the cornflower swayed gently, like a dream fragment left behind by the blue sky, each carrying an infinite yearning for freedom and hope. The light blue-purple petals, like a faint sadness in the morning light, and like the gentlest clouds in the sky in the evening, quietly tell the story of summer.
It symbolizes meeting and happiness, just like in the vast sea of people, that touch of unexpected blue, which makes people happy and cherished. In love, it is like a loyal guardian, implying unchanging emotions and eternal commitments.

操作提示

① 使用渐变工具，实现画面颜色丰富的效果。

② 灵活使用字符和段落功能，调整排版效果。

③ 使用矩形框架工具，实现控制置入图片大小的效果。

第7章 书籍编排与打印导出

本章概述

这一章主要对制作书籍的编排的综合应用方面进行讲解，包括创建目录、在书籍中添加文档、管理书籍文件并导出等。掌握这些方法，有助于制作出完整的作品。

核心知识点

❶ 了解目录的构成
❷ 熟悉目录样式的应用
❸ 熟悉书籍的制作及应用
❹ 熟悉文件的打印与导出

7.1 自动目录的应用

目录的首要功能是将大量的内容和信息进行分类和组织，使读者能够快速定位到所需内容。它通过章节、小节、标题、编号等方式，将复杂的内容结构简化，以提高信息检索的效率。在生成目录之前，首先要明确目录中的内容，如章、节标题等。下面，以一章有三级标题的文本为例进行介绍。我们通常将这些标题称为一级标题（章标题）、二级标题（节标题）、三级标题（小节标题）。

7.1.1 定义目录所需的样式

想要让这些标题自动在目录中出现，就需要统一标题的格式，即定义标题样式。我们需要在“段落样式”面板中，分别定义一级标题、二级标题和三级标题这3种段落样式。下面将介绍定义段落样式的方法。

双击“段落样式1”，如下左图所示。在弹出的“段落样式选项”对话框中，设置段落的相关参数，如字体、字号、间距等。将“样式名称”设定为“一级标题”，单击“确定”按钮，如下右图所示。

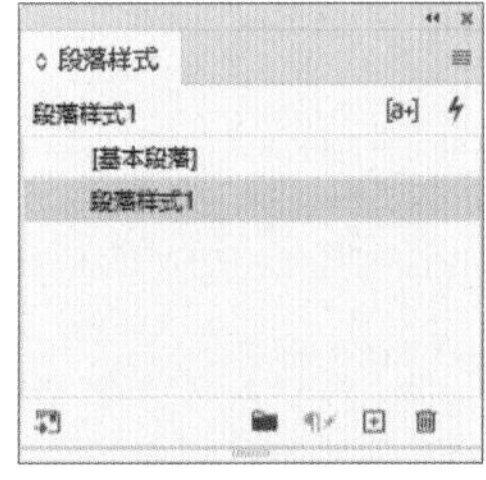

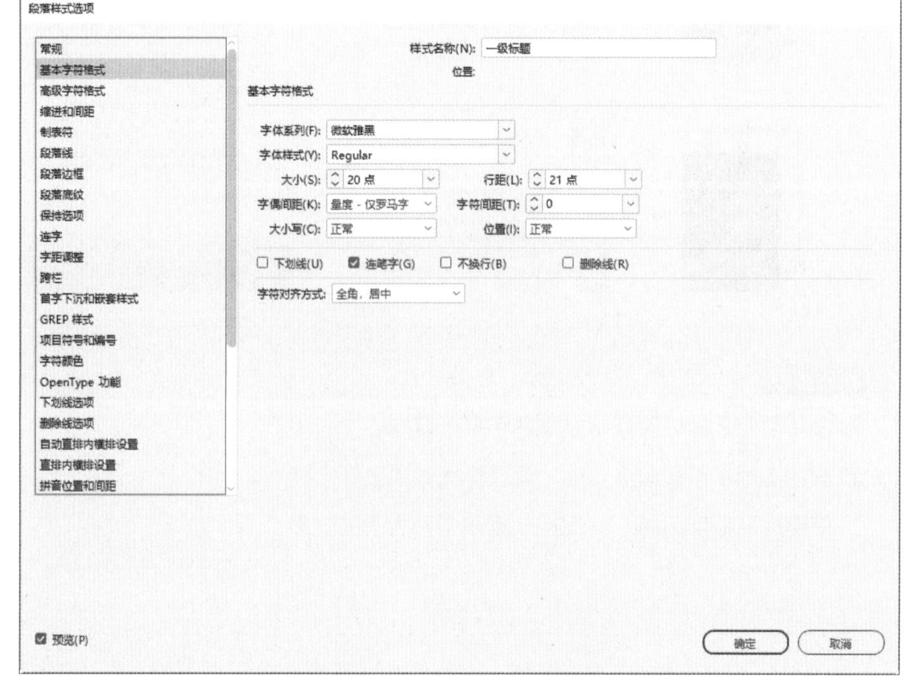

按照同样的方法，定义其他标题的段落样式。完成后的“段落样式”面板，如下图所示。

7.1.2 创建自动目录

执行“版面>目录”命令，弹出“目录”对话框。在“目录”对话框中的“标题”处输入名称；在“样式”下拉列表中，对标题名称的文档进行设定，如下左图所示，效果如下右图所示。

- **条目样式**：其中包括段落样式中的每一种样式，选择其中一种即可。
- **创建PDF书签**：用于将文档导出为PDF时进行选择。在Adobe Acrobat或其他许多与PDF相关的软件中，可能会有“创建PDF书签”或类似的功能。此功能允许用户在PDF文件中添加书签，使用户可以更方便地导航到文档的各个部分。
- **编号的段落**：如果目录中有使用编号的段落样式，可以指定目录条目包括整个段落、只包括编号或只包括段落。
- **框架方向**：用于指定所创建目录在文本框中的排版方向。

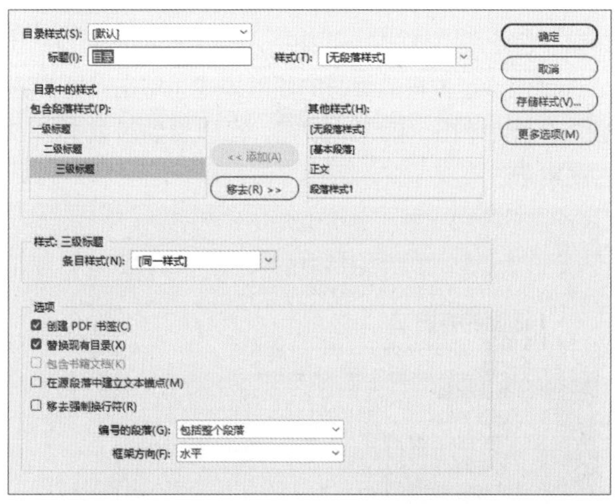

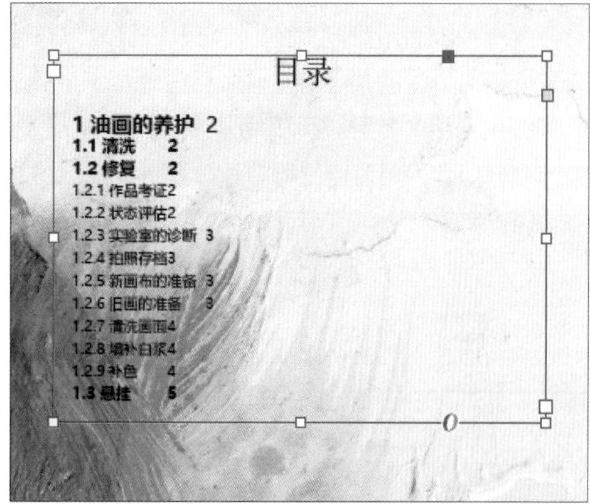

提示：目录被修改后会怎样

如果更改或替换现有目录，则整个文档都将被更新后的目录替换。

7.2 创建目录条目并具有定位符前导符

在InDesign中，创建具有定位符前导符的目录功能，是为了使目录条目更具有组织性和可读性。

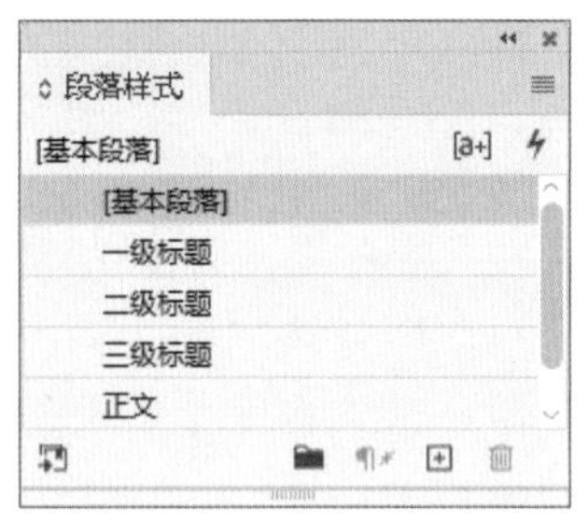

（1）创建具有定位符前导符的段落样式

这里以为二级标题创建具有定位符前导符的样式为例。执行“窗口>样式>段落样式”命令，弹出“段落样式”面板，如右图所示。双击应用目录条目的段落样式的名称，将弹出“段落样式选项”对话框。

在“段落样式选项”对话框中的“常规”选项区域，将“基于”设定为“二级标题”，如下左图所示。接着选择“段落样式选项”对话框左侧的“制表符”选项，单击“右对齐制表符”按钮，在标尺上单击置入定位符，在“前导符”选项中输入“.”，如下右图所示。单击“确定”按钮，具有定位符前导符的段落样式即创建完成。

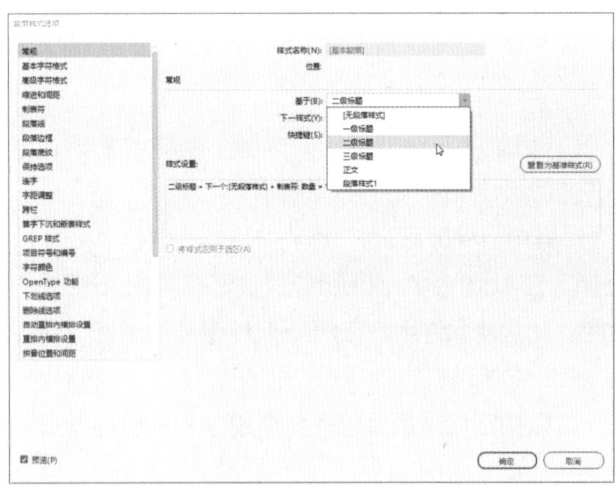

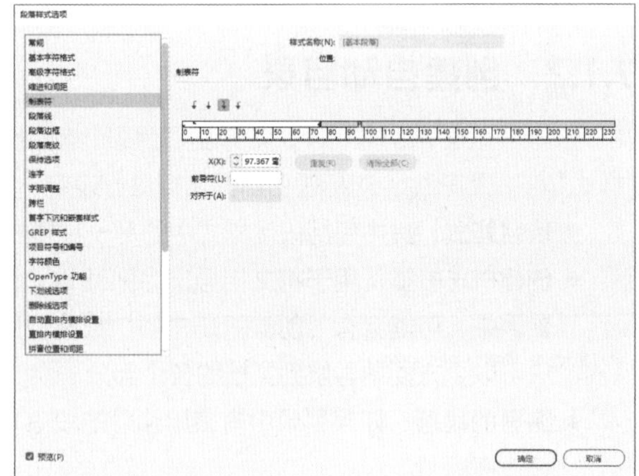

（2）创建具有定位符前导符的目录条目

执行“版面>目录”命令，弹出“目录”对话框。在“包含段落样式”列表中，选择在目录显示中带有定位符前导符的条目。在“条目样式”下拉列表中，选择包含定位符前导符的段落样式。单击“更多选项”按钮，将“条目与页码间”设置为“^t”，如下左图所示。单击“确定”按钮，可以看到目录中的二级标题已经变为具有定位符前导符的目录条目，如下右图所示。

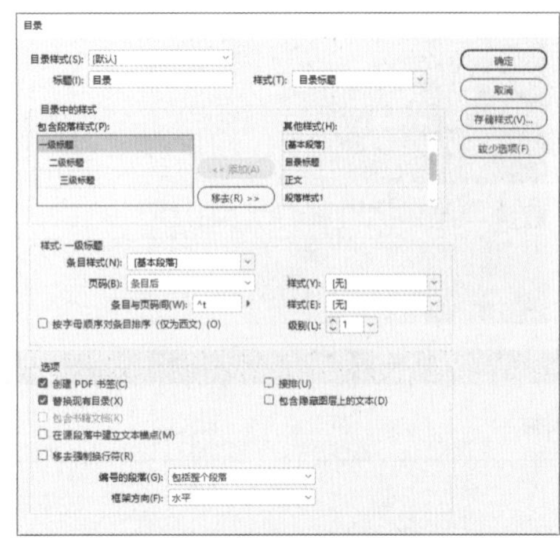

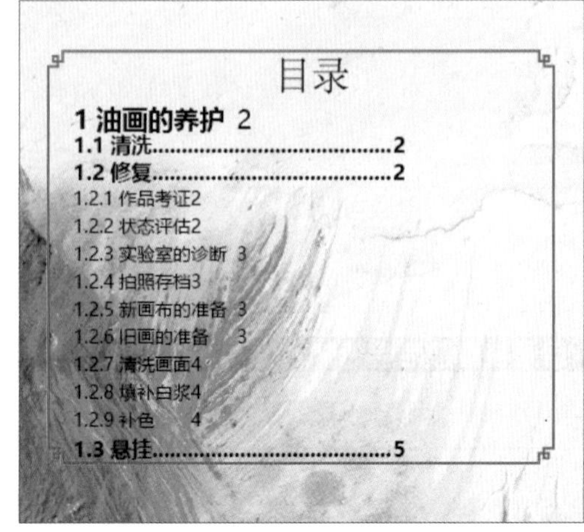

实例 排版一页简约风目录模板

在学习了目录的内容构成以及自动目录的应用后，我们来尝试设计一个简约的目录模板，以便于更好地提升设计排版能力，以下是详细讲解。

步骤01 打开InDesign，按下快捷键Ctrl＋N新建文档。在打开的“新建文档”对话框中，设置“页数”值为3，勾选“对页”复选框，然后设置相关页面参数，单击“边距和分栏”按钮，如下左图所示。

步骤02 在弹出的“新建边距和分栏”对话框中，设置“边距”均为20毫米，单击“确定”按钮，如下右图所示。

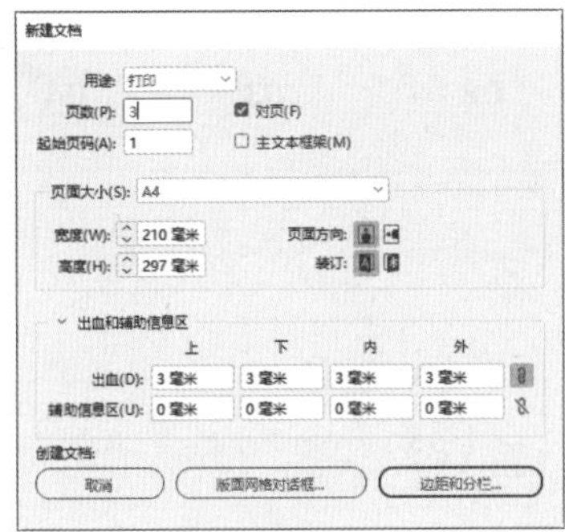

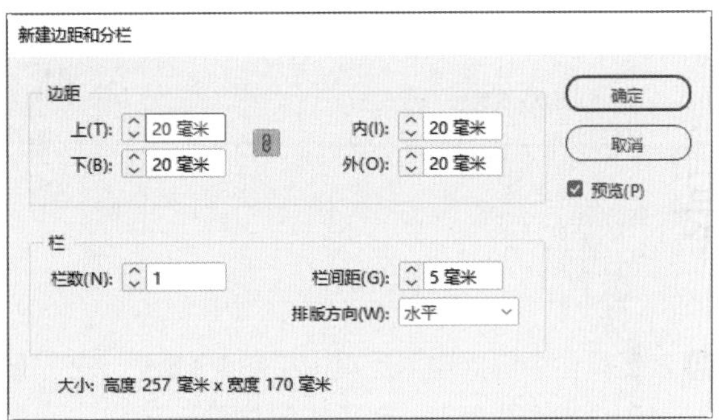

步骤03 按住Shift键的同时，在“页面”面板中选取除第1页外的其他页面，如下左图所示。

步骤04 单击面板右上方的▤图标，在弹出的菜单中，取消选择“允许选定的跨页随机排布”选项，如下右图所示。

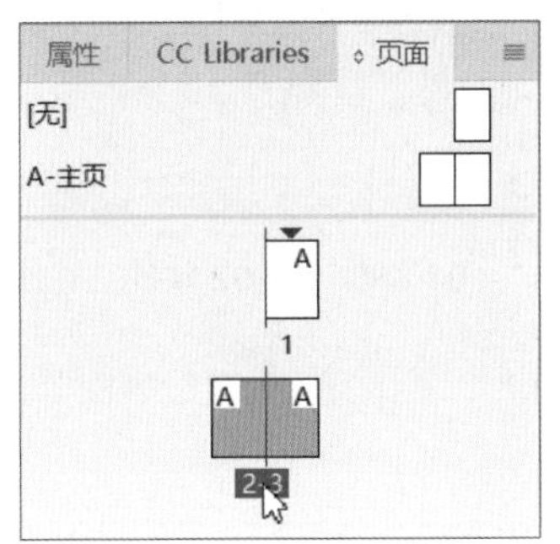

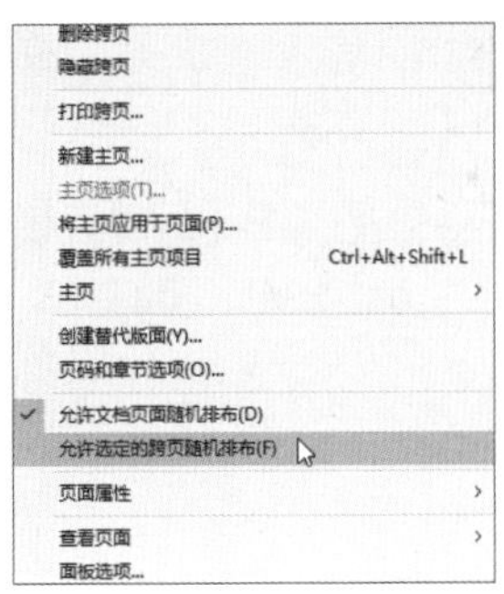

步骤05 在工具栏中选择文字工具，创建文本框并输入文本。在“字符”面板中，设置“字体”为“微软雅黑”、“字体样式”为“Bold”、“字体大小”为90点。在“属性”面板中，设置文字“填色”的CMYK值分别为15、100、100、0。完成后的效果，如下左图所示。

步骤06 在工具栏中选择直线工具，按住Shift键，绘制一条直线。在“属性”面板中，设置“填色”为无、“描边”为黑色、“粗细”为1点。完成后的效果，如下右图所示。

步骤 07 在工具栏中选择直排文字工具，创建文本框并输入文本“目录”。在“字符”面板中，设置“字体”为“黑体”、“字体大小”为30点，如下左图所示。

步骤 08 在工具栏中选择文字工具，创建四个文本框并输入文本。在“字符”面板中，设置它们的“字体”为“微软雅黑”、“字体样式”为“Bold”、“字体大小”为50点。完成后的效果，如下右图所示。

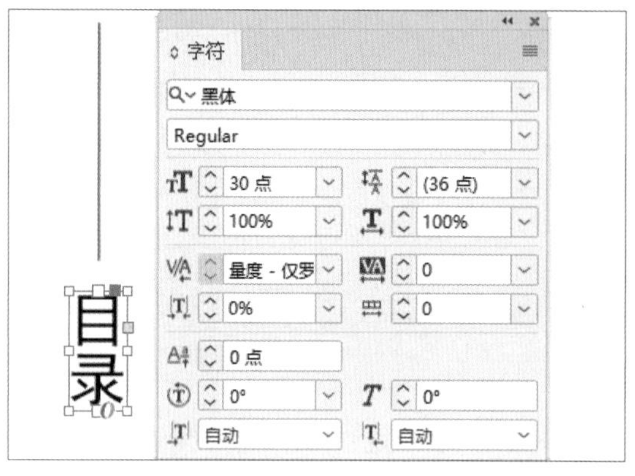

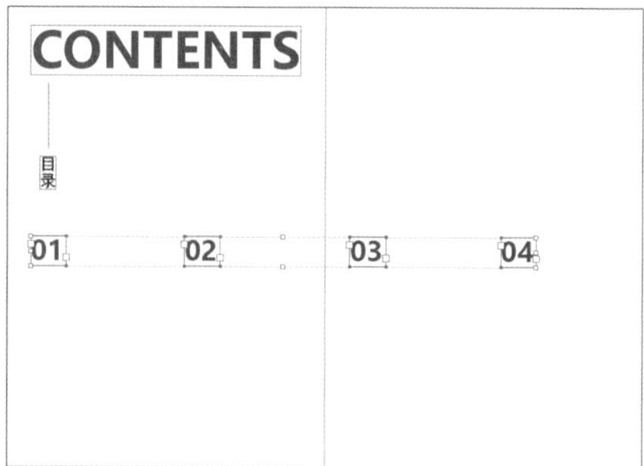

步骤 09 在工具栏中选择矩形工具，绘制4个矩形。在“属性”面板中，设置“填色”的CMYK值分别为0、0、0、40，“描边”为无，效果如下左图所示。

步骤 10 在工具栏中选择直线工具，按住Shift键，绘制4条水平线段。在“属性”面板中，设置“填色”为无、“描边”为黑色、“粗细”为2点，效果如下右图所示。

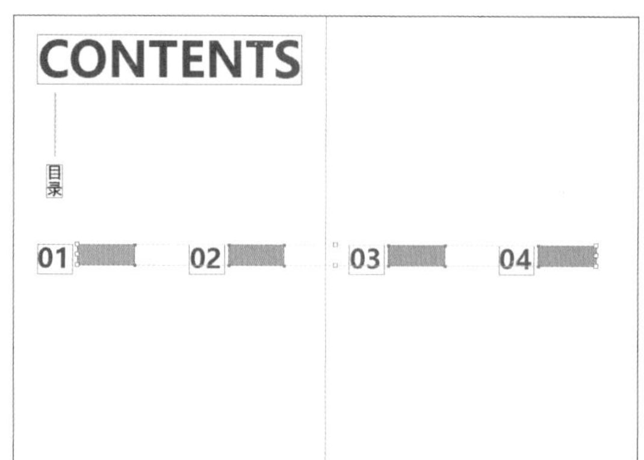

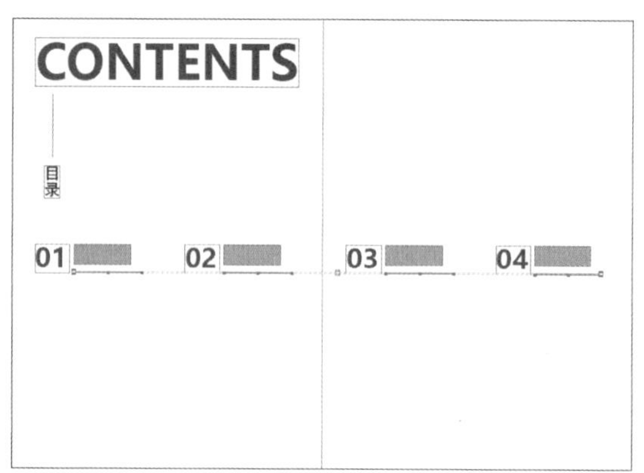

步骤 11 在工具栏中选择矩形工具，绘制4个矩形。为了便于区分，可以换一种“填色”的颜色。在“属性”面板中，设置“填色”的CMYK值分别为3、0、0、16，“描边”为无，效果如下左图所示。

步骤 12 在工具栏中，单击预览按钮，查看简约目录模板的最终效果，如下右图所示。

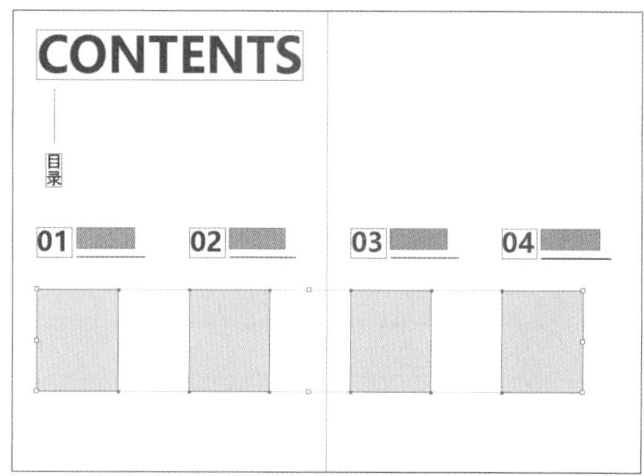

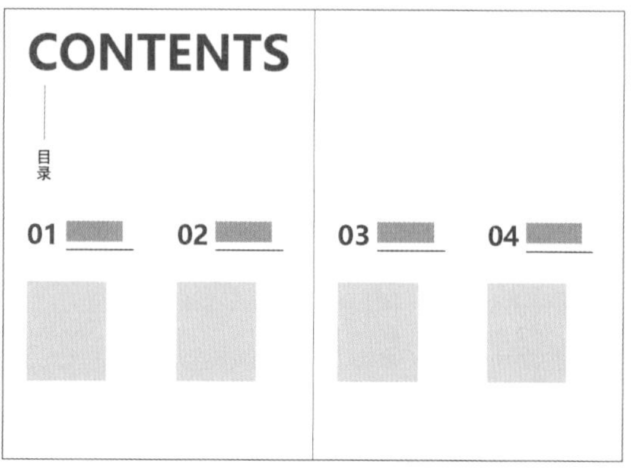

7.3 创建书籍

在InDesign中，书籍文件功能主要用于管理、组织和合并多个文档（如章节、章节的前言或附录等）到单一书籍项目。使用书籍文件功能，可以更方便地对书籍的整体结构进行编辑、导出和打印。下面将讲解如何在书籍中添加文档。

执行“文件>新建>书籍”命令，如下左图所示。将文件命名为“书籍1”，单击“保存”按钮后，弹出“书籍1”面板，如下右图所示。

单击“书籍1”面板下方的“添加文档”按钮+，在弹出的“添加文档”对话框中，选取需要的文件，单击“打开”按钮，如下左图所示。添加文档后的“书籍1”面板，如下右图所示。

单击“书籍1”面板右上方的≡图标，在弹出的菜单中选择“添加文档”命令，弹出“添加文档”对话框，选取需要的文档，单击“打开”按钮，也可以添加文档。

7.4 管理书籍中的文件

每个打开的书籍文件，均显示在“书籍”面板中各自的选项卡中。如果同时打开了多本书籍，单击某个选项卡，可将对应的书籍调至前面，从而能够访问其面板菜单。

文档条目后面的图标，表示当前文档的状态。

- 没有图标出现，表示是关闭的文件。
- •表示文档已打开。

- 表示文档被移动、重命名或删除。
- 表示在书籍文件关闭后，文档被编辑过或页码被重新编排了。

（1）存储书籍文件

单击“书籍”面板右上方的图标，在弹出的菜单中选择“将书籍存储为”选项，弹出“将书籍存储为”对话框。指定目标位置并输入文件名，单击“保存”按钮，即可使用新名称存储书籍文件。

- 单击“书籍”面板右上方的图标，在弹出的菜单中选择“存储书籍”命令，可以保存书籍文件。
- 单击“书籍”面板下方的“存储书籍”按钮，亦可保存书籍文件。

（2）关闭书籍文件

单击“书籍”面板右上方的图标，在弹出的菜单中选择“关闭书籍”选项，可以关闭单个书籍。单击“书籍”面板右上方的按钮，可以关闭放在同一面板中的所有打开的书籍。

（3）删除书籍文档

在“书籍”面板中，选取需要删除的文档，单击面板下方的“移去文档”按钮，可以从书籍中删除所选取的文档。

在“书籍”面板中，选取需要删除的文档，单击“书籍”面板右上方的图标，在弹出的菜单中选择“移去文档”选项，也可以从书籍中删除所选取的文档。

（4）替换书籍文档

单击“书籍”面板右上方的图标，在弹出的菜单中选择“替换文档”选项，弹出“替换文档”对话框。在该对话框中指定一个文档，单击“打开”按钮，即可替换所选取的文档。

7.5 打印

不管输出设备是什么，都可以使用InDesign的高级打印和印前功能来管理打印设置。这些功能可以使用户轻松地将文档输出到打印机和印版机，还可以将其输出为用于校样和印刷的Adobe PDF文件。

7.5.1 印前检查

在菜单栏中，执行“窗口>输出>印前检查”命令，如下左图所示。在“印前检查”面板中，将“配置文件”设定为“[基本]（工作）”选项，并勾选“开”选项。

在制作过程中，可能会遇到各种问题，如右图中所示。若图片链接缺失，为修复这种错误，需要打开链接面板，并向下滚动或增大这个面板，直到能够看到前述图形文件名。在“链接”面板中，选中文件，再在“面板”菜单中选择“重新链接”选项。切换并双击新文件，此时链接的是新文件，而不是原始文件。

为了以高分辨率显示文档，可在菜单栏中执行“对象>显示性能>高品质显示”命令。为输出而检查文档质量时，最好以“高品质显示”方式查看文档。以下面的图像素材放大细节后为例，如下左图所示为默认画质，如下右图所示为“高品质显示”画质。

提示：修改后的图像为什么还是以“低画质”显示

如果是已修改或缺失的图像，无论当前的“显示性能”设置如何，都将以较低的分辨率显示。

执行印前检查时，必须确保“印前检查”面板中所显示的文档状态为 无错误 ，并在菜单栏中执行“文件>存储”命令，确保已保存对文档所作的修改，然后再关闭“印前检查”面板。如果此时还有已修改的链接，需要在“链接”面板的菜单中，选择“更新所有链接”选项。

7.5.2 预览分色

如果文档需要进行商业印刷，可以使用“分色预览”面板核实，是否为特定的印刷方式设置好了文档所使用的颜色。

在菜单栏中执行“窗口>输出>分色预览”命令，打开“分色预览”面板，如右图所示。也可以单击停放区的“分色预览”面板图标来打开这个面板。

在“分色预览”面板的“视图”下拉列表中，选择“分色”选项，如下左图所示。单击CMYK颜色左边的眼睛图标，会隐藏所有使用CMYK颜色的元素，而只显示使用PANTONE颜色的元素。如果没有使用PANTONE颜色的元素，则图片只会留下一个单独颜色的部分，如下右图所示。

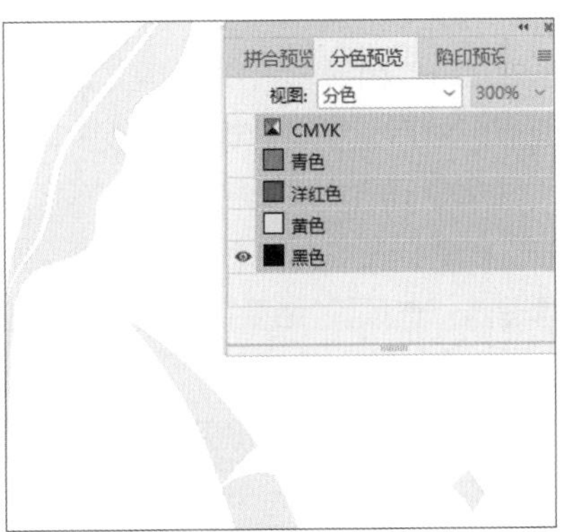

反之，在“分色预览”面板中，单击“黑色”左边的眼睛图标，黑色的文字就都隐藏了，如下页两

图所示。这是因为段落样式包含字符颜色，并将其设置成了黑色。由此，可以检验字体颜色的准确性。

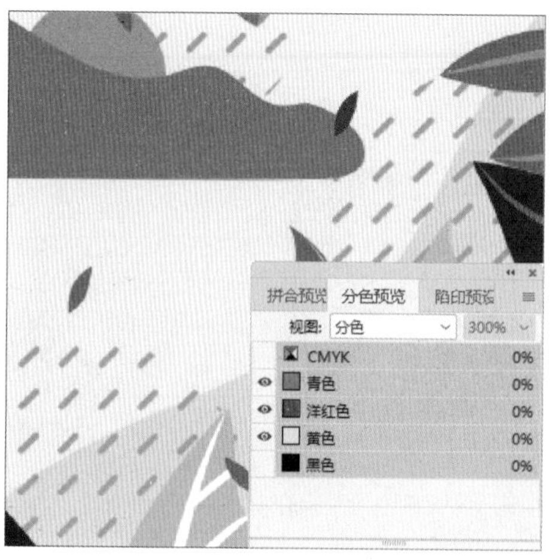

7.5.3 管理颜色

为确保文件可用于商业印刷，“色板”面板应只显示实际使用的颜色，且显示所有被使用的颜色。

在菜单栏中执行“窗口>颜色>色板”命令，打开“色板”面板，如下左图所示。单击“色板”面板右上方的图标，在弹出的菜单中选择“选择所有未使用的样式”选项。然后，单击鼠标右键，在列表中选择“删除色板”选项，如下右图所示，即可将未使用的色板删除。

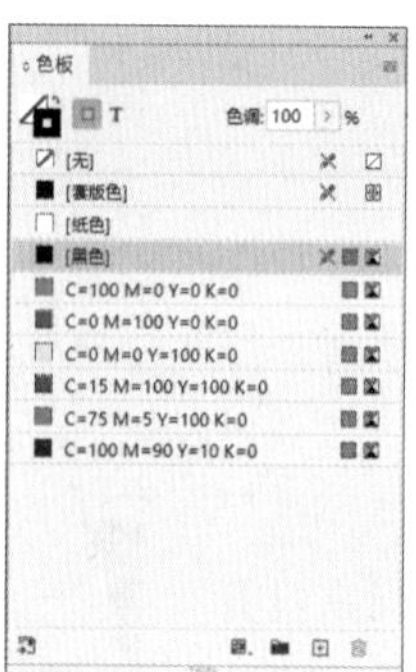

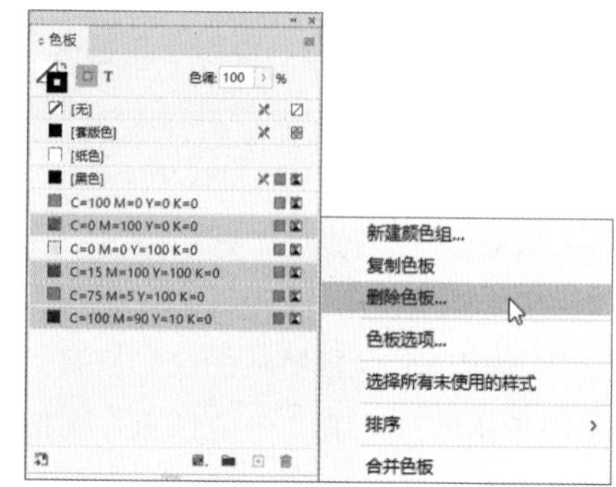

7.5.4 油墨管理器

“油墨管理器”能够控制输出时所使用的油墨。使用“油墨管理器”所作的修改会影响输出，但不会影响文档中的颜色定义。

在菜单栏中执行“窗口>颜色>色板”命令，打开“色板”面板。然后，在“色板”面板中单击图标，选择“油墨管理器”选项或执行“窗口>输出>分色预览”命令，在“分色预览”面板菜单中选择“油墨管理器”选项。“油墨管理器”对话框如右图所示。

在“油墨管理器”对话框的底部，有一个“所有专色转换为印刷色”复选框。此功能能够将所有专色都转换为印刷色，也可以将印刷限制为使用4种印刷色，而无须在导入图像的源文件中修改专色。

7.5.5 预览透明度效果

如果文档中的对象应用了透明度效果（如投影、不透明度和混合模式等），那么打印或输出该文档时，需要进行拼合处理。“拼合”可以将透明作品分割成基于矢量的区域和光栅化区域。在InDesign中，可使用“拼合预览”面板来确定哪些对象应用了透明度效果。

执行“窗口>输出>拼合预览”命令，打开“拼合预览”面板，如下左图所示。在“拼合预览”面板中，将“突出显示”设定为“透明对象”选项，如下中图所示。除应用了透明度效果的区域外，整个页面都呈灰色，效果如下右图所示。使用红色突出显示了页面中的相应部件，这是因为对它应用了如混合模式、不透明度或投影等特殊效果。用户可根据突出显示能够确定页面中都有哪些区域受透明度影响的特点，相应地调整版面或透明度设置。

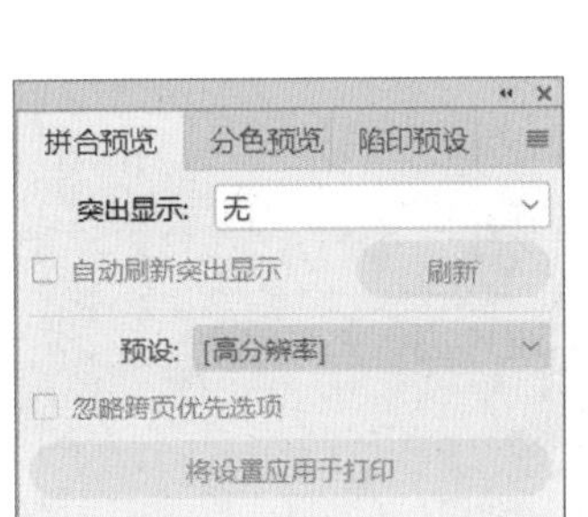

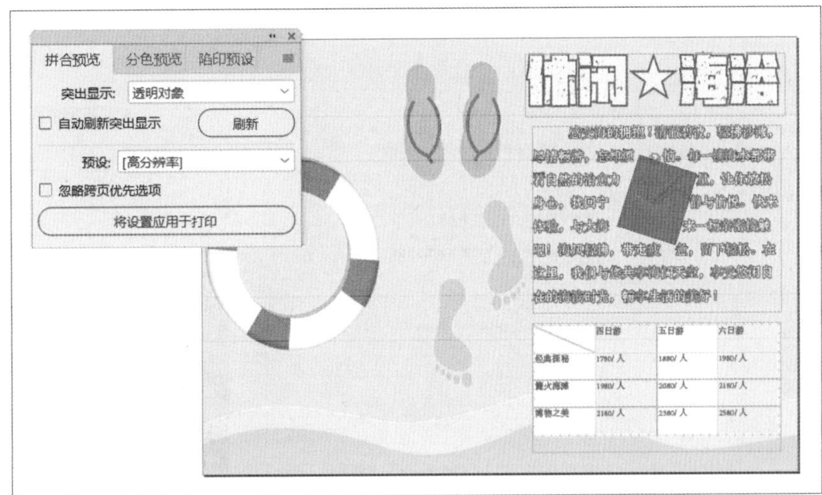

7.5.6 预览页面

前面讲解了分色和版面的透明区域的预览，以确保文件内容无误。下面介绍印前检查的最后一步：预览页面。

单击选择工具面板底部的“屏幕模式”按钮，并在其下拉列表中选择“预览”选项，如下左图所示。此时，所有参考线、框架边缘、不可见字符、粘贴板和其他非打印项目已隐藏，效果如下右图所示。

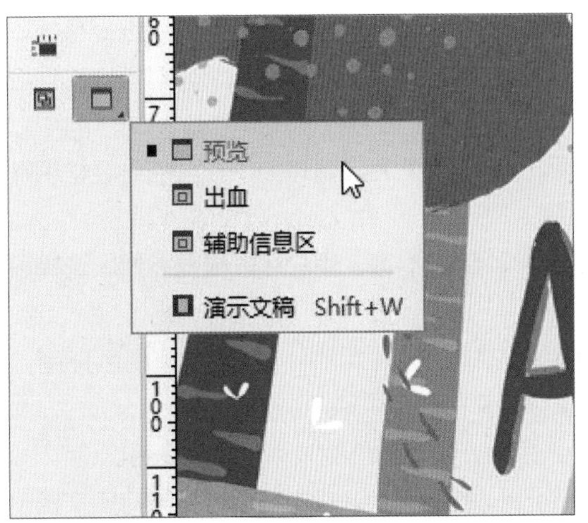

在打印或导出之前，需浏览整个文档，并检查各个方面。除在预览模式下检查各个对象外，还可以在

出血模式下检查位于文档边缘的对象是否延伸到了粘贴板。在印前检查面板时，需再次确认文档的印前检查状态为“无错误”。在“屏幕模式”下拉列表中选择“正常”选项，再在菜单栏中执行“文件>存储”命令。接下来确认文档的外观后，便可以打印文档了。

7.5.7 文件打包

可使用“打包”命令，将InDesign文档及其链接的项目组合到一个文件夹中。“打包”可确保提供输出时所需要的所有文件。

在菜单栏中执行“文件>打包”命令，在“打包”对话框的“小结”面板中，会指出整个文档中的问题。不需要选择“创建印刷说明”复选框，如下左图所示。单击“打包”按钮，会弹出警告提示框。此时单击“存储”按钮，即可完成打包。如下右图所示。

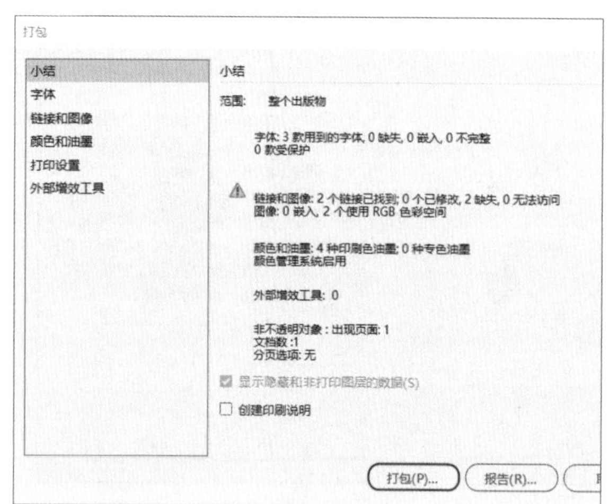

知识延伸：色板库

在InDesign中，色板库是一个强大的工具，用于创建、管理、存储和应用颜色。用户可以通过“色板”面板来访问和使用色板库，例如，在“色板”面板中创建新的色板、从预加载的颜色库中选择色板、导入外部色板等。一旦创建了色板，就可以通过简单的拖放或单击操作将其应用于文档中的对象。这些色板可以在文档中被快速应用于文本、图形和其他设计元素，以实现一致的颜色控制和高效的修改。

- **创建与命名：** 用户可以在色板库中创建新的颜色色板，并为它们命名。这有助于在文档中轻松识别和应用特定颜色。
- **颜色模式支持：** InDesign支持多种颜色模式，包括RGB、CMYK等。用户可以根据需要，选择适合的颜色模式来定义色板。
- **库文件选择：** InDesign允许用户从预加载的颜色库中选择色板，如PANTONE印刷色指南、TOYO COLOR FINDER等。这些颜色库提供了大量预定义的颜色供用户选择。
- **导入外部色板：** 用户还可以从其他ID文档或文件中导入色板，实现颜色的共享和重复使用。
- **文档特定：** 每一个文档都可以在其色板面板中存储一组不同的色板，这意味着色板是与特定文档相关联的。

- **全局修改：**由于任何对色板所作的更改，都会自动应用到使用了该色板的所有对象上，这使得颜色的修改变得非常简单和高效。

上机实训：创建书籍目录

学习完本章内容后，相信用户对InDesign自动目录应用的相关知识与操作技巧有了进一步的了解。下面以制作一个书籍目录为例，来巩固本章，具体操作如下。

扫码看视频

步骤 01 打开InDesign，执行“文件>新建文档”命令，或按下快捷键Ctrl+N。在打开的“新建文档”对话框中设置页面参数，单击“边距和分栏”按钮，如下左图所示。

步骤 02 在“新建边距和分栏”对话框中，设置“边距”和“栏”的参数，单击“确定”按钮，如下右图所示。

新建文档
用途：打印
页数(P)：1　☑ 对页(F)
起始页码(A)：1　☐ 主文本框架(M)
页面大小(S)：A4
宽度(W)：297 毫米　页面方向：
高度(H)：210 毫米　装订：
出血和辅助信息区
上　下　内　外
出血(D)：3 毫米　3 毫米　3 毫米　3 毫米
辅助信息区(U)：0 毫米　0 毫米　0 毫米　0 毫米
创建文档：
取消　版面网格对话框...　边距和分栏...

新建边距和分栏
边距
上(T)：0 毫米　内(I)：0 毫米
下(B)：0 毫米　外(O)：0 毫米
确定
取消
☑ 预览(P)
栏
栏数(N)：1　栏间距(G)：5 毫米
排版方向(W)：水平
大小：高度 50 毫米 x 宽度 90 毫米

步骤 03 执行“文件>置入”命令，在打开的“置入”对话框中选择“历史”Word文档，勾选“显示导入选项”复选框，取消勾选“应用网格格式”复选框，单击打开按钮，如下左图所示。

步骤 04 在弹出的“Microsoft Word导入选项”对话框中，选择“移去文本和表的样式和格式”单选按钮，单击确定按钮，如右图所示。

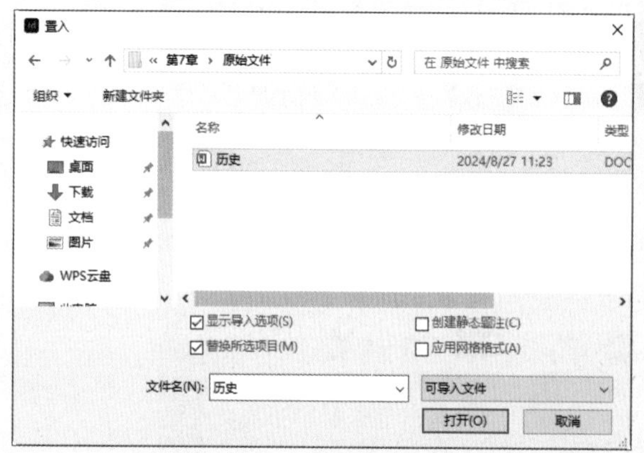

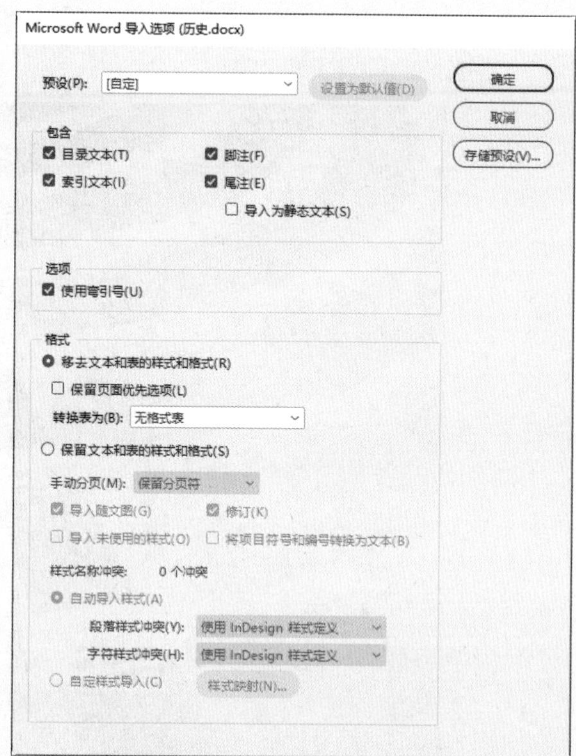

步骤 05 按住Shift键，在页面中单击鼠标左键，即可自动将文本导入到页面中，如下左图所示。

步骤 06 在“页面”面板中单击“新建页面”按钮，按住鼠标左键，将新建的页面拖动到第1页的左侧，释放鼠标左键后，可以看到新建的页面已经变成了第1页，如下右图所示。

历史

中国历史，始于大约 170 万年前的元谋人，止于 1840 年的鸦片战争前，是中国原始社会、奴隶社会和封建社会的历史。中国近代史的时间为，从 1840 年鸦片战争到 1949 年中华人民共和国成立前，这也是中国半殖民地半封建社会的历史。中国近代史分为前后两个阶段，从 1840 年鸦片战争到 1919 年五四运动前夕，是旧民主主义革命阶段；从 1919 年五四运动到 1949 年中华人民共和国成立前夕，是新民主主义革命阶段。1949 年 10 月 1 日中华人民共和国的成立，标志着中国进入了社会主义革命和建设时期。

第 1 章先秦时期

1.1 夏朝

参见：夏朝、二里头文化

禹治水有功，被选举为天子，成为夏朝建立者。禹即位后，建都阳翟（今河南许昌）他一再会合诸侯，并将中国分为九州，定贡赋的制度。禹既治平水患，又征服黎苗，功业甚大，因此得到“大禹”的尊称。禹死后，他的儿子启破坏禅让的传统，自立为王，恢复了黄帝初期父子相传的古老制度。从此，王位传子、不传贤，实行世袭制度，开始了古人所说的“家天下”。

启之后继位的太康被一位诸侯首领后羿所逐，太康死后，后羿立太康之弟仲康为夏王，但实权在后羿手中。仲康死后，其子相即位，后羿的臣子寒浞杀掉后羿与相，自立为王。相的王后缗带孕逃回母家有仍氏，生少康。少康长大后，收聚夏的残存势力，灭掉寒浞，光复夏王朝，史称“少康中兴”。少康之子杼在位时拥有一支比较强大的武装，彻底肃清了寒浞的势力，并征伐东夷，使夏王朝发展到了鼎盛。其后的五代六王，社会比较安定，经济持续发展，有了比较进步的阴阳合历和干支记日的方法。第十五代夏王孔甲，好方术鬼神、淫乱，引起诸侯的反叛，夏王朝逐渐衰败。孔甲再三传到履癸（桀），是历史上有名的暴君，他不务修德，奢侈无度，杀人无数，四处用兵，劳民伤财，以致民众反抗，诸侯叛离，最终被商汤所灭。

1.2 商朝

参见：商朝、二里岗文化

商朝建立于公元前 1600 年，至公元前 1046 年灭亡。商人是帝喾之子契的后裔，因契佐禹治水有功，故被舜封于商，开始兴起。经过五百年的发展，到商汤时，已经成为以亳为都城的强大方国。在伊尹的辅佐下，成汤首先争取众多方国的支持，征讨不归顺的方国，最后兴兵伐夏，鸣条之战，夏桀兵败逃至南巢而死，商朝建立定都亳（今河南郑州）。新建立的商王朝虽然在社会型态上与夏王朝并无区别，但是他的诞生给古代社会内部注入了新的活力，健全了古代阶级社会的机制。古书对商汤伐桀灭夏一事作了充分的肯定，认为“汤武革命，顺乎天而应乎人”。商朝时出现的甲骨文是已知中国最早的成熟文字，青铜技术也迅猛发展，生产了不少的青铜生产工具和生活用具。商汤的孙子太甲在位时无道，伊尹把他放逐而由自己摄政。三年，太甲悔过，又迎归复位、勤俭爱民、诸侯亲附，社会安定，被称为守成之主太宗。在第八代商王雍已时，发生诸侯不朝的情况，太戊继位，在伊陟和巫咸的辅佐之下，殷道复兴，诸侯归附，太戊被称为中宗。

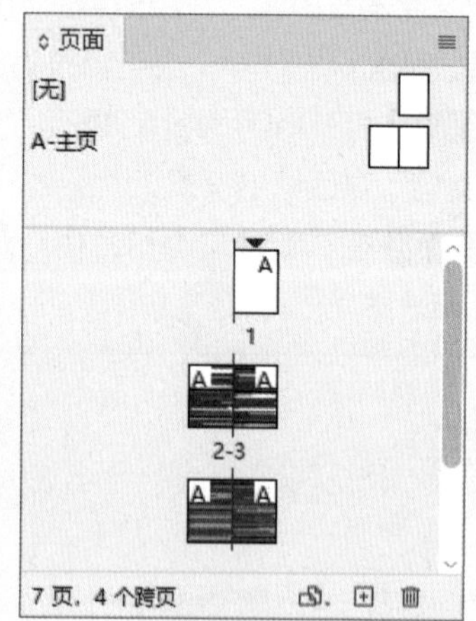

步骤 07 在“页面”面板中单击第1页，接着执行“文件>置入”命令。在“置入”对话框中，选择“背景”素材，单击“打开”按钮。调整图像的大小和位置后，效果如下页左图所示。

步骤 08 执行“文字>段落样式”命令，单击“段落样式”面板下方的“创建新样式”按钮，在新生成的段落样式上双击，打开“段落样式选项”对话框。其中，将“样式名称”设定为“一级标题”，并在“基本字符格式”选项区域中，设置“字体”为“楷体”、“字体样式”为“Regular”、“大小”值为20点，单击“确定”按钮，如下页右图所示。

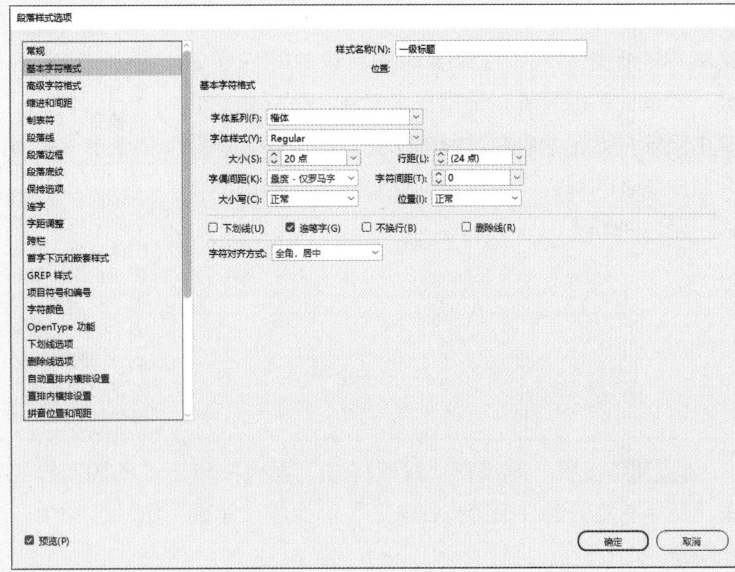

步骤09 按照相同的方法，创建二级标题的段落样式，参数设置如下左图所示。

步骤10 按照相同的方法，创建三级标题的段落样式，参数设置如下右图所示。

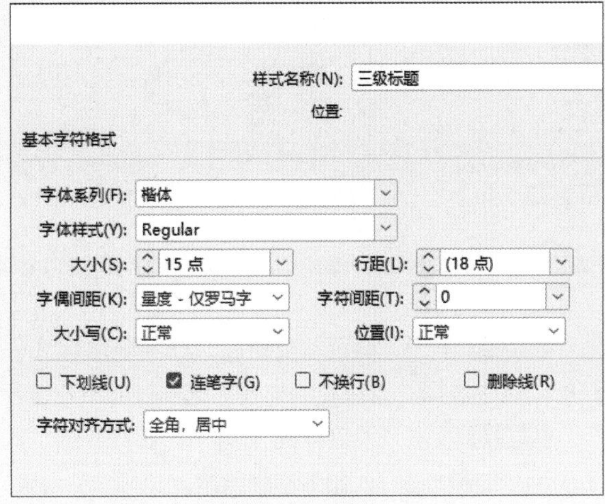

步骤11 创建完成后，“段落样式”面板如右图所示。

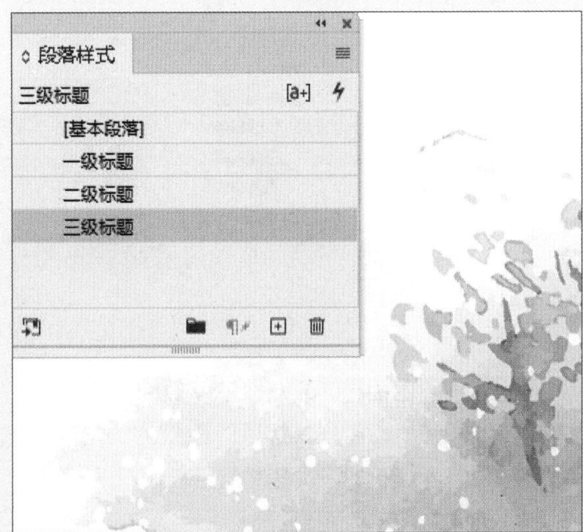

步骤 12 下面，利用创建好的标题样式，统一文本中的标题格式，注意要明确目录中的内容分级，如章、节标题等。选择文字工具，在标题后面单击鼠标左键，然后在“段落样式”面板中，选择并单击需要的样式，可以看到标题应用了相应的样式，如右图所示。

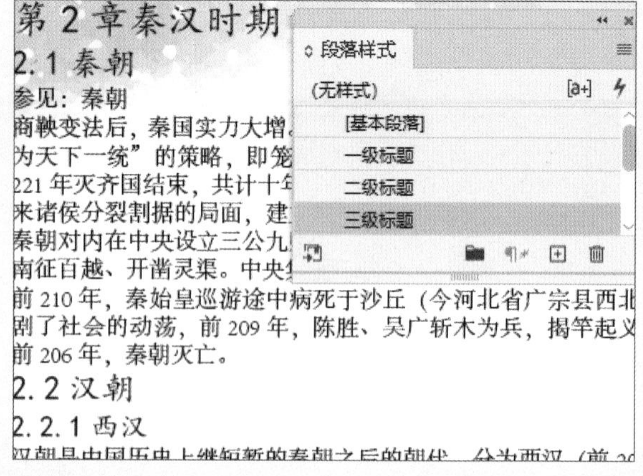

步骤 13 接着，继续在“段落样式”面板中单击“创建新样式”按钮，在新生成的段落样式上双击，然后在打开的“段落样式选项”面板的“常规”选项区域中，设置“基于”为“一级标题”，如下左图所示。

步骤 14 在当前的“段落样式选项”面板中，单击“制表符”选项。在打开的“制表符”选项区域中，选择“右对齐制表符”按钮，接着在制表符上单击，在“前导符”选项中输入“.”，如下右图所示。

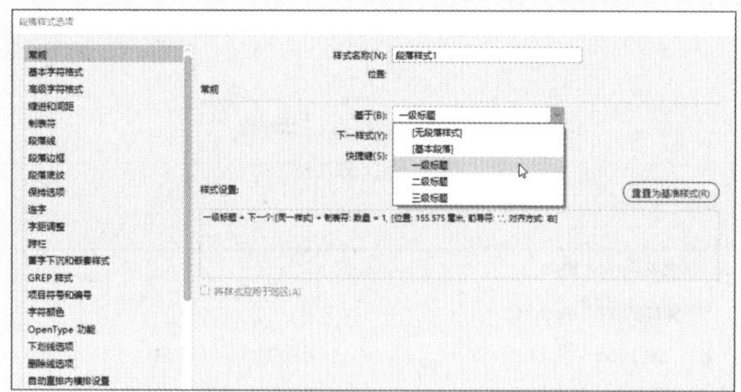

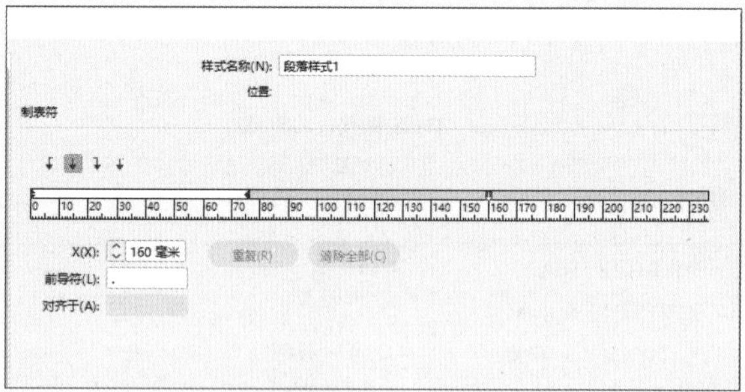

步骤 15 单击“确定”按钮后，在“段落样式”面板中单击“段落样式1”，然后单击鼠标右键，在打开的列表中选择“直接复制样式”选项，如下左图所示的“段落样式1副本”，即为所复制的样式。

步骤 16 双击“段落样式1副本”，在打开的“段落样式选项”面板的“常规”选项区域中，设置“基于”为“二级标题”，如下右图所示。

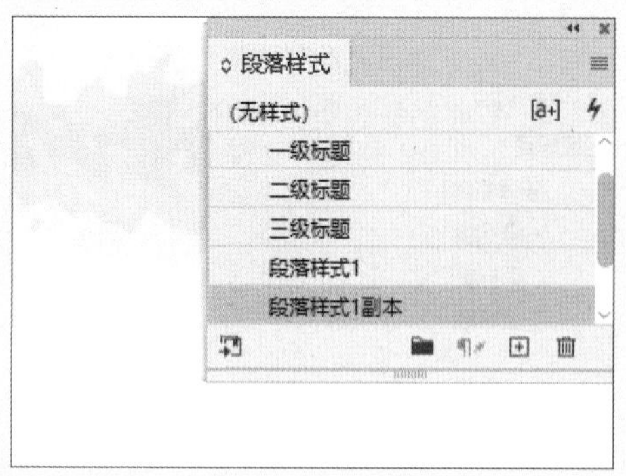

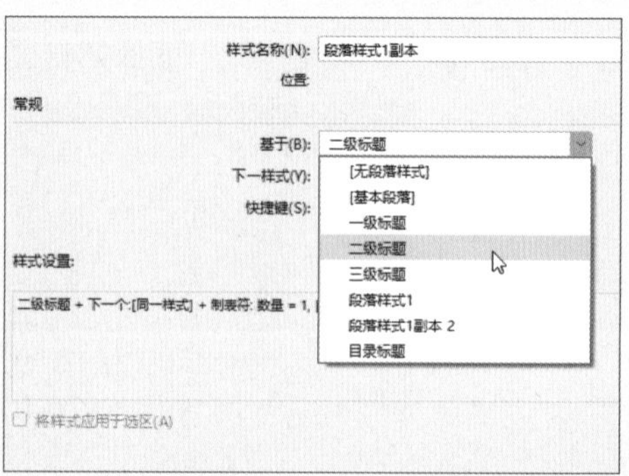

步骤 17 使用相同的方法，继续复制“段落样式1”，得到“段落样式1副本2”。双击“段落样式1副本2”，在打开的“段落样式选项”面板的“常规”选项区域中，设置“基于”为“三级标题”。完成后的“段落样式”面板，如下页左图所示。

步骤 18 执行“版面>目录”命令，在打开的“目录”对话框中，设置“标题”为“目录”、“样式”为

“目录标题”。然后，在“目录中的样式”选项区域中，通过单击“添加”按钮，依次将“其他样式”中的“一级标题”“二级标题”“三级标题”添加到“包含段落样式”中，如下右图所示。

步骤19 接下来，在“包含段落样式”选项区域中单击“一级标题”，将“条目样式”设定为“段落样式1”。按照同样的方法，为“二级标题”“三级标题”分别添加“段落样式1副本”“段落样式1副本2”，然后单击“确定”按钮，如下左图所示。

步骤20 执行“文件>置入”命令，在“置入”对话框中，选择“装饰”图像素材，单击“打开”按钮，如下右图所示。

步骤21 置入图像素材后，调整它的大小和位置，至此，书籍目录的创建和设计就完成了，效果如右图所示。

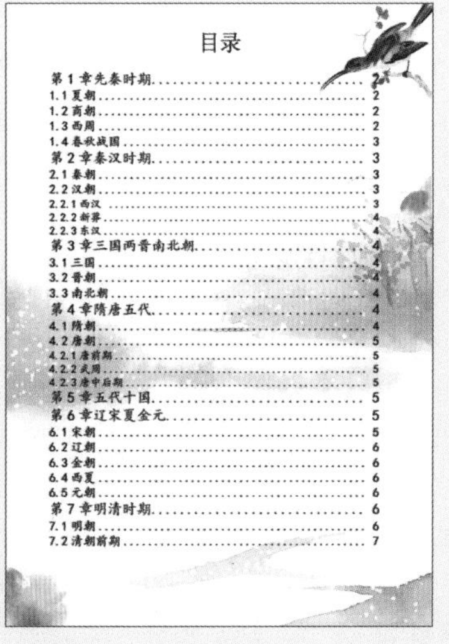
目录

第1章先秦时期........ 2
1.1 夏朝........ 2
1.2 商朝........ 2
1.3 西周........ 2
1.4 春秋战国........ 3
第2章秦汉时期........ 3
2.1 秦朝........ 3
2.2 汉朝........ 3
2.2.1 西汉........ 3
2.2.2 新莽........ 4
2.2.3 东汉........ 4
第3章三国两晋南北朝........ 4
3.1 三国........ 4
3.2 晋朝........ 4
3.3 南北朝........ 4
第4章隋唐五代........ 4
4.1 隋朝........ 4
4.2 唐朝........ 5
4.2.1 唐前期........ 5
4.2.2 武周........ 5
4.2.3 唐中后期........ 5
第5章五代十国........ 5
第6章辽宋夏金元........ 5
6.1 宋朝........ 5
6.2 辽朝........ 6
6.3 金朝........ 6
6.4 西夏........ 6
6.5 元朝........ 6
第7章明清时期........ 6
7.1 明朝........ 6
7.2 清朝前期........ 7

课后练习

一、选择题（部分多选）

（1）InDesign中的书籍文件功能是一个用于（　　　）和合并多个文档（如章节、章节的前言或附录等）到单一书籍项目的工具。

A. 管理　　B. 组织

C. 合并　　D. 拆分

（2）InDesign中，如果更改或替换现有的（　　　），则整篇文章都将被更新后的目录替换。

A. 标题　　B. 目录

C. 文章　　D. 页码

（3）InDesign中，每个打开的书籍文件均显示在（　　　）面板中各自的选项卡中。

A. 书籍　　B. 字符

C. 样式　　D. 段落

二、填空题

（1）InDesign中，创建具有______________的目录功能，是为了使目录条目更具有组织性和可读性。

（2）如果为文档中的对象应用了透明度效果（如投影）、不透明度和混合模式等，那么打印或输出这些文档时，需要进行______________。

（3）执行______________命令，可以将InDesign文档及其链接的项目组合到一个文件夹中。

三、上机题

根据本章所学内容，尝试使用“打包”命令将文档打包，并查看所生成的文件夹的内容，以熟悉将文件发送给印刷厂等服务提供商时，需要提供的内容。

操作提示

① 使用印前检查功能，使文件内容无打印错误。

② 使用分色预览功能，核实是否已经为特定的印刷方式设置了文档所使用的颜色。

③ 使用透明色预览功能，实现通过拼合将透明作品分割成基于矢量的区域和光栅化区域的效果。

④ 使用预览页面功能，实现确认印前检查状态为“无错误”的效果。

第二部分

综合案例篇

在学习了InDesign的基础知识部分后，下面将运用前面学到的知识，进行真实的案例操作。综合案例篇共包含2章内容，将对InDesign 2024的应用热点进行理论分析和案例讲解，在巩固基本知识的同时，使读者能够将其应用到学习和工作中。

第8章 书籍装帧设计

本章概述

本章将介绍书籍装帧设计的概念以及主要内容，并详细介绍书籍封面、书脊与封底设计的方法和步骤，包括一些常见工具命令在设计过程中的运用，如文字工具、绘图工具等。

核心知识点

❶ 了解书籍装帧设计的概念
❷ 掌握不同类型书籍的封面、书脊与封底制作
❸ 掌握文字与图片的合理排版设计
❹ 掌握字体字号及段落的灵活调整

8.1 书籍装帧设计概述

书籍装帧设计是指从书籍文稿到成书出版的整个设计过程，也是完成从书籍形式的平面化到立体化的过程。它包含了艺术思维、构思创意和技术手法的系统设计，涵盖了书籍的开本、装帧形式、封面、腰封、字体、版面、色彩、插图、纸张材料、印刷、装订及工艺等各个元素和环节的艺术设计。

8.1.1 书籍的主要内容

（1）版式设计

版式设计是书籍设计的核心，它决定了书籍内容的呈现方式和阅读体验。版式设计需要考虑文字排版、图片排版、页面布局等因素，追求内容清晰易读、美观大方，同时要符合读者的阅读习惯和审美需求。优秀的版式设计能够提升书籍的整体品质，使读者在阅读过程中获得较好的视觉体验。

（2）封面设计

封面是书籍的门面，是吸引读者注意并激发其购买欲望的重要因素。封面设计需要考虑书籍的主题、内容、读者群体等因素，通过色彩、图形、文字等元素的巧妙组合，传达出书籍的核心信息和艺术美感。封面设计应包含书名、作者名、出版社名称等基本信息，并力求在视觉上吸引目标读者群，如下左图所示。

（3）封底设计

封底通常包含定价、ISBN号以及一些简介或推荐语等，从而帮助读者快速了解书籍的基本信息。一般来说，进行书籍设计时，应将封面、书脊和封底统一进行设计。如下右图所示，是一本Word教科书的封底设计。

（4）书脊设计

书脊连接书的封面和封底，承载着标题和作者等关键信息，是整体设计中不可忽视的一部分。在书架上，书脊通常是读者对书籍的第一印象的来源。

（5）扉页设计

扉页是封面之后、正文之前的页面，印有书名、出版者和作者名等信息，起到连接外观与正文的桥梁作用，如下左图所示。

（6）目录设计

目录是全书内容的大纲，它能够体现出书籍的结构和层次。目录一般位于前言之后、正文之前，也可以放在正文之后。如下右图所示，是一本数字摄影书的目录页。

（7）版权页设计

版权页主要用于表明出版物的版权归属，以及作者或创作者的权益保护。版权页通常包含版权所有人、出版商、版本信息、法律法规等内容，这些信息对于维护作者或创作者的权益、确保出版物的合法性和归属性具有重要意义。书籍的版权页如下左图所示。

（8）正文设计

正文是书籍内容的主体部分，要求排版整洁、美观，便于阅读。根据内容的不同，可以采用不同的字体和排版方式，如下右图所示。

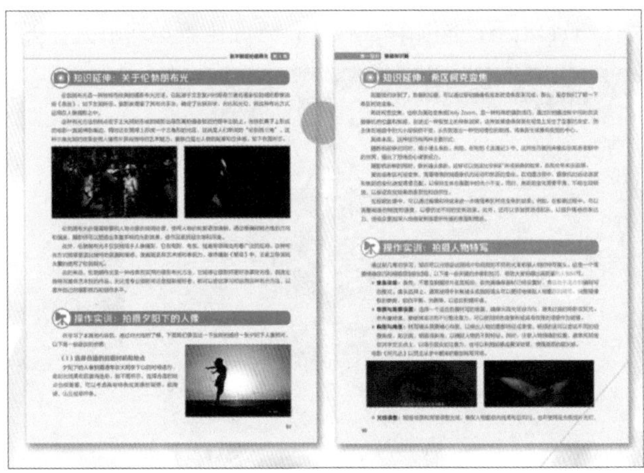

8.1.2 书籍的开本

书籍的开本是指一本书幅面的大小，通常是以整张纸被裁成的张数来表示。例如，如果一张完整的纸被裁成16份大小相同的纸页，则称为16开。开本的大小直接影响书籍的外观尺寸和内部版心的设计。书籍的开本主要有以下三种类型。

（1）大型本

大型本是指12开以上的开本。这类开本一般适用于图表较多、篇幅较大的厚部头著作或期刊，比如政治理论类图书、高等学校教材以及工具书中的百科全书等。

（2）中型本

中型本是最常见的开本，涵盖了从16开至32开的所有开本类型。它的适用范围较广，基本上各类书籍都可以采用这种开本。一些文学类书籍，如小说、散文集等，为了方便读者阅读，通常会采用32开或更小的开本，如右图所示。

（3）小型本

小型本适用于手册、工具书、通俗读物和短篇文献等，包括46开、60开、50开、44开、40开等开本。它的特点是小巧便携，适合随手翻阅或者需要节省空间的场合。

8.1.3 书籍的装订形式

- **平装：** 平装分为骑马订（杂志）和平订（胶订、锁线订等）两种，胶订书籍如下左图所示。
- **精装：** 一般用加硬纸板裱衬的壳做封面，有全布面、涂塑纸面、纸面布脊等装订形式。此外，还有加护封的样式，如下右图所示。除常规形式外，还有软面装（不加硬纸板，而用白板卡代替）、假精装（书心上下两面加粘白板卡，外面再套塑料书壳，如软皮新华字典）等装订形式。

8.1.4 书籍装帧设计的原则

书籍装帧设计的主要原则，可以归纳为以下几点。这些原则旨在确保装帧设计不仅具有保护书籍的功能，还能提升读者的阅读体验和审美享受。

（1）保护性原则

书籍装帧设计的首要任务是保护书籍的物理完整性，防止在运输、存储和使用过程中受到损坏。因此，在设计时需要考虑材料的耐用性、结构的稳固性及印刷装订工艺的合理性。

（2）功能性原则

装帧设计必须充分考虑书籍的阅读功能，包括版面布局的合理性、字体大小的适宜性、行距和段落的设置等，以确保读者能够舒适地阅读并快速找到所需信息。

（3）审美性原则

书籍作为文化的载体，其装帧设计应具有艺术性和审美价值。这要求设计师运用美学原理，通过色彩、图形、字体等元素的创意组合，营造出与书籍内容相契合的视觉氛围，从而提升书籍的整体美感。

（4）内容与形式统一原则

装帧设计应与书籍的内容紧密相关，通过形式的设计来传达书籍的主题、风格和情感。设计师需要深入理解书籍的内容，将其精髓融入设计中，使形式与内容相得益彰。

（5）创新性原则

在遵循传统设计原则的基础上，书籍装帧设计还应追求创新和突破。通过运用新材料、新技术和新理念，不断拓宽设计思路和表现手法，使书籍装帧设计更具有时代感和前卫性。

（6）人性化原则

书籍装帧设计应充分考虑读者的使用习惯和心理感受，体现人性化的设计理念。例如，通过合理的尺寸设计、舒适的握持感、便捷的翻阅方式等，提高书籍的易用性。

（7）环保性原则

随着人们环保意识的增强，书籍装帧设计越来越注重环保性。在选择材料和工艺时，应优先考虑环保材料和低碳工艺，减少对环境的不良影响。同时，也可以通过设计，引导读者养成节约用纸、循环利用的好习惯。

8.2 书籍封面、书脊与封底设计

书籍的封面、书脊与封底设计是书籍装帧设计的重要组成部分。它们共同构成了书籍的整体外观，对提高书籍的吸引力和可读性起着至关重要的作用。下面将以两本不同主题和类型的书籍为例，对其封面、书脊与封底设计进行详细讲解。

8.2.1 古诗词类书籍

扫码看视频

古诗词类书籍往往融合古典美学与现代设计理念，旨在通过视觉元素传达诗词的意境与情感。它的装帧设计常采用具有古典韵味的元素，如山水画、花鸟画、古代建筑等，以营造古风氛围，使读者第一眼就能感受到诗词的古典美。虽然追求古典韵味，但其封面设计并不复杂烦琐，而是力求简约，通过简洁的线条和色彩搭配，突出诗词的主题和精髓。在此案例中，将详细讲解古诗词类书籍的封面、书脊和封底的制作方法。

（1）封面设计

书籍的封面需要有效且恰当地传达书的内容。在书架上琳琅满目的书籍中，一个设计独特、引人注目的封面能够立即抓住读者的眼球，激发他们进一步了解书籍内容的兴趣。封面通常包含书名、作者名、出版社名称、书籍类型或系列等基本信息，有时还会有简短的副标题或简介，以帮助读者快速了解书籍的核心内容和特色。下面进行古诗词类书籍封面设计的详细讲解。

步骤 01 打开InDesign，执行“文件>新建文档”命令，或按下快捷键Ctrl＋N。在打开的“新建文档”对话框中，设置“页数”为1、“宽度”“高度”分别为460毫米、306毫米，单击“边距和分栏”按钮，如下左图所示。

步骤 02 在“新建边距和分栏”对话框中，设置“边距”值均为20毫米，单击“确定”按钮，如下右图所示。

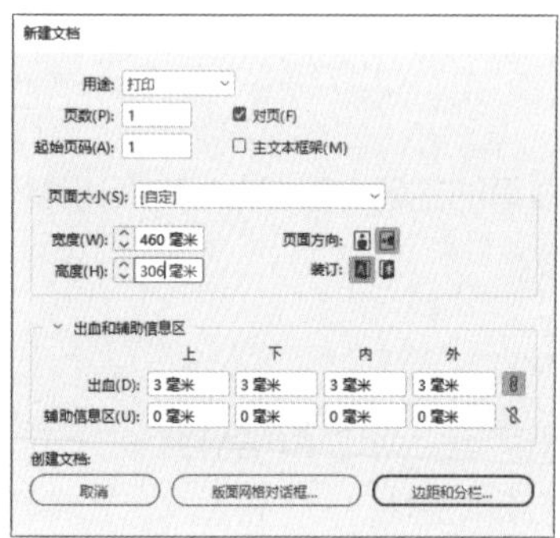

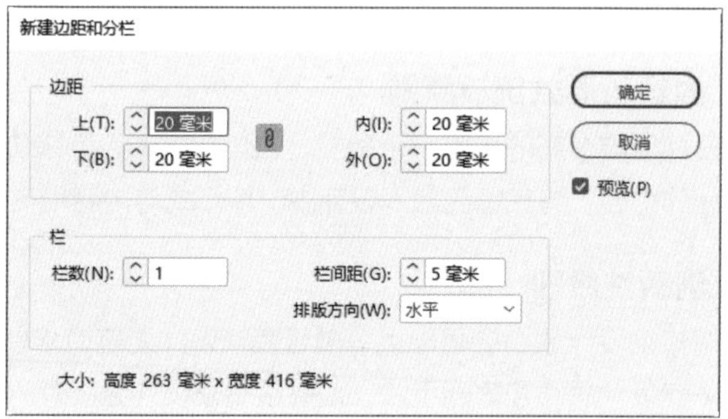

步骤 03 在工具栏中选择矩形工具，绘制出与页面相同的矩形。设置“填色”的CMYK值分别为13、0、9、0，“描边”为无，完成后的效果如下左图所示。

步骤 04 在工具栏中选择直排文字工具，在页面中通过拖动鼠标创建两个文本框，分别输入文本“古诗词”“赏析”。接着按下快捷键Ctrl＋T，在打开的“字符”面板中，将“字体”设置为“思源宋体”，将文本“古诗词”的“字体大小”设置为60点，将文本“赏析”的“字体大小”设置为65点，完成后的效果如下右图所示。然后，绘制出与页面相同的矩形，设置“填色”的CMYK值分别为13、0、9、0，“描边”为无，完成后的效果如下右图所示。

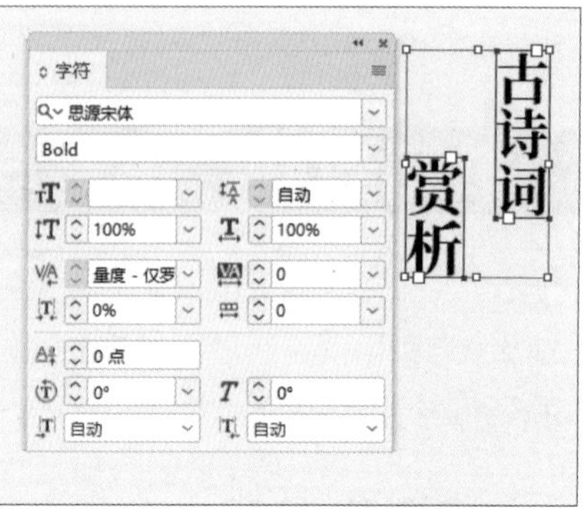

步骤 05 在工具栏中选择矩形工具，绘制一个矩形。在“属性”面板中为矩形填充黑色，将“描边”设置为无，效果如下页左图所示。

步骤06 在工具栏中选择文字工具，创建文本框并输入文本内容。在“字符”面板中，设置“字体”为“Adobe 宋体 Std”、“字体大小”为18点、“行间距”为36点，完成后的效果如下右图所示。

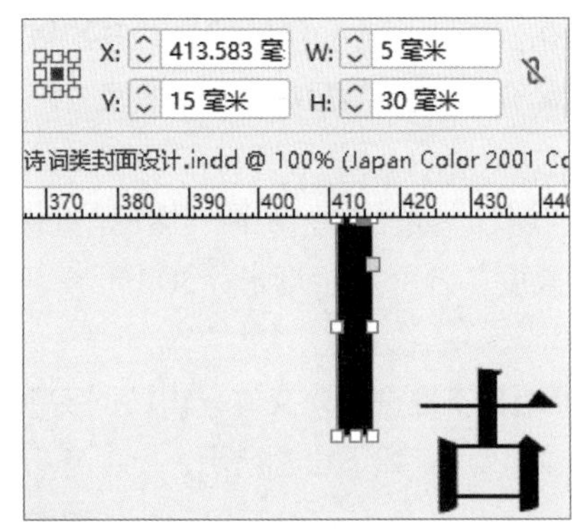

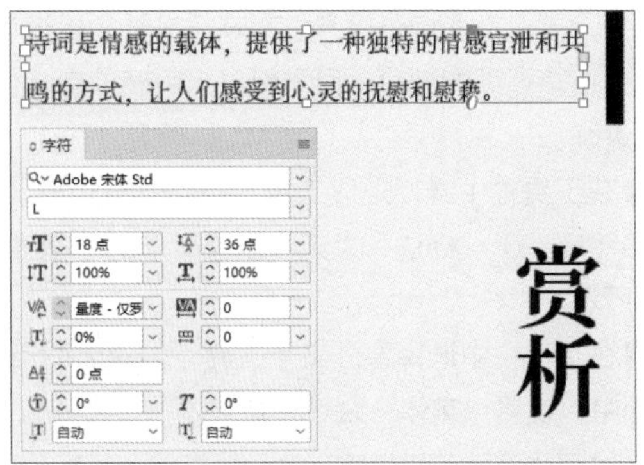

步骤07 继续使用文字工具，创建文本框并输入文本“王露/著”。在“字符”面板中，设置“字体”为“楷体”、“字体大小”为28点，完成后的效果如下左图所示。

步骤08 执行“文件>置入”命令，在打开的“置入”对话框中，选择“风景”图像素材，单击“打开”按钮。调整图像的大小和位置后，单击“属性”面板下方的“嵌入”按钮，完成后的效果如下右图所示。

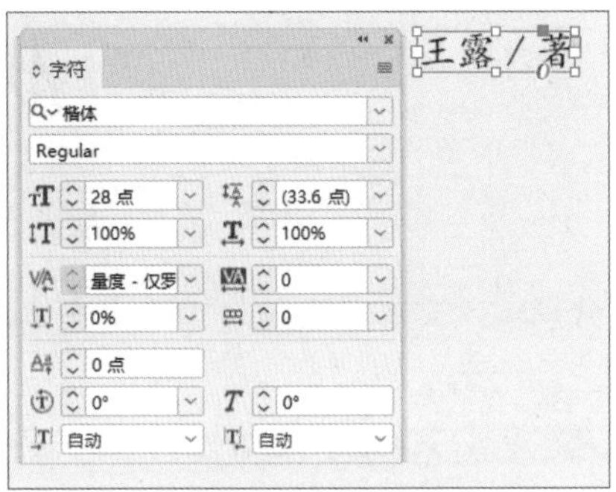

步骤09 在工具栏中选择文字工具，创建文本框并输入文本“匠心文化艺术出版社”。在“字符”面板中，设置“字体”为“Adobe 宋体 Std”、“字体大小”为25点、“字符间距”为100，完成后的效果如下左图所示。

步骤10 至此，古诗词类书籍的封面设计就完成了，效果如右图所示。

（2）书脊与封底设计

书籍的书脊与封底在书籍设计中各自扮演着重要的角色，它们与封面共同构成了书籍的外观结构，并对书籍的保护、展示及阅读体验产生影响。书脊，是连接书籍封面和封底的狭长部分，形如脊背，因此得名。封底，是书籍背面的部分，通常包含出版商信息、作者简介、作品介绍等内容。下面进行书脊与封底设计的详细讲解。

步骤 01 在工具栏中选择矩形工具，绘制一个矩形。在“属性”面板中，设置“填色”的CMYK值分别为23、10、17、0，“描边”为无，设置矩形的“宽度”“高度”分别为34毫米、303毫米，完成后的效果如下左图所示。

步骤 02 在工具栏中选择直排文字工具，创建出适当大小的文本框并输入文本“古诗词赏析”。接着在“字符”面板中，设置“字体”为“思源宋体”、“字体大小”为45点，如下右图所示。

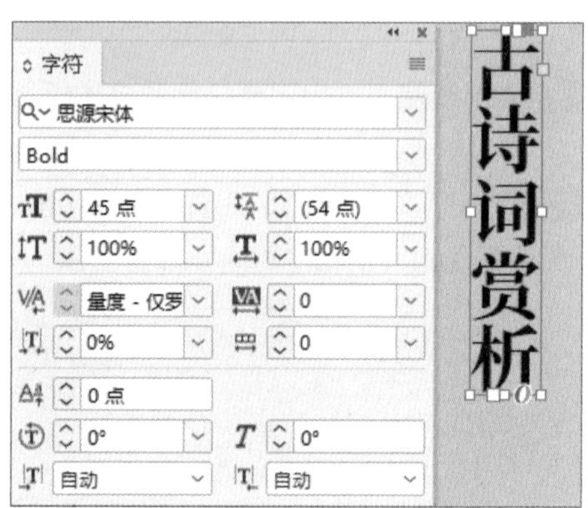

步骤 03 继续使用直排文字工具，创建两个文本框，分别输入文本“王露”“著”。在“字符”面板中，设置“字体”为“楷体”、“字体大小”为28点，如下左图所示。

步骤 04 再次使用直排文字工具，创建文本框并输入文本“匠心文化艺术出版社”，在“字符”面板中设置“字体”为“Adobe 宋体 Std”、“字体大小”为25点，如下右图所示。

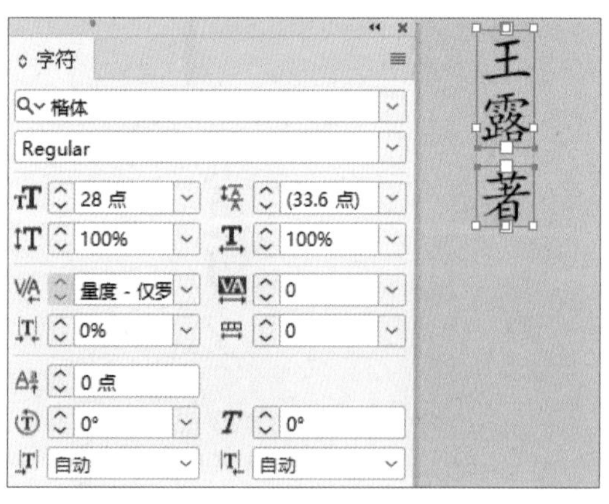

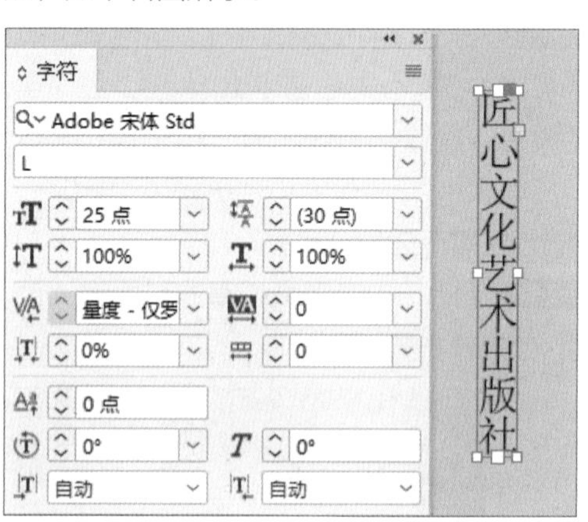

步骤 05 在工具栏中选择文字工具，创建两个文本框并分别输入文本“古诗词”“赏析”。在“字符”面板中，设置“字体”为“思源宋体”，将文本“古诗词”的“字体大小”设置为115点，将文本“赏析”的“字体大小”设置为70点，如下页左图所示。

步骤 06 使用选择工具，按住Shift键，选中上一步创建的两个文本。按下Ctrl + Shift + F10组合键，在打开的“效果”面板中，设置“混合模式”为“正片叠底”、“不透明度”为20%，完成后的效果如下页右图所示。

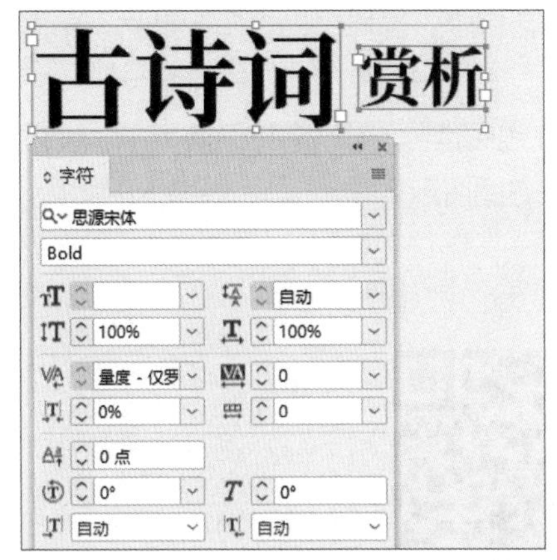

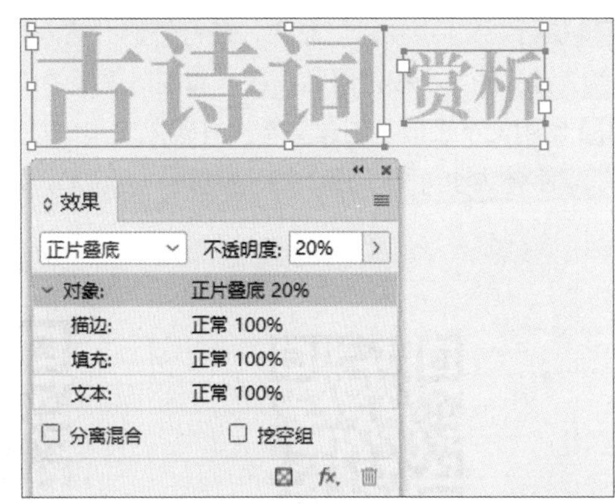

步骤 07 再次使用文字工具，创建两个文本框并分别输入文本“古诗词”“赏析”。在“字符”面板中，设置“字体”为“思源宋体”，将文本“古诗词”的“字体大小”设置为55点，将文本“赏析”的“字体大小”设置为35点，如下左图所示。

步骤 08 在工具栏中选择直线工具，按住Shift键，通过拖动鼠标绘制出一条水平直线。在“属性”面板中，设置“描边”的CMYK值分别为72、27、67、0，设置“描边”为5点、“描边样式”为“实底”，如下右图所示。

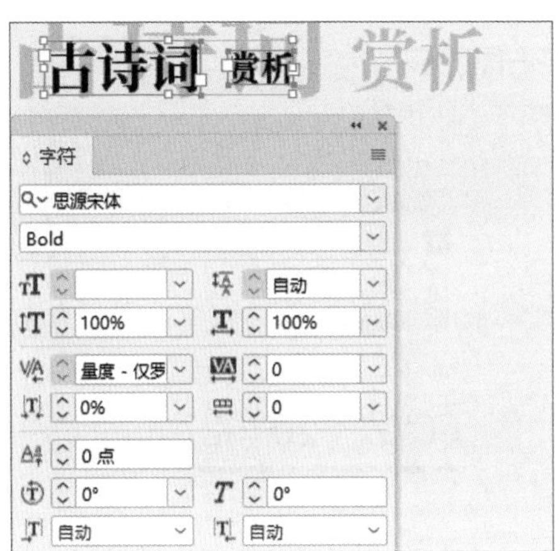

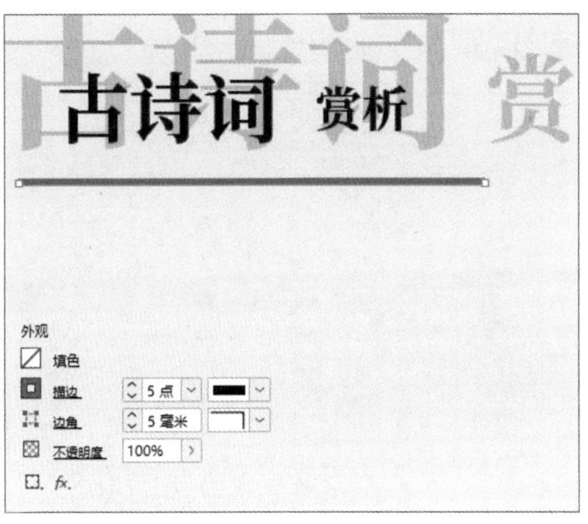

步骤 09 使用文字工具，创建文本框并输入文本。在“字符”面板中，设置“字体”为“宋体”、“字体大小”为16点、“行距”为30点，如下左图所示。

步骤 10 在工具栏中选择矩形工具，绘制一个矩形。在“属性”面板中，设置“填色”为白色、“描边”为无，如下右图所示。

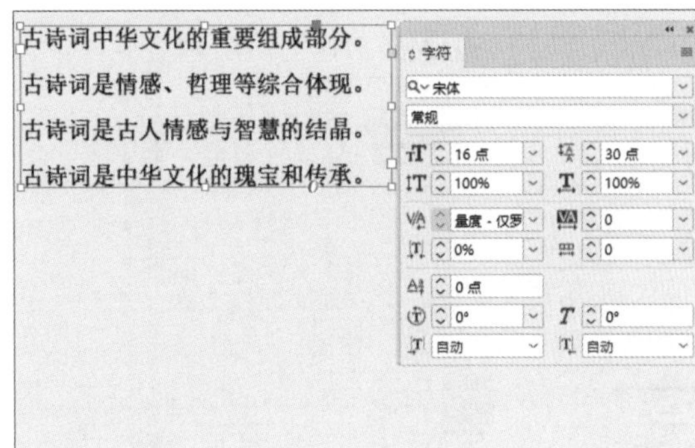

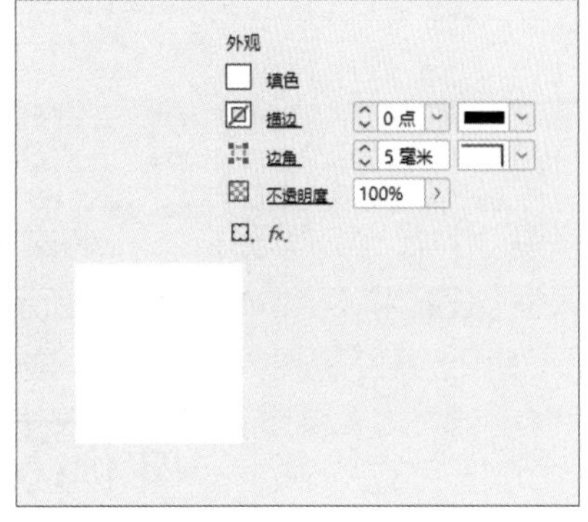

步骤 11 执行“文件>置入”命令，在打开的“置入”对话框中，选择“二维码”素材，单击“打开”按钮。调整二维码的大小和位置后，在“属性”面板中单击“嵌入”按钮，如下左图所示。

步骤 12 使用文字工具，创建文本框并输入文本“扫码在线阅读”。在“字符”面板中，设置“字体”为“黑体”、“字体大小”为12点、“字符间距”为300，如下右图所示。

步骤 13 使用文字工具，创建文本框并输入文本“GCMZ-320-627468”。在“字符”面板中，设置“字体”为“宋体”、“字体大小”为16点，如下左图所示。

步骤 14 在工具栏中选择直线工具，按住Shift键，通过拖动鼠标绘制出一条水平直线。在“属性”面板中，设置“描边”为2点、“描边样式”为“实底”，如下右图所示。

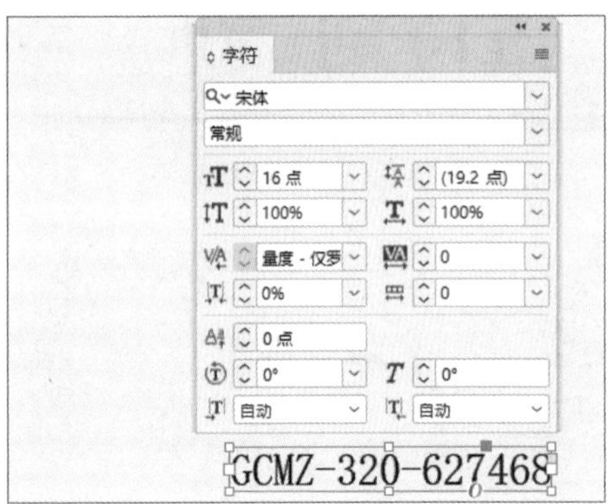

步骤 15 使用文字工具，创建文本框并输入文本“定价：68元”。在“字符”面板中，设置“字体”为“宋体”、“字体大小”为20点，如下左图所示。

步骤 16 至此，书脊与封底的设计就完成了，效果如下右图所示。

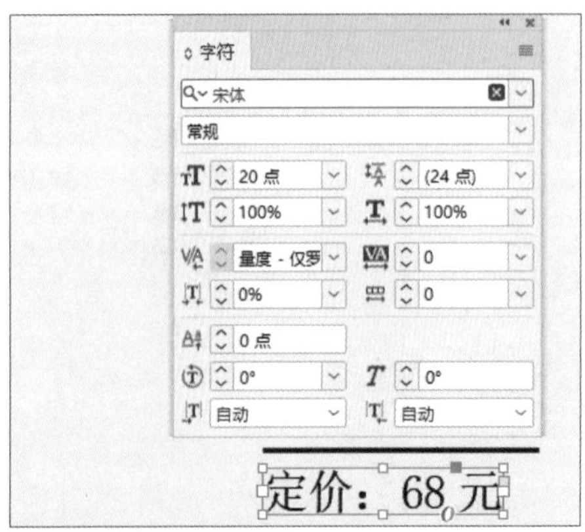

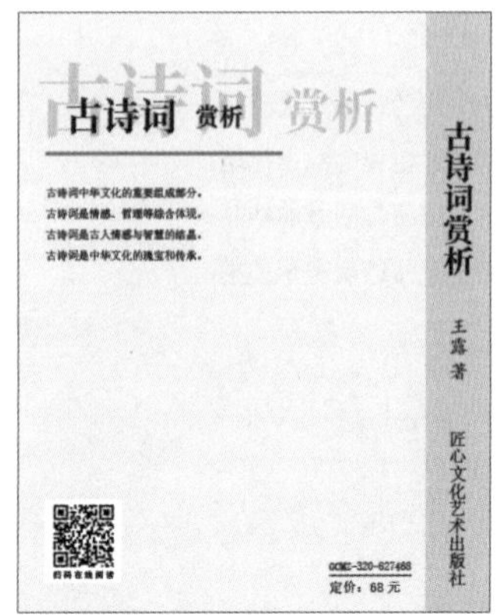

步骤17 最后查看通过上述步骤制作的古诗词书籍的封面、书脊与封底设计的整体效果，如下图所示。

步骤18 制作完成后，实物书本的展示效果，如下图所示。

步骤19 打开书本，封面、书脊与封底的展示效果，如下图所示。

8.2.2 小说类书籍

扫码看视频

在进行小说类书籍设计时，往往围绕着文本内容、读者群体及整体阅读体验进行精心策划。小说最显著的特点，是其强大的故事性。它通过构建一系列相互关联的事件，形成一个完整的故事情节，包括起、承、转、合，能够让读者随着情节的发展而产生紧张、兴奋、悲伤或喜悦等情感波动。

（1）封面设计

封面是书籍的“门面”，可以迅速吸引读者的注意力。小说类书籍的封面通常会采用与故事情节或主题相关的图像、色彩和字体，以激发读者的兴趣和好奇心。通过图像、色彩和排版等元素，能够直观地表现小说的主题、氛围及主要角色。例如，悬疑小说可以采用暗色调和神秘图案，而爱情小说则可以采用温馨浪漫的色彩和图案。下面进行小说类书籍封面设计的详细讲解。

步骤 01 打开InDesign，执行“文件>新建>文档”命令，或按下快捷键Ctrl＋N，在打开的“新建文档”对话框中设置“页数”为1、“宽度”“高度”值分别为470毫米、297毫米，单击“边距和分栏”按钮，如下左图所示。

步骤 02 在“新建边距和分栏”对话框中，设置“边距”值均为20毫米，单击“确定”按钮，如下右图所示。

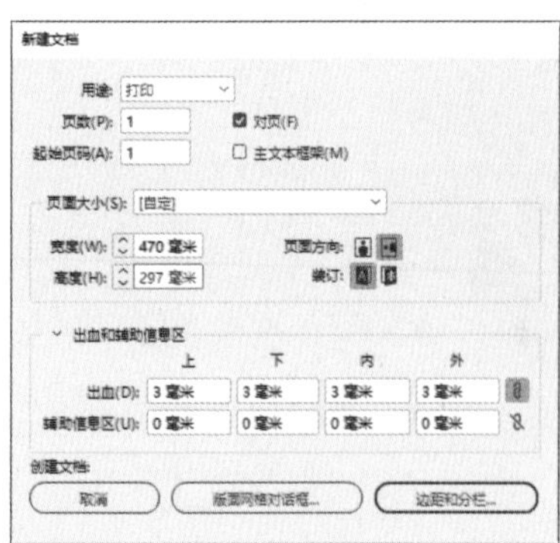

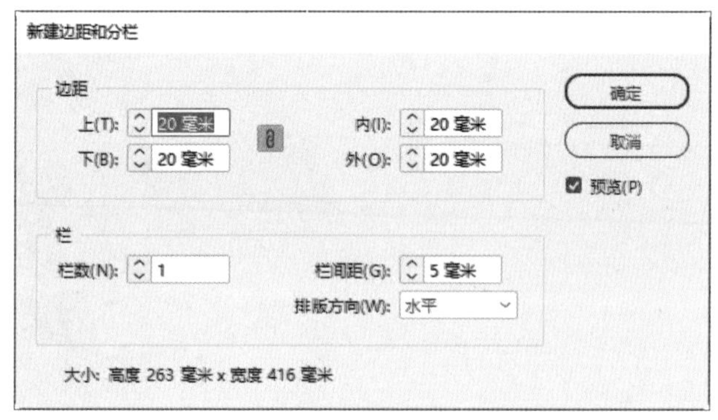

步骤 03 在工具栏中选择矩形工具，绘制一个与页面大小相同的矩形。在“属性”面板中，设置“填色”为白色、“描边”为无，如下左图所示。

步骤 04 执行“文件>置入”命令，在打开的“置入”对话框中，选择“小说1”素材，单击“打开”按钮。使用自由变换工具调整其大小和位置，然后在“属性”面板中单击“嵌入”按钮，完成后的效果如下右图所示。

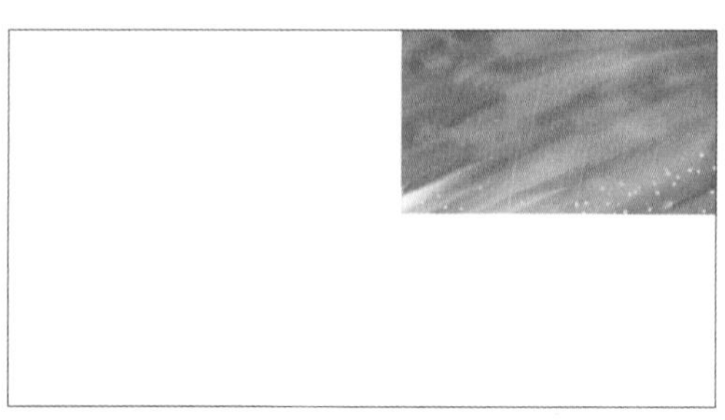

步骤 05 在工具栏中选择直排文字工具，创建文本框并输入文本“云朵”。通过拖动鼠标选中“云朵”，接着在“属性”面板中，设置“填色”为白色。按下快捷键Ctrl＋T，在打开的“字符”面板中，设置“字体”为“仓耳小丸子”、“字体大小”为84点，如下页左图所示。

步骤 06 继续使用直排文字工具，创建文本框并输入文本“的”。在“字符”面板中，设置“字体”为“仓耳小丸子”、“字体大小”为62点，如下右图所示。

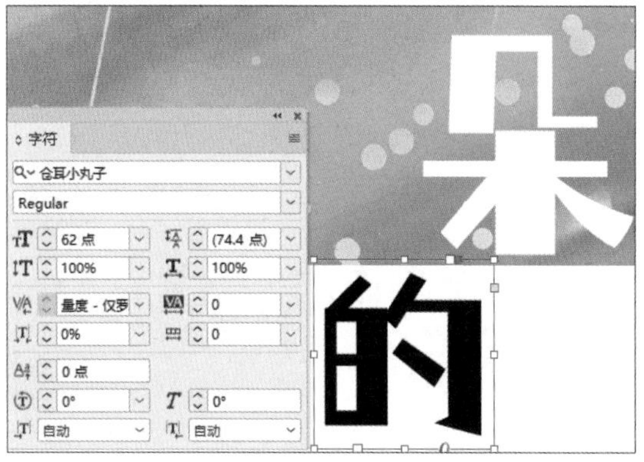

步骤 07 在工具栏中选择椭圆形工具，按住Shift键，通过拖动鼠标绘制一个正圆形。在“属性”面板中，设置“填色”为黑色、“描边”为无，如下左图所示。

步骤 08 继续使用直排文字工具，创建文本框并输入文本“秘密”。在“字符”面板中，设置“字体”为“仓耳小丸子”、“字体大小”为84点，如下右图所示。

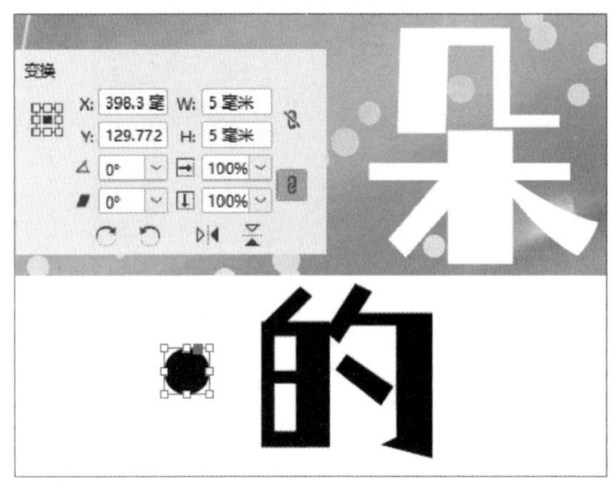

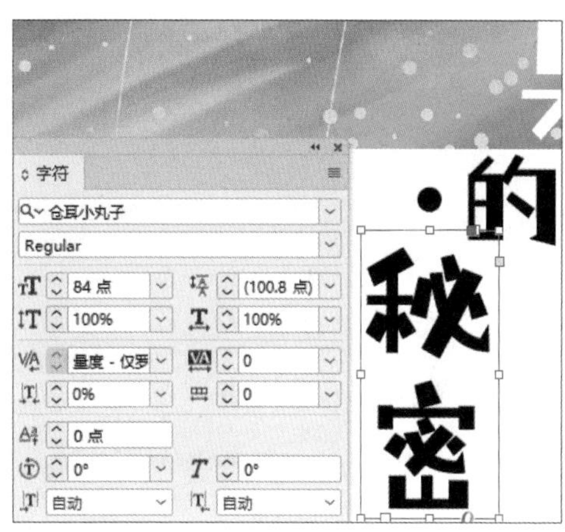

步骤 09 继续使用直排文字工具，创建文本框并输入如下左图所示的文本。

步骤 10 在“字符”面板中，设置“字体”为“宋体”、“字体大小”为12点，“行距”为24点，如下右图所示。

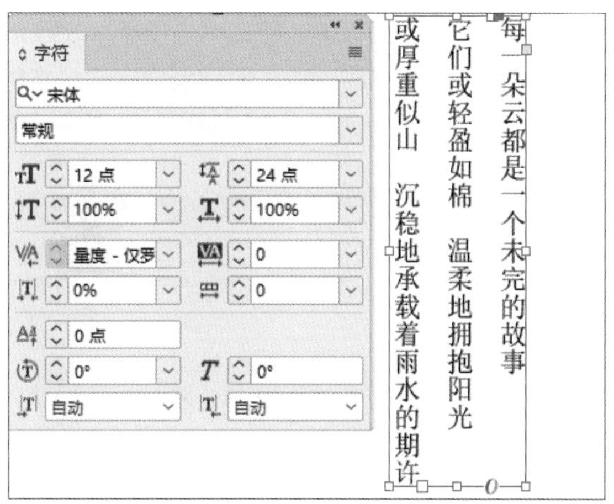

步骤 11 在工具栏中选择文字工具，创建两个文本框，并分别输入文本“颜言”“著”。在“字符”面板中，设置“字体”为“Adobe 宋体 Std”、“字体大小”为15点，如下左图所示。

步骤 12 在工具栏中选择文字工具，创建文本框并输入如下右图所示的文本。

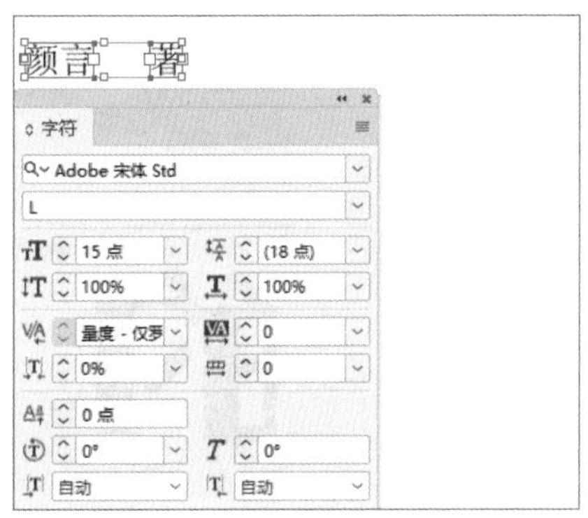

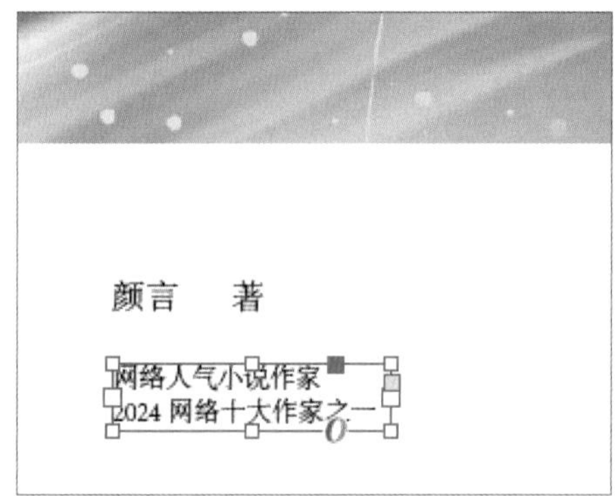

步骤 13 在“字符”面板中，设置“字体”为“Adobe 宋体 Std”、“字体大小”为9点、“行距”为14点，如下左图所示。

步骤 14 在工具栏中选择矩形工具，绘制一个矩形。在“属性”面板中，设置“填色”的CMYK值分别为37、5、7、0，“描边”为无，“宽度”“高度”分别为210毫米、72毫米，完成后的效果如下右图所示。

步骤 15 在工具栏中选择文字工具，创建文本框并输入如下左图所示的文本。

步骤 16 在“字符”面板中，将文本“10年”“百万册”“全新作品”的“字体”设置为“微软雅黑”，其“字体样式”设置为“Bold”；将其余文本的“字体”设置为“黑体”。同时，设置文本的“字体大小”为28点、“字符间距”为10。在“属性”面板中，将文本的“填色”设置为白色，如下右图所示。

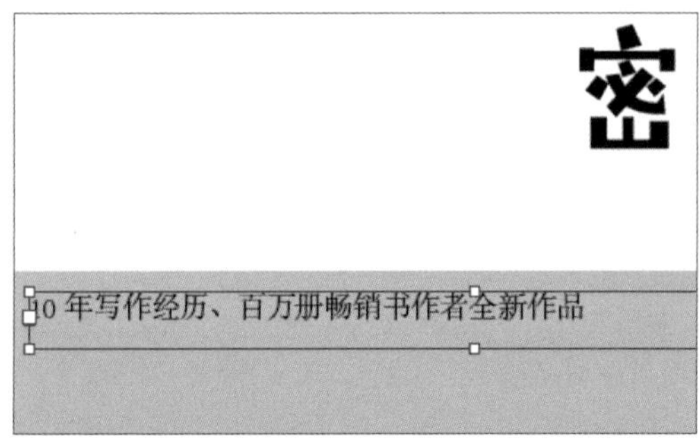

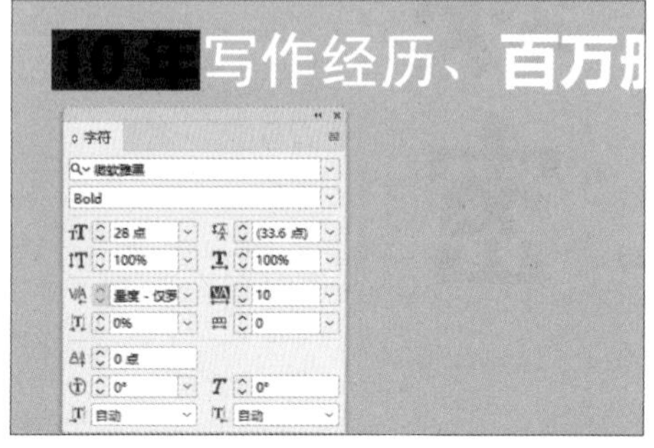

步骤 17 设置完成后，可以看到文本中的关键词语被突出了，且这样的文本设计，看起来更有层次感了，不会显得单一，效果如下左图所示。

步骤 18 在工具栏中选择文字工具，创建文本框并输入如下右图所示的文本。

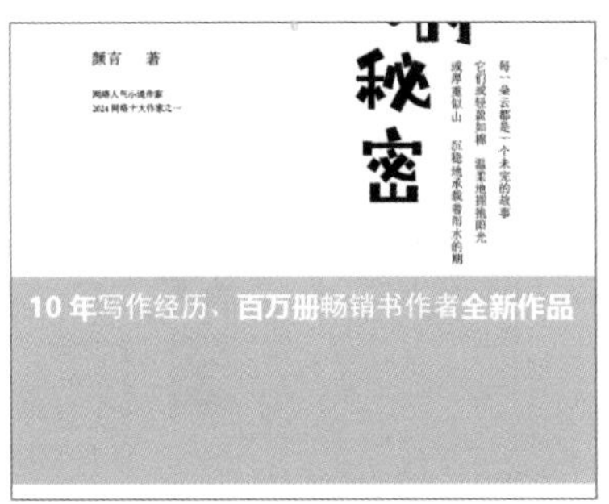

步骤 19 同样，在“属性”面板中将文本的“填色”设置为白色。在“字符”面板中，设置“字体”为“黑体”、“字体样式”为“Regular”、“字体大小”为20点、“字符间距”为300，如下左图所示。

步骤 20 在工具栏中选择文字工具，创建文本框并输入如下右图所示的文本。

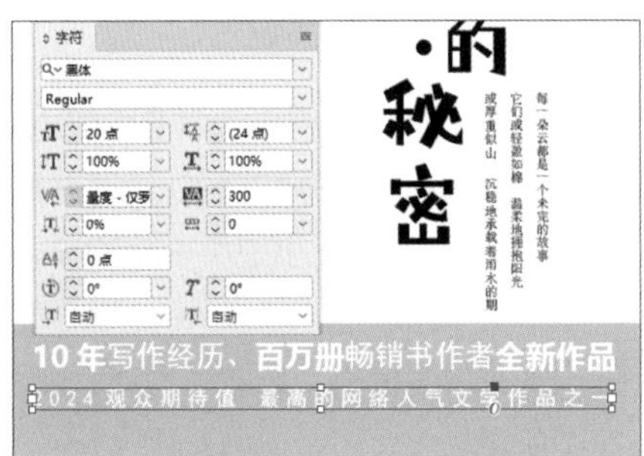

步骤 21 同样，在“属性”面板中将文本的“填色”设置为白色。在“字符”面板中，设置“字体”为“微软雅黑”、“字体样式”为“Bold”、“字体大小”为20点、“字符间距”为220。调整文本框的位置后，如下左图所示。

步骤 22 在工具栏中选择文字工具，创建文本框并输入文本“匠心文化艺术出版社”。在“属性”面板中，将文本的“填色”设置为白色。接着在“字符”面板中，设置“字体”为“黑体”、“字体大小”为18点，如下右图所示。

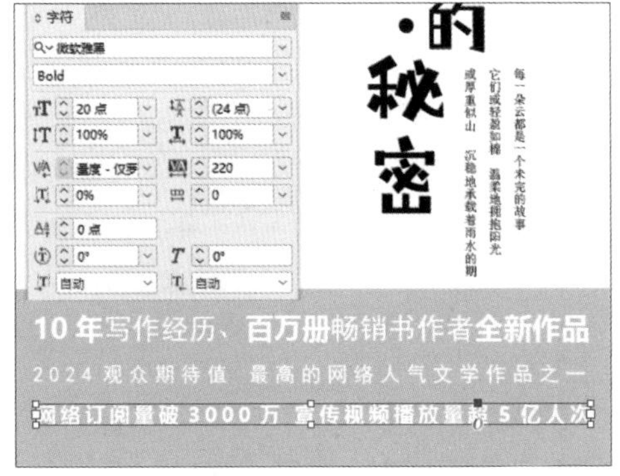

步骤 23 执行“文字>段落”命令，在打开的“段落”面板中，单击“全部强制双齐”按钮，如下页左图所示。

步骤 24 至此，小说类书籍的封面设计就制作完成了，效果如下页右图所示。

（2）书脊与封底设计

小说类书籍的书脊与封底设计需要兼顾功能性、艺术性和规范性。书脊设计需要清晰地展示书籍信息，同时要注重视觉效果的营造；封底作为封面的延展和补充，需要提供书籍的额外信息并增强整体美观性。精心设计的书脊与封底可以提升小说的吸引力和市场竞争力。下面进行小说类书籍的书脊与封底设计的详细讲解。

步骤 01 在工具栏中选择矩形工具，绘制一个矩形。在“属性”面板中，设置“宽度”“高度”分别为50毫米、297毫米，“填色”为无，“描边”为黑色，如下左图所示。

步骤 02 在工具栏中选择矩形工具，绘制一个矩形。在“属性”面板中，设置“宽度”“高度”分别为31毫米、54毫米，“填色”的CMYK值分别为37、5、7、0，“描边”为无，如下右图所示。

步骤 03 继续使用矩形工具，绘制一个矩形。在“属性”面板中，设置“宽度”“高度”分别为22毫米、25毫米，“填色”的CMYK值分别为11、5、3、0，“描边”为无，如下页左图所示。

步骤 04 在工具栏中选择椭圆形工具，按住Shift键，绘制一个正圆形。接着在“属性”面板中，设置“填色”为无、“描边”为5点且设定为白色，并且，设置“宽度”“高度”均为22毫米，如下页右图所示。

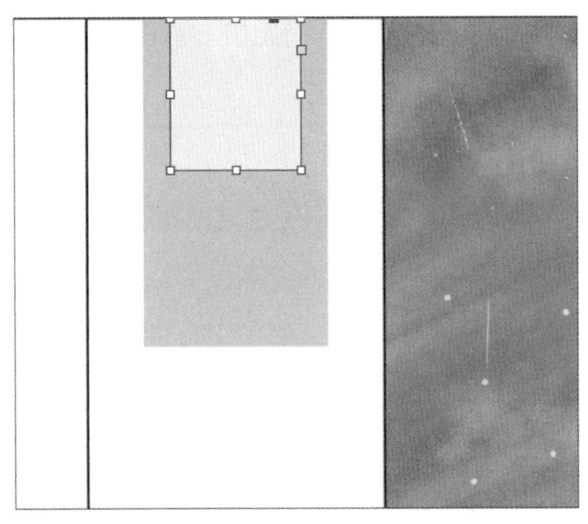

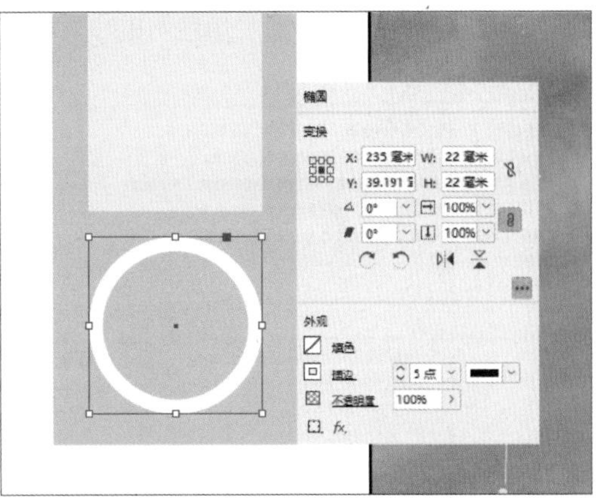

步骤 05 在工具栏中选择文字工具，创建一个文本框并输入文本“YY”。在“字符”面板中，设置“字体”为“Arial”、“字体样式”为“Bold”、“字体大小”为30点。在“属性”面板中，将文本的“填色”设置为白色，完成后的效果如下左图所示。

步骤 06 在工具栏中选择直排文字工具，创建文本框并输入文本“云朵的秘密”。在“属性”面板中，将文本的“填色”设置为白色。接着在“字符”面板中，设置“字体”为“宋体”、“字体大小”为72点，如下右图所示。

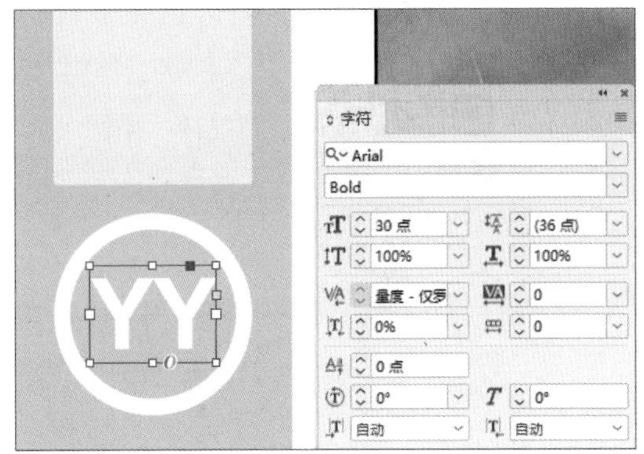

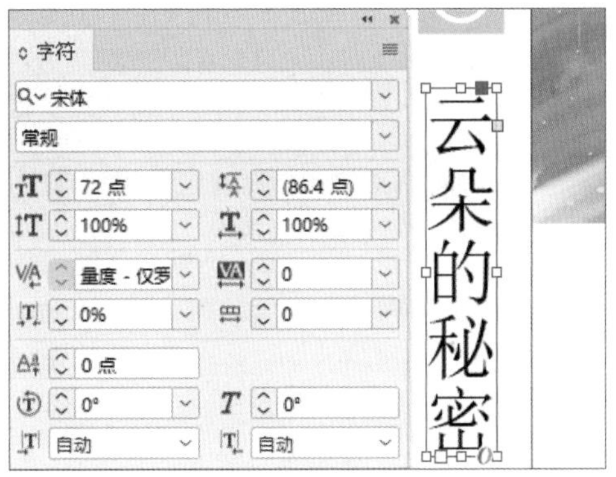

步骤 07 在工具栏中选择文字工具，创建文本框并输入如下左图所示的文本。

步骤 08 执行“文字>段落”命令，在打开的“段落”面板中，设置“首行左缩进”为9毫米，如下右图所示。

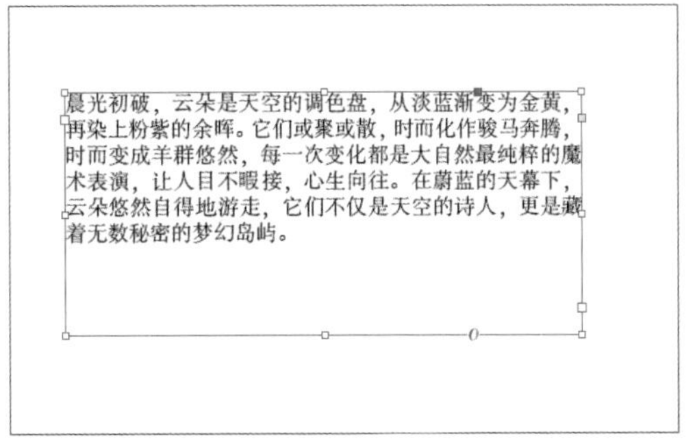

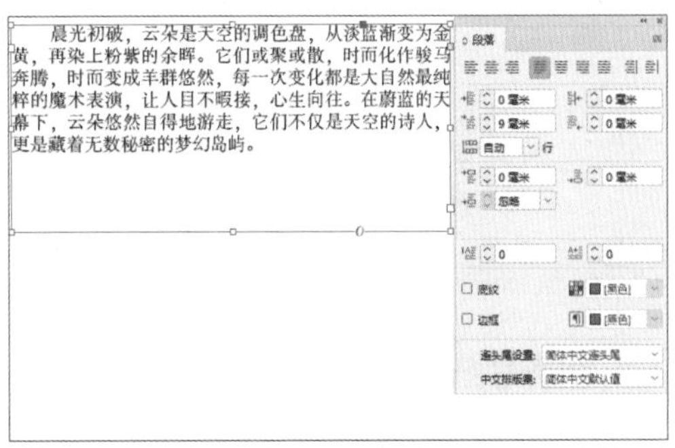

步骤 09 接下来，在“字符”面板中，设置文本的“字体”为“黑体”、“字体大小”为14点、“行距”为24点，如下页左图所示。

步骤 10 在工具栏中选择矩形工具，绘制一个矩形，在“属性”面板中将矩形的“宽度”“高度”分别设置为260毫米、72毫米，设置“填色”的CMYK值分别为37、5、7、0，“描边”为无，完成后效果如下右图所示。

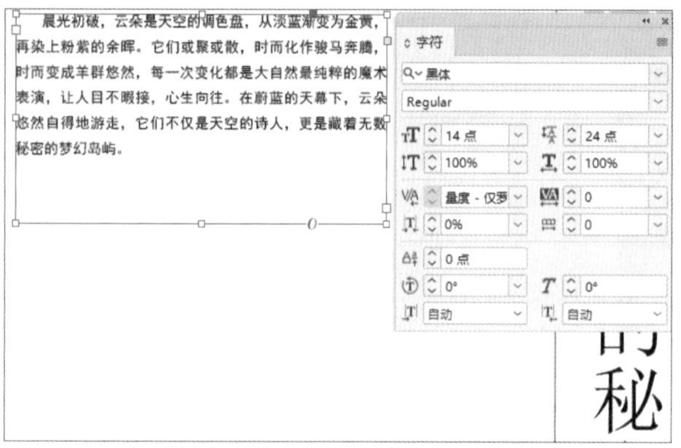

步骤 11 执行“文件>置入”命令，在打开的“置入”对话框中选择“小说2”素材，单击“打开”按钮，调整大小位置，并在“属性”面板下方单击“嵌入”按钮，如下左图所示。

步骤 12 在工具栏中选择文字工具，创建出两个文本框并输入如下右图所示的文本。

步骤 13 在“字符”面板中设置两个文本的“字体”为“微软雅黑”、“字体样式”为“Regular”、“字体大小”为14点，如下左图所示。

步骤 14 使用选择工具选中下方有三排文本的文本框，在“字符”面板中设置“行距”为24点，完成后效果如下右图所示。

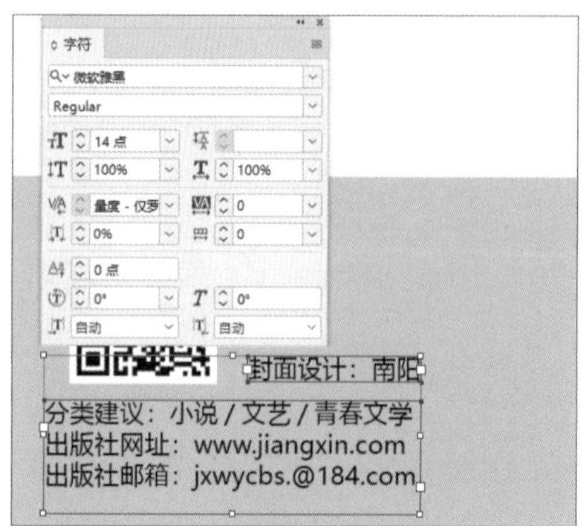

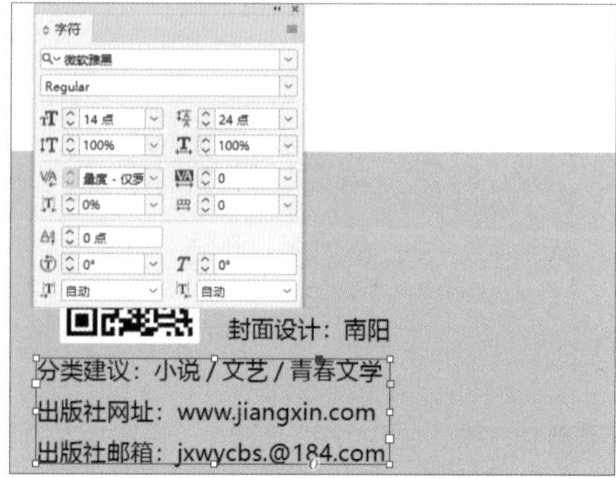

步骤 15 在“属性”面板中将文本的“填色”设置为白色，完成后效果如下页左图所示。

步骤16 在工具栏中选择矩形工具，绘制一个矩形，在“属性”面板中设置矩形的“填色”为白色、“描边”为无，“宽度”“高度”分别为55毫米、50毫米，如下右图所示。

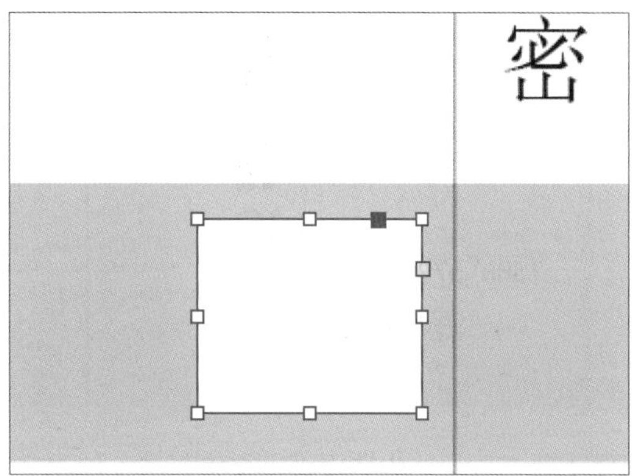

步骤17 在工具栏中选择文字工具，创建文本框并输入如下左图所示的文本。

步骤18 接着在“字符”面板中设置“字体”为“黑体”、“字体大小”为10点、“字符间距”为5，如下右图所示。

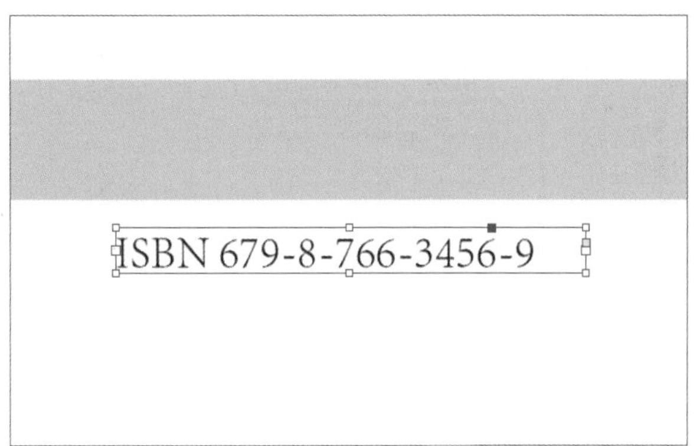

步骤19 执行“文件>置入”命令，在打开的“置入”面板中选择“小说3”素材，单击“打开”按钮，将其置入到文档中，调整大小位置，如下左图所示。

步骤20 在工具栏中选择文字工具，创建两个文本框并输入如下右图所示的文本。

步骤21 在“字符”面板中设置“字体”为“黑体”、“字体大小”为12点，如下页左图所示。

步骤22 调整文本框位置，在工具栏中选择直线工具，按住Shift键，在两个文本框中间绘制一条水平线段，在“属性”面板中设置线段的“描边”为黑色、“粗细”为1点，并调整位置，完成后的效果如下右图所示。

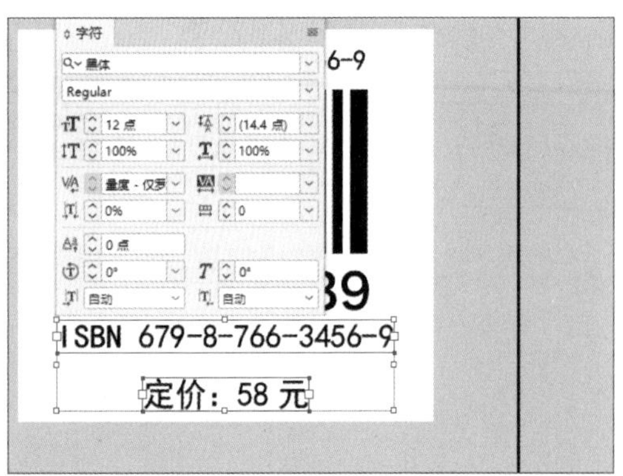

步骤 23 在工具栏中选择直排文字工具，创建文本框并输入文本“匠心文化艺术出版社”，在“字符”面板中设置“字体”为“黑体”、“字体大小”为18点，在“属性”面板中设置“填色”为白色。接着在“段落”面板中单击“全部强制双齐”按钮▤，完成后效果如下左图所示。

步骤 24 至此小说类书籍的书脊与封底设计就完成了，如下图所示。

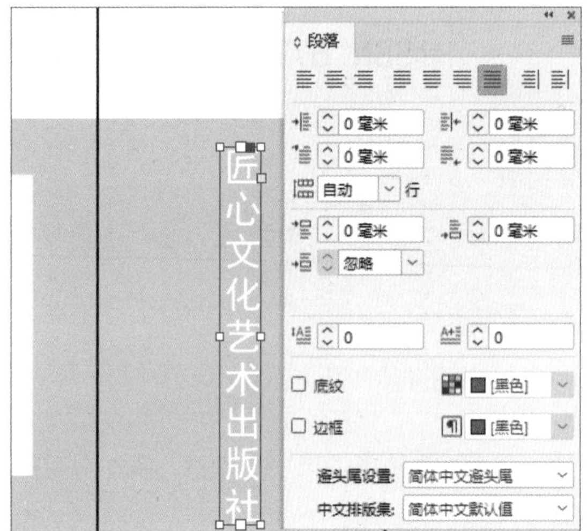

步骤 25 最后观看制作的小说类书籍的封面、脊背与底面设计的最终整体效果，如下图所示。

步骤 26 制作完成进行实物应用的效果如下两图所示。

第9章 海报设计

本章概述

海报设计是一种视觉表现形式，其本身具有生动的直观形象，对扩大商品销售、树立品牌形象、激发顾客购买欲、突出企业特色等有很好的作用。本章将详细讲解使用InDesign进行海报设计的方法。

核心知识点

❶ 了解海报设计的概念
❷ 掌握不同风格和主题的海报设计方法
❸ 掌握字体、字号以及段落的灵活调整
❹ 掌握文字与图片的合理分布

9.1 海报设计概述

海报设计作为一种视觉传播艺术，其意义不仅在于信息的传递，更在于情感的共鸣、文化的传承以及商业的推动。

- **信息传播与宣传**：海报最直接且显著的意义在于，它能够迅速、有效地向目标受众传达信息。无论是电影预告、产品推广、活动宣传还是社会公益信息，一张设计精良的海报能够在短时间内吸引人们的注意力，并引导他们进一步了解或参与。
- **品牌塑造与形象展示**：对于企业和品牌而言，海报设计是塑造品牌形象、传递品牌理念的重要手段。通过独特的视觉风格、色彩搭配和创意元素，海报能够强化品牌的识别度，提升品牌形象，加深消费者对品牌的印象与好感。
- **艺术表达与审美享受**：海报设计融合了艺术性与功能性。它不仅是信息的载体，更是艺术的展现。设计师通过创意构图、色彩运用、字体选择等手法，将个人情感、审美观念融入作品之中，为观者带来视觉上的愉悦和心灵上的触动。
- **文化传承与教育引导**：海报设计承载着文化传承和教育引导的功能。通过艺术设计，反映社会现象、历史文化、科学知识等内容的海报，可以激发公众的思考，传播正能量，提升社会文明水平。同时，对于青少年来说，优秀的海报设计还能起到良好的教育引导作用，培养他们的审美能力和创新意识。
- **商业促销与市场营销**：在商业领域，海报设计是市场营销活动中不可或缺的一部分。通过精心设计的海报，企业可以吸引潜在客户的注意，激发他们的购买意愿，以促进产品的销售和品牌的推广。同时，海报设计还可以帮助企业在竞争激烈的市场中脱颖而出，树立独特的品牌形象。
- **公共参与与互动**：随着数字技术的发展，海报设计已经不仅仅局限于纸质媒介。网络海报、社交媒体海报等新形式，使得公众可以更加方便地参与到信息的传播和互动中来。这种互动性不仅增强了海报的传播效果，也促进了公众对于特定议题或活动的关注和参与。

9.1.1 海报设计的分类

海报是一种信息传递的艺术，是一种流行的宣传方式。它主要分为线下的印刷海报和线上的宣传海报两种形式。线下的印刷海报，又称为招贴，是一种在户外场所张贴的速看广告。例如，线下店铺内外的灯箱海报，或是张贴在墙上的纸质海报等。如下页左图是两张电影的宣传海报。线上的宣传海报，即手机海报，最常见的是在朋友圈、微博或社交群中发的海报图片。如下页右图为两张微博的开屏海报。

9.1.2 海报设计的风格

海报设计是视觉传达设计的一种重要形式，具有丰富的设计风格。常见的五种设计风格包括扁平风格、插画风格、拼贴风格、照片风格和文字风格。海报设计需要调动形象、色彩、构图、形式感等因素，形成强烈的视觉效果；它的画面应有较强的视觉中心，且能够直观地表现艺术风格和设计特点。根据所要传达的信息，巧妙地运用色彩搭配，突出主题，吸引观众的注意力。如下左图为照片风格海报，如下右图为插画风格海报。不同风格的海报具有不同的特点，带给人不同的视觉感受。

9.2 旅游海报设计

海报具有向大众介绍某一物体、事物的特点，所以它也是一种广告形式。旅游海报设计是旅游营销推广中的关键元素。一幅吸引人眼球的海报不仅能激发人们对旅行的渴望，还能表现旅游目的地的独特魅力。

扫码看视频

步骤 01 打开InDesign，执行“文件>新建文档”命令，或按下快捷键Ctrl＋N。在打开的“新建文档”对话框中，设置“页数”为1，“宽度”“高度”分别为210毫米、297毫米，单击“边距和分栏”按钮，如下左图所示。

步骤 02 在“新建边距和分栏”对话框中，设置“边距”均为20毫米，单击“确定”按钮，如下右图所示。

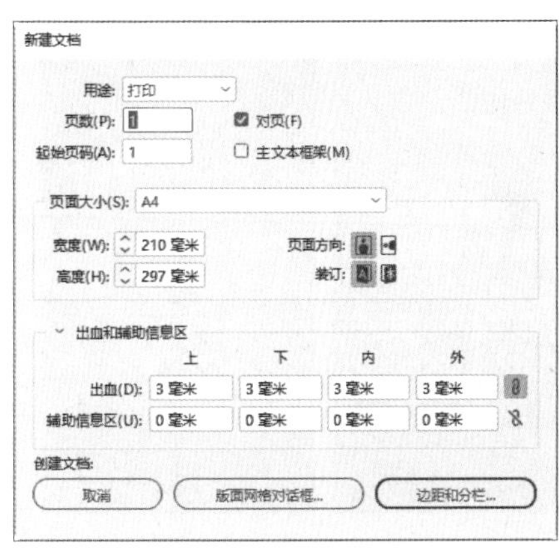

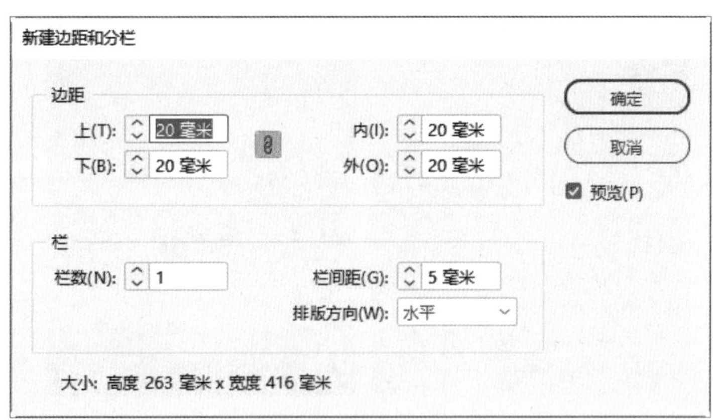

步骤 03 在工具栏中，单击“预览”按钮，接着执行“文件>置入”命令。在打开的“置入”对话框中，选择“旅游”较像素材，单击“打开”按钮。适当调整图像的大小和位置，将素材置入文档中，单击“属性”面板下方的“嵌入”按钮，完成后的效果如下左图所示。

步骤 04 在工具栏中选择矩形工具，绘制一个“宽度”“高度”分别为201毫米、286毫米的矩形。在“属性”面板中，设置“描边”为白色，其粗细为7点，完成后的效果如下右图所示。

步骤 05 在工具栏中选择文字工具，创建文本框并输入文本“巴伐利亚”，然后选中该文本。在“属性”面板中，设置“填色”为白色。执行“文字>字符”命令，在打开的“字符”面板中，设置“字体”为“站酷酷黑体”、“字体大小”为100点，完成后的效果如下页左图所示。

步骤 06 使用选择工具，选中文本“巴伐利亚”，执行“对象>效果”命令。在打开的“效果”对话框的“投影”选项区域中，将“模式”设置为“正片叠底”，将“颜色”的RGB值设置为46、120、201，并且，设置“不透明度”为70%、“距离”为3毫米、“角度”为47°，再将“大小”“扩展”“杂色”分别设置为2毫米、0%、0%，单击“确定”按钮，如下页右图所示。

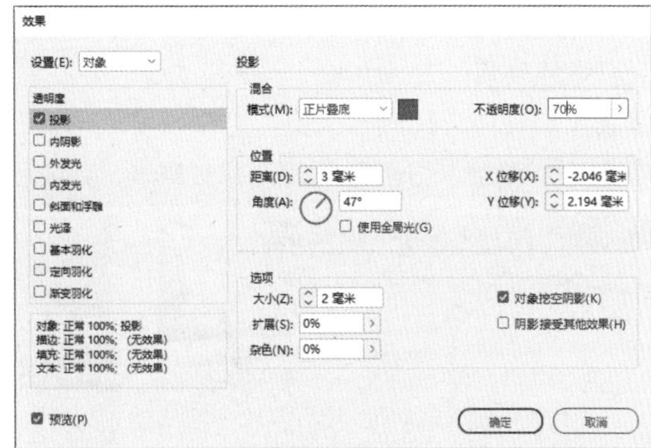

步骤 07 在工具栏中选择直线工具，按住Shift键，绘制一条水平线段。在“属性”面板中，设置“描边”为白色，其粗细为3点，如下左图所示。

步骤 08 使用选择工具，选中线段，执行“对象>效果”命令，在打开的“效果”对话框的“投影”选项区域中，将“模式”设置为“正片叠底”，将“颜色”的RGB值设置为48、120、190，并且，设置“不透明度”为75%、“距离”为2毫米、“角度”为47°，再将“大小”“扩展”“杂色”分别设置为2毫米、0%、0%，单击“确定”按钮，如下右图所示。

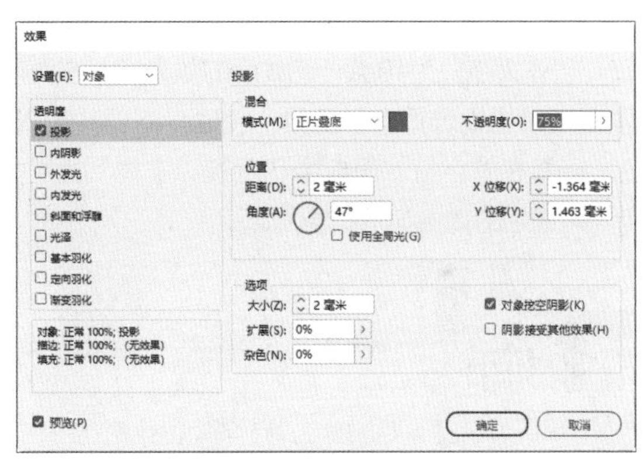

步骤 09 在工具栏中选择文字工具，创建文本框并输入文本“森林公园”。在“字符”面板中，设置“字体”为“站酷酷黑体”、“字体大小”为60点，如下左图所示。

步骤 10 使用选择工具，选中文本“森林公园”，执行“对象>效果”命令。在打开的“效果”对话框的“投影”选项区域中，将“模式”设置为“正片叠底”，将“颜色”的RGB值设置为116、130、197，并且，设置“不透明度”为70%、“距离”为3毫米、“角度”为47°，再将“大小”“扩展”“杂色”分别设置为2毫米、0%、0%，单击“确定”按钮，如下右图所示。

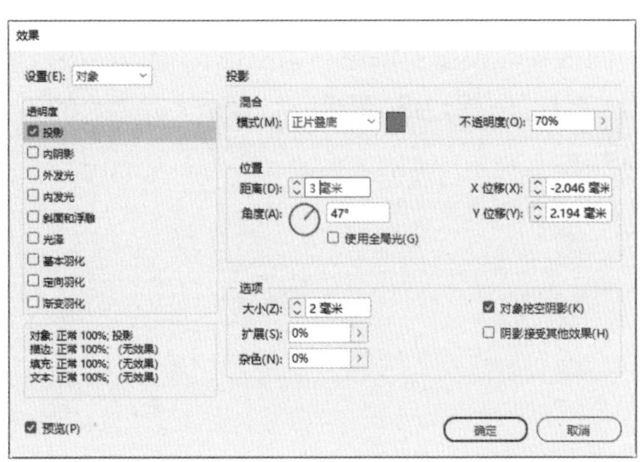

步骤 11 在工具栏中选择文字工具，创建文本框并输入文本。在“字符”面板中，设置“字体”为“微软雅黑”、“字体样式”为“Bold”、“字体大小”为21点，如下左图所示。

步骤 12 在工具栏中选择矩形工具，绘制一个矩形。在“属性”面板中，设置“填色”为白色、“描边”为无，“宽度”“高度”分别为45毫米、11毫米，完成后的效果如下右图所示。

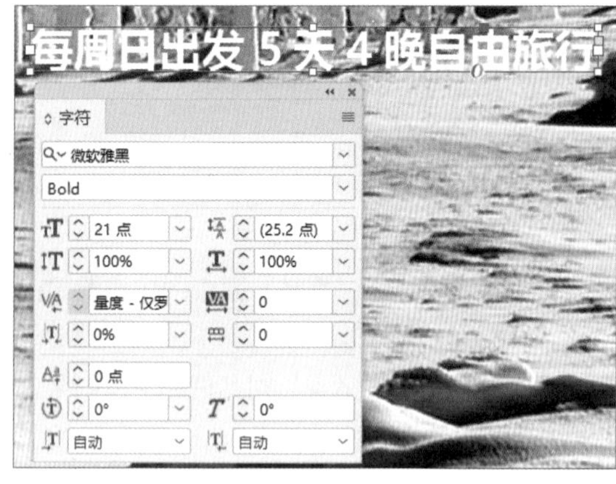

步骤 13 在工具栏中选择文字工具，创建文本框并输入文本。在“属性”面板中，设置文字“填色”的RGB值为35、60、153。接着在“字符”面板中，设置“字体”为“微软雅黑”、“字体样式”为“Regular”、“字体大小”为19点，完成后的效果如下左图所示。

步骤 14 在工具栏中选择文字工具，创建文本框并输入文本。在“属性”面板中，将文本的“填色”设置为白色。接着在“字符”面板中，设置“字体”为“微软雅黑”、“字体样式”为“Bold”、“字体大小”为16点，完成后的效果如下右图所示。

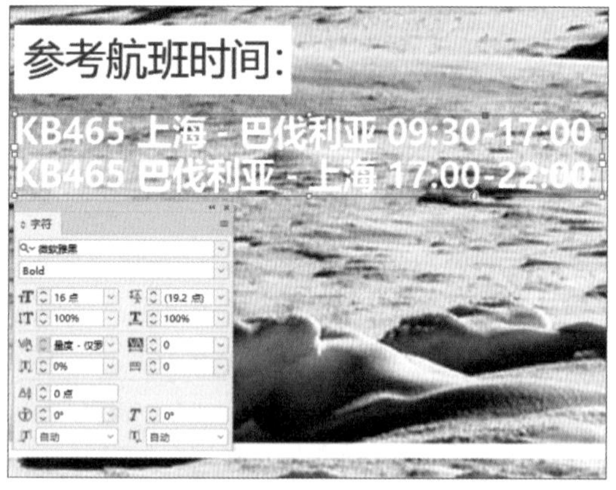

步骤 15 在工具栏中选择矩形工具，绘制一个矩形。在“属性”面板中，设置“填色”为白色、“描边”为无，“宽度”“高度”分别为30毫米、11毫米，完成后的效果如右图所示。

步骤 16 在工具栏中选择文字工具，创建文本框并输入文本。在“属性”面板中，设置文字“填色”的RGB值为82、103、158。接着在“字符”面板中，设置“字体”为“微软雅黑”、“字体样式”为“Regular”、“字体大小”为19点，完成后的效果如右图所示。

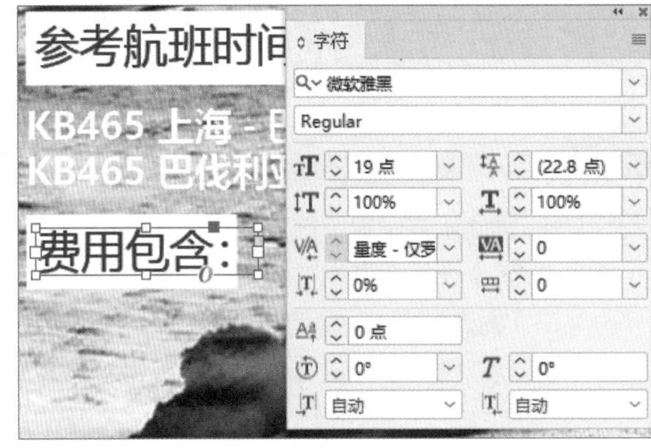

步骤 17 在工具栏中选择文字工具，创建文本框并输入文本。在“属性”面板中，设置文字的“填色”为白色。接着在“字符”面板中，设置“字体”为“微软雅黑”、“字体样式”为“Bold”、“字体大小”为16点，如下左图所示。

步骤 18 最后，对海报进行整体的细节调整，效果如下右图所示。

步骤 19 将海报应用到实际场景中的效果，如下两图所示。

9.3 水果海报设计

扫码看视频

水果海报作为宣传和销售水果产品的视觉媒介，具有一系列特点，旨在吸引顾客的注意力、激发其购买意愿，并传达出水果的新鲜、美味与健康等信息。水果本身有着丰富的色彩，因此水果海报往往采用高饱和度的色彩来吸引人们眼球。鲜艳的颜色不仅能够展现水果的自然美，还能营造出一种鲜活、诱人的氛围。另外，可以使用高质量的图片展示水果的细节，如光滑的表皮、饱满的果肉、晶莹剔透的果汁等，让顾客仿佛能“尝到”水果的鲜美，增加其购买意愿。下面，让我们学习使用InDesign制作一张水果海报，以下是详细讲解。

步骤 01 打开InDesign，执行“文件>新建文档”命令，或按下快捷键Ctrl+N。在打开的“新建文档”对话框中，设置“页数”为1，“宽度”“高度”分别为210毫米、297毫米，单击“边距和分栏”按钮，如下左图所示。

步骤 02 在“新建边距和分栏”对话框中，设置“边距”均为20毫米，单击“确定”按钮，如下右图所示。

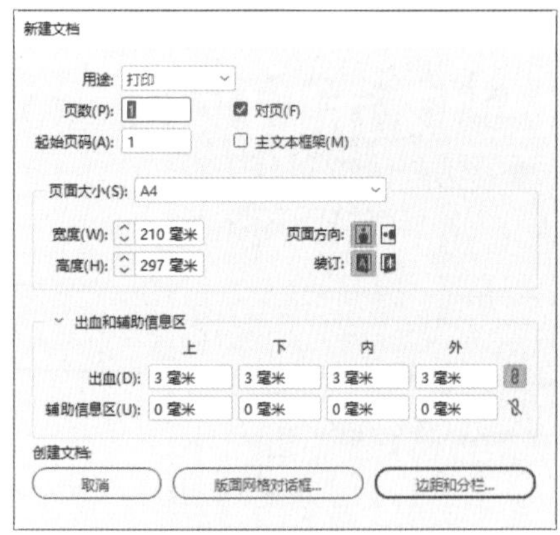

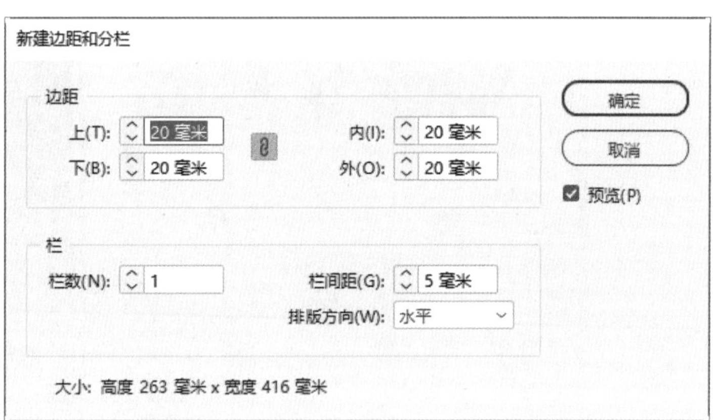

步骤 03 在工具栏中，单击“预览”按钮，执行“文件>置入”命令。在打开的“置入”对话框中，选择“水果1”图像素材，单击“打开”按钮。调整图像的大小和位置后，单击“属性”面板下方的“嵌入”按钮，完成后的效果如下左图所示。

步骤 04 在工具栏中选择文字工具，创建文本框并输入文本“Strawberry”。在“字符”面板中，设置“字体”为“仓耳小丸子”、“字体大小”为95点，如下右图所示。

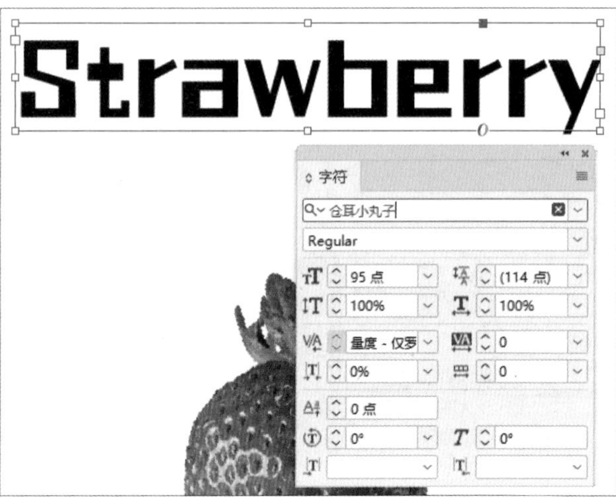

步骤 05 在工具栏中选择文字工具，创建文本框并输入文本“莓”。在“字符”面板中，设置“字体”为“微软雅黑”、“字体样式”为“Bold”、“字体大小”为200点，如下左图所示。

步骤 06 使用同样的方法和参数，分别创建并设置文本“你”“不”“行”，完成后的效果如下右图所示。

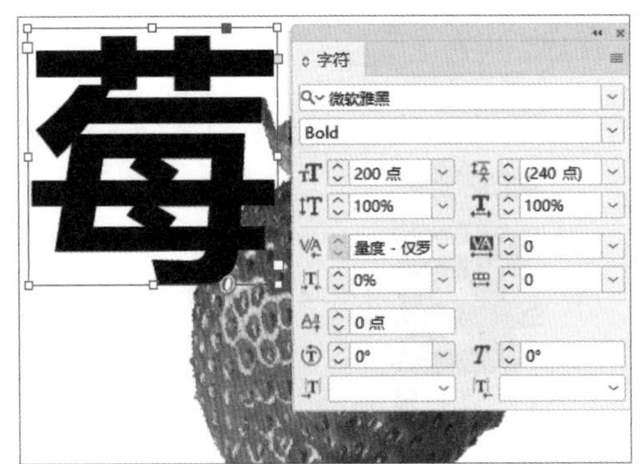

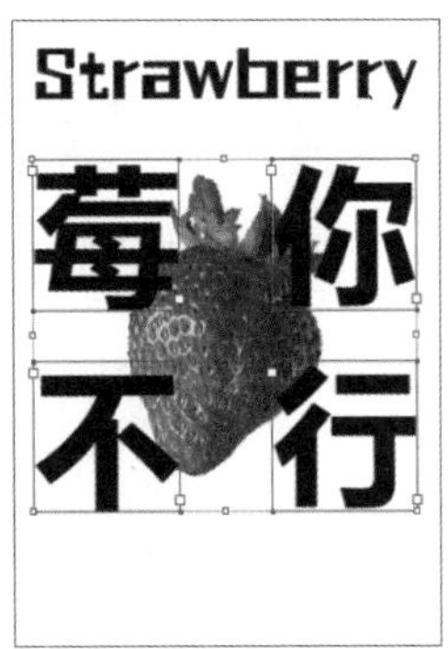

步骤 07 使用选择工具，选中草莓，接着单击鼠标右键，在弹出的快捷菜单中选择“排列>置于顶层”命令，效果如下左图所示。

步骤 08 执行“对象>效果”命令，在打开的“效果”对话框的“投影”选项区域中，设置“模式”为“正片叠底”、“颜色”为黑色、“不透明度”为75%、“距离”为8毫米、“角度”为133°，并且，将“大小”“扩展”“杂色”分别设置为8毫米、0%、0%，单击“确定”按钮，如下右图所示。

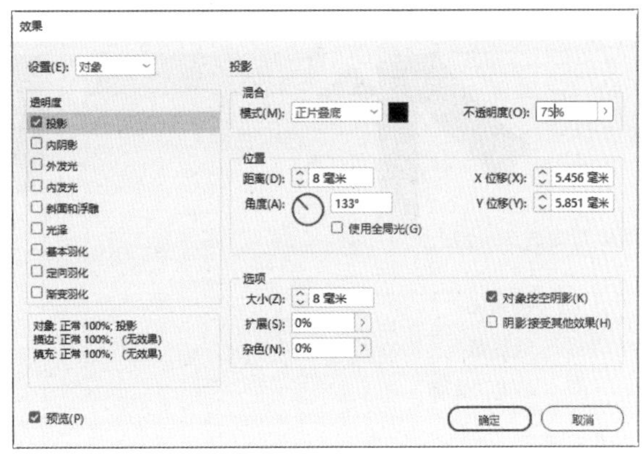

步骤 09 为草莓添加投影后的效果，如下左图所示。

步骤 10 在工具栏中选择矩形工具，绘制一个矩形。在“属性”面板中，将“填色”的CMYK值设置为15、100、100、0，设置“描边”为无，“宽度”“高度”分别为39毫米、12毫米，效果如下右图所示。

步骤11 使用相同的方法，再绘制一个矩形。在“属性”面板中，将“填色”的CMYK值设置为15、100、100、0，设置“描边”为无，“宽度”“高度”分别为33毫米、35毫米，效果如下左图所示。

步骤12 使用文字工具，创建文本框并输入文本“每日现摘”。在“字符”面板中，设置“字体”为“微软雅黑”、“字体样式”为“Bold”、“字体大小”为22点，如下右图所示。

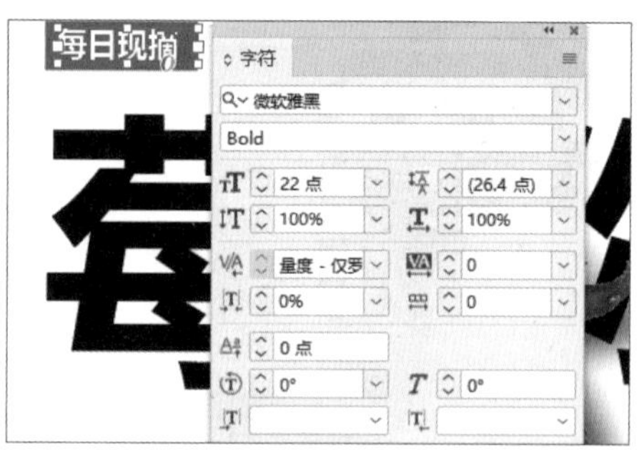

步骤13 使用文字工具，创建文本框并输入文本。在“字符”面板中，设置“字体”为“黑体”、“字体大小”为17点、“行距”为30点，如下左图所示。

步骤14 继续使用文字工具，创建文本框并输入文本“促销价：26元/斤”。在“属性”面板中，将文本“26”的“填色”CMYK值设置为15、100、100、0。接着在“字符”面板中，设置“字体大小”为26点。将文本“26”的“字体”设置为“微软雅黑”、“字体样式”为“Bold”；将其他文字的“字体”设置为“黑体”，完成后的效果如下右图所示。

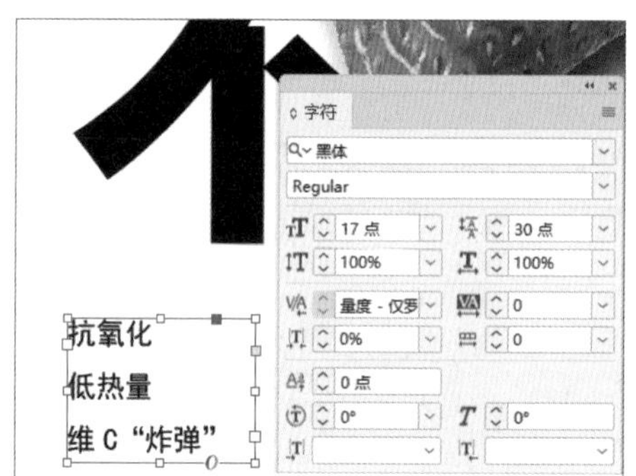

步骤15 执行“文件>置入”命令，在打开的“置入”对话框中，选择“水果2”图像素材，单击“打开”按钮。调整图像的大小和位置后，单击“属性”面板下方的“嵌入”按钮，效果如下左图所示。

步骤16 在工具栏中选择文字工具，创建文本框并输入文本“扫码选购”。在“字符”面板中，设置“字体”为“黑体”、“字体大小”为12点、“字符间距”为660。在“属性”面板中，将文本的“填色”设置为白色，效果如下右图所示。

步骤 17 在工具栏中选择矩形工具，绘制一个“宽度”“高度”分别为198毫米、285毫米的矩形。在“属性”面板中，设置“描边”的“填色”CMYK值为15、100、100、0，其粗细为4点。接着执行“对象>角选项”命令，在“角选项”对话框中，设置“转角大小”为7毫米，“形状”为花式，完成后的效果如下左图所示。

步骤 18 最后，为海报添加水珠装饰。执行“文件>置入”命令，在打开的“置入”对话框中，选择“水果3”图像素材，单击“打开”按钮。调整图像的大小和位置后，单击“属性”面板下方的“嵌入”按钮。至此，水果海报设计就完成了，效果如下右图所示。

步骤 19 将海报应用到实际场景中的效果，如下两图所示。

9.4 节气海报设计

在进行节气海报设计前，需要深入了解每个节气的历史背景、文化内涵和季节特点。如“立春”象征着新的一年的开始，“芒种”则是夏季收获的开始等。应将这些知识点巧妙地融入海报设计中，使观众在欣赏海报的同时，能够感受到节气的独特魅力。这里以“大雪”节气为

扫码看视频

例，进行海报设计的讲解。

步骤 01 打开InDesign，执行“文件>新建文档”命令，或按下快捷键Ctrl + N。在打开的“新建文档”对话框中，设置“页数”为1，“宽度”“高度”分别为210毫米、297毫米，单击“边距和分栏”按钮，如下左图所示。

步骤 02 在“新建边距和分栏”对话框中，设置“边距”均为20毫米，单击“确定”按钮，如下右图所示。

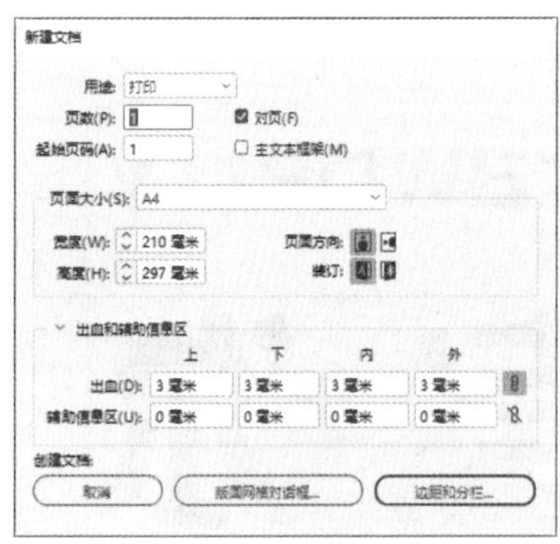

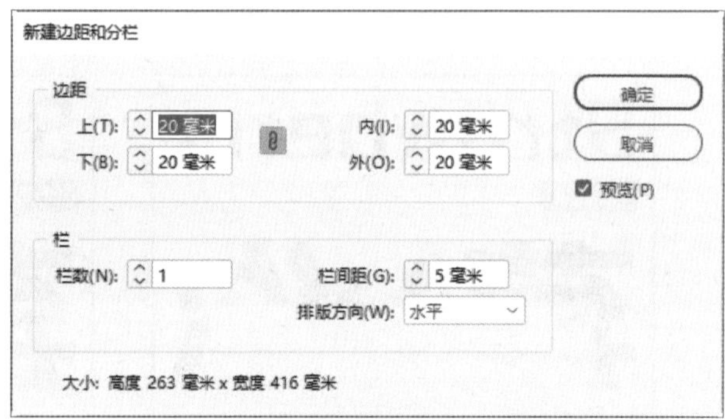

步骤 03 在工具栏中，单击“预览”按钮。接着在工具栏中选择矩形工具，绘制一个与页面大小相同的矩形。在“属性”面板中，将“填色”的CMYK值设置为27、0、8、15，“描边”为无，如左图所示。

步骤 04 执行“文件>置入”命令，在打开的“置入”对话框中，选择“节气1”“节气2”图像素材，单击“打开”按钮。使用自由变换工具调整图像的大小和位置后，单击“属性”面板下方的“嵌入”按钮，完成后的效果如右图所示。

步骤 05 在工具栏中选择直排文字工具，创建文本框并输入文本“大雪”。在“属性”面板中，设置文字的“填色”为白色。接着按下快捷键Ctrl + T，在打开的“字符”面板中，设置“字体”为“新宋体”、“字体大小”为95点、“字符间距”为220，如下左图所示。

步骤 06 继续使用直排文字工具，创建文本框并输入文本。在“属性”面板中，设置文字的“填色”为白色。接着在“字符”面板中，设置“字体”为“宋体”、“字体大小”为22点、“行距”为35点、“字符间距”为150，如下右图所示。

步骤07 执行“文件>置入”命令，在打开的“置入”对话框中，选择“节气3”图像素材，单击“打开”按钮。调整图像的大小和位置后，单击“属性”面板下方的“嵌入”按钮，完成后的效果如下左图所示。

步骤08 在工具栏中选择直排文字工具，创建文本框并输入文本“节气”。在“属性”面板中，设置文字的“填色”为白色。接着在“字符”面板中，设置“字体”为“黑体”、“字体大小”为22点，完成后的效果如下右图所示。

步骤09 接下来，为海报添加氛围效果。执行“文件>置入”命令，在打开的“置入”对话框中，选择“节气4”图像素材，单击“打开”按钮，调整图像的大小和位置后，单击“属性”面板下方“嵌入”按钮，至此，节气海报设计就完成了，如右图所示。

步骤10 将海报应用于实际场景中的效果，如下两图所示。

9.5 传统节日海报设计

扫码看视频

在进行传统节日的海报设计时，我们要明确海报所要展示的节日内容如端午节，应突出龙舟、粽子等核心元素。通过色彩、图案和布局等设计手段，营造出浓厚的节日氛围。例如，端午节可以使用绿色（象征艾草）、黄色（象征糯米）、红色（象征热情与好运）等传统色彩。下面以中国传统节日中秋节为例，进行海报设计的讲解。

步骤 01 打开InDesign，执行“文件>新建文档”命令，或按下快捷键Ctrl＋N。在打开的“新建文档”对话框中，设置“页数”为1，“宽度”“高度”分别为210毫米、297毫米，单击“边距和分栏”按钮，如下左图所示。

步骤 02 在“新建边距和分栏”对话框中，设置“边距”均为20毫米，单击“确定”按钮，如下右图所示。

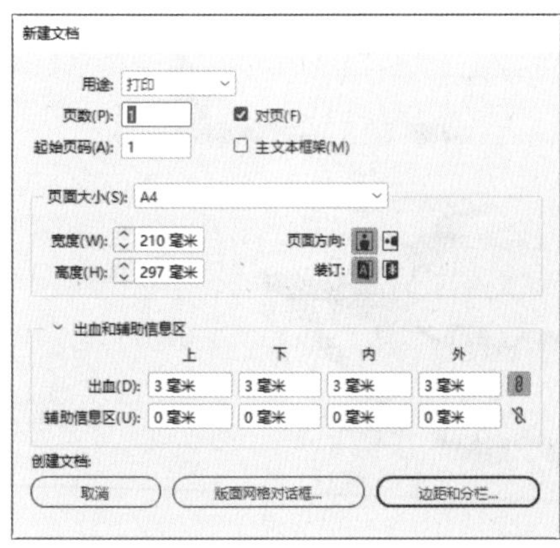

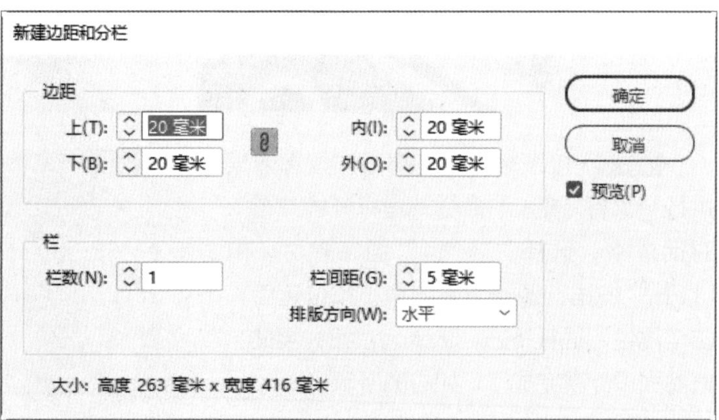

步骤 03 在工具栏中单击“预览”按钮，接着在工具栏中选择矩形工具，绘制一个与页面大小相同的矩形，在“属性”面板中设置“填色”的CMYK值为0、10、41、0，“描边”为无，如下左图所示。

步骤 04 在工具栏中选择椭圆工具，按住Shift键，绘制一个正圆形，在“属性”面板中设置“填色”的CMYK值为0、4、50、0，“描边”为无，如下右图所示。

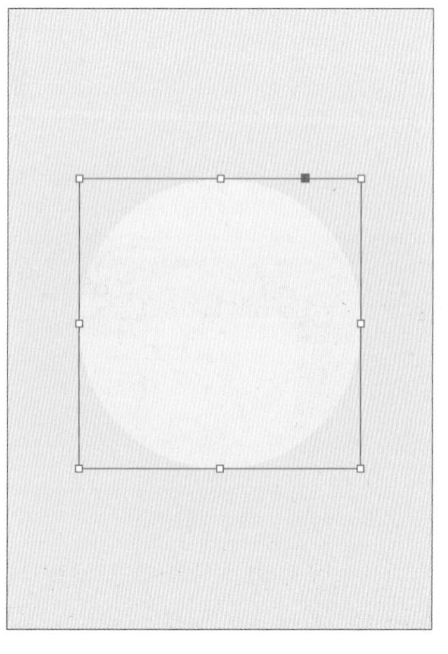

步骤05 使用选择工具选中正圆形，执行“对象>效果”命令。在打开的“效果”对话框的“外发光”选项区域中，设置“模式”为“滤色”，“颜色”的CMYK值为0、0、100、0，“不透明度”为75%、“方法”为“柔和”、“大小”为15毫米、“杂色”“扩展”均为0%，如下左图所示。

步骤06 在“效果”对话框中，勾选“内发光”复选框。在右侧“内发光”选项区域中，设置“模式”为“正常”，“颜色”的CMYK值为0、0、0、0，“不透明度”为75%、“方法”为“柔和”、“源”为“边缘”、“大小”为26毫米、“收缩”“杂色”均为0%，如下右图所示。

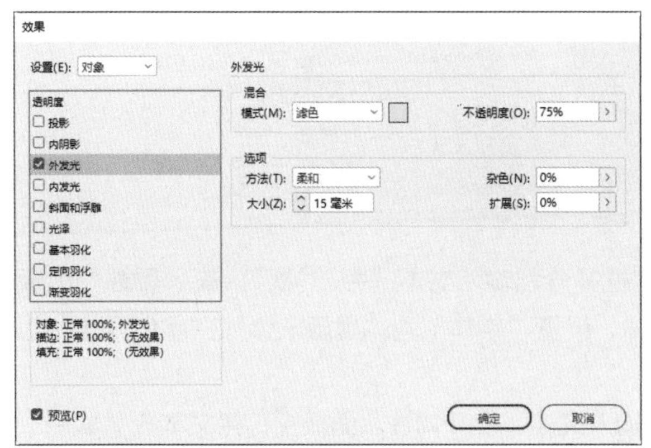

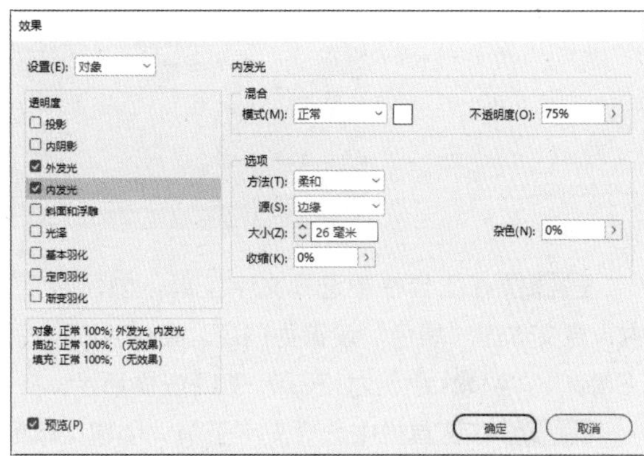

步骤07 单击“确定”按钮后，可以看到月亮效果制作完成了，如下左图所示。

步骤08 使用选择工具选中圆形，按住Alt键，复制一个圆形。将复制的圆形置于下方，执行“对象>效果”命令。在打开的“效果”对话框的“透明度”选项区域中，设置“模式”为“正常”、“不透明度”为48%，单击“确定”按钮，如下右图所示。

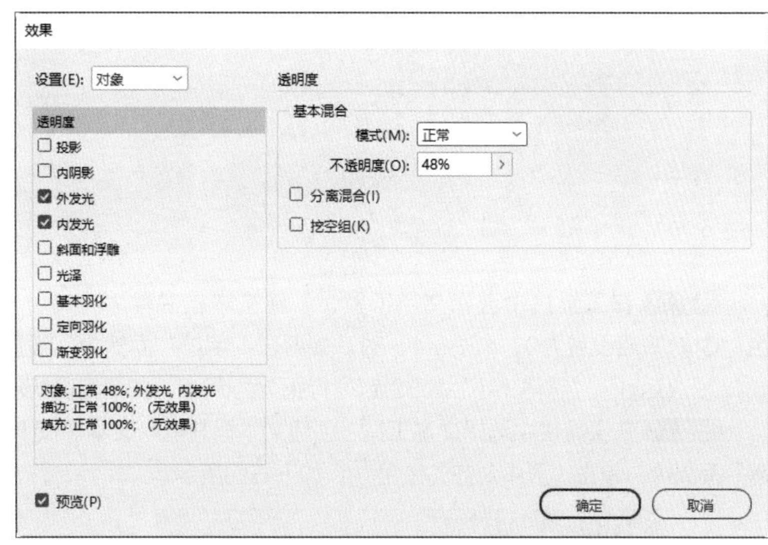

步骤09 执行“文件>置入”命令，在打开的“置入”对话框中，选择“节日1”图像素材，单击“打开”按钮。调整图像的大小和位置后，单击“属性”面板下方的“嵌入”按钮，如下页左图所示。

步骤10 按住Alt键，复制一个小兔子，然后调整它的大小和位置，如下页右图所示。

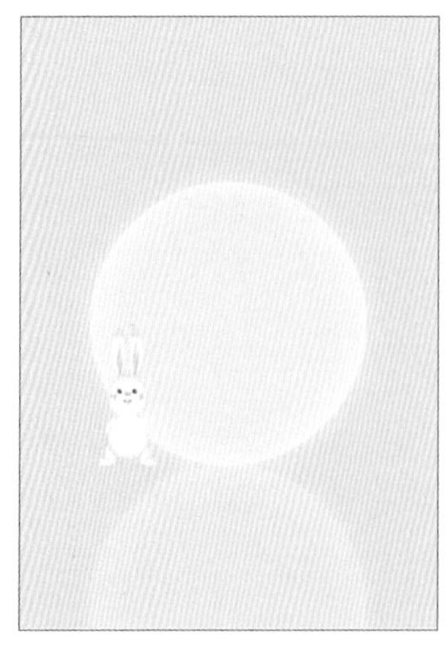

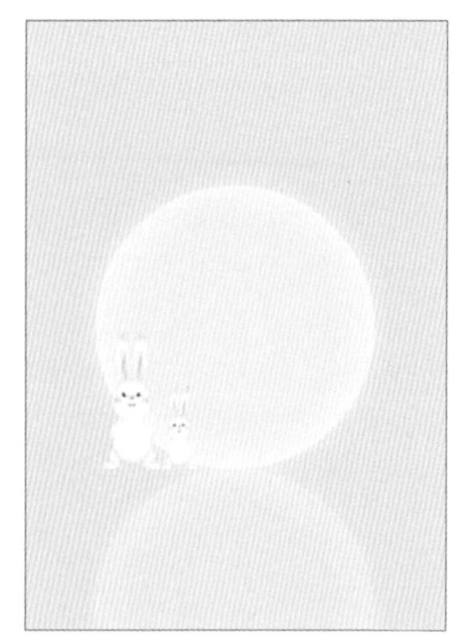

步骤 11 在工具栏中选择文字工具，创建两个文本框并分别输入文本“中”“秋”。在“属性”面板中，将文本的“填色”设置为白色。在“字符”面板中，设置“字体”为“思源宋体”、“字体样式”为“Bold”、“字体大小”为120点，如下左图所示。

步骤 12 在工具栏中选择文字工具，创建文本框并输入文本。在“属性”面板中，将文本的“填色”设置为白色。在“字符”面板中，设置“字体”为“思源宋体”、“字体样式”为“Bold”、“字体大小”为19点、“字符间距”为160，如下右图所示。

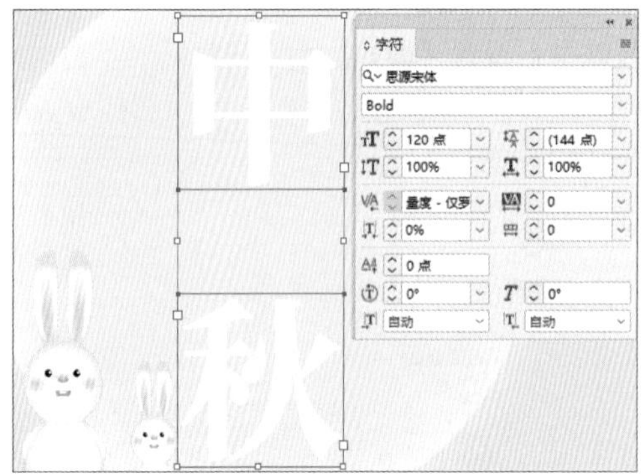

步骤 13 在工具栏中选择文字工具，创建文本框并输入文本。在“属性”面板中，将文本的“填色”CMYK值设置为0、42、74、31。接着在“字符”面板中，设置“字体”为“思源宋体”、“字体样式”为“Bold”、“字体大小”为33点、“行距”为50点，如下左图所示。

步骤 14 在工具栏中选择文字工具，创建文本框并输入文本。按下Ctrl + Alt + T组合键，在打开的“段落”面板中，单击“居中对齐”按钮，如下右图所示。

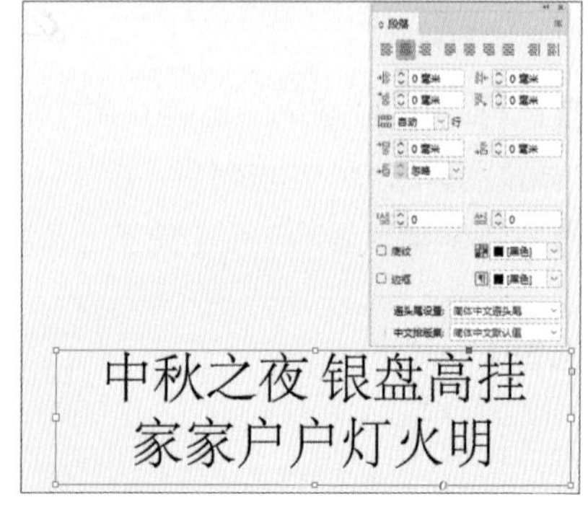

步骤15 在“属性”面板中，将文本的“填色”CMYK值设置为0、42、74、31。接着在“字符”面板中，设置“字体”为“思源宋体”、“字体样式”为“Bold”、“字体大小”为26点、“行距”为43点，如下左图所示。

步骤16 在工具栏中选择文字工具，创建文本框并输入文本。在“属性”面板中，将文本的“填色”CMYK值设置为0、42、74、31。接着在“字符”面板中，设置“字体”为“宋体”、“字体大小”为16点、“行距”为25点、“字符间距”为310，如下右图所示。

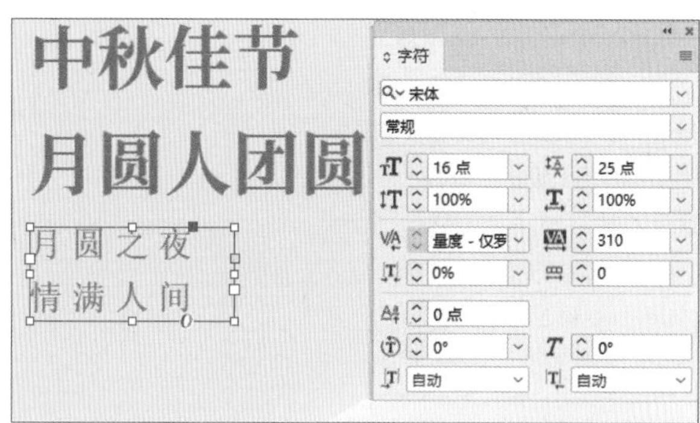

步骤17 执行“文件>置入”命令，在打开的“置入”对话框中，选择“节日2”图像素材，单击“打开”按钮，如下左图所示。

步骤18 调整图像的大小和位置后，单击“属性”面板下方的“嵌入”按钮。至此，节日海报就制作完成了，效果如下右图所示。

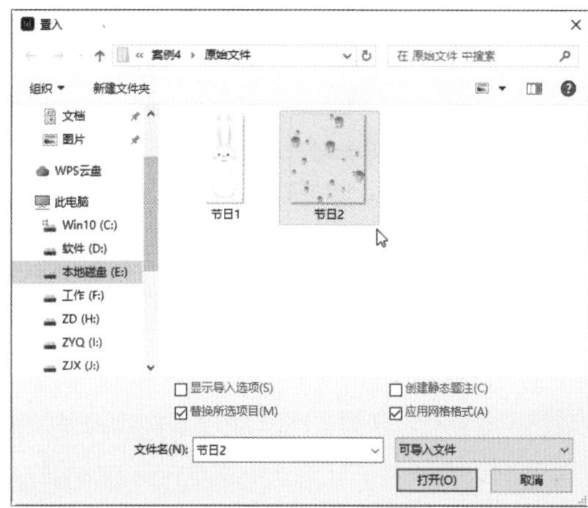

步骤19 将海报应用于实际场景中的效果，如下两图所示。

附录　课后练习答案

第1章

一、选择题

（1）ABCD　（2）B　（3）ABC

二、填空题

（1）Ctrl＋＋、Ctrl＋-

（2）文字工具组、钢笔工具组、铅笔工具组、矩形框架工具组、自由变换工具组、矩形工具组、吸管工具组

（3）窗口

第2章

一、选择题

（1）AB　（2）ABCD　（3）ABCD

二、填空题

（1）移去文本和表的样式和格式

（2）Ctrl＋C、Ctrl＋V

（3）脚注

第3章

一、选择题

（1）ABC　（2）ABCD　（3）ABC

二、填空题

（1）最底层、最顶层

（2）Shift

（3）开放路径、闭合路径、复合路径

第4章

一、选择题

（1）A　（2）ABC　（3）B

二、填空题

（1）投影 、内阴影、斜面和浮雕

（2）Ctrl＋Shift＋F10

（3）线性渐变、径向渐变

第5章

一、选择题

（1）AB　（2）AC　（3）AB

二、填空题

（1）保留本地格式

（2）“链接”

（3）Enter键

第6章

一、选择题

（1）A、C　（2）B　（3）ABC

二、填空题

（1）水平标尺

（2）Ctrl＋Alt＋Shift＋N

（3）多个页面

第7章

一、选择题

（1）AB　（2）B　（3）A

二、填空题

（1）定位符前导符

（2）拼合处理

（3）“打包”